高等学校电子信息类专业系列教材

单片机原理与技术

曹立军　主编

西安电子科技大学出版社

内 容 简 介

本书以 51 单片机为基础，系统介绍了单片机结构，指令系统的原理及基于 C 语言的定时器、中断和串口等基本应用和仿真设计及扩展设计。同时，对计算机的基本知识和多种主流单片机也进行了介绍，可以使读者更深刻地领会贯通单片机技术。

当前单片机技术在工业控制、通信、消费类电子等领域应用日趋广泛，而且发展迅速，使用单片机做应用设计已经成为电子工程技术人员的必要手段。本书在介绍 51 单片机基本原理的基础上，根据当前单片机应用设计特点，注重从简单到实际功能单元的设计，体现了当前单片机应用的主要特点。

本书内容循序渐进，注重原理和当前实际应用工程设计，可以作为电子、自动化、测控、计算机和机械自动化等专业的本科生教材，也可以作为广大单片机应用开发技术人员的参考资料和培训教材。

图书在版编目(CIP)数据

单片机原理与技术/曹立军主编. —西安：西安电子科技大学出版社，2018.7(2022.8 重印)
ISBN 978 - 7 - 5606 - 4945 - 0

Ⅰ. ① 单… Ⅱ. ① 曹… Ⅲ. ① 单片微型计算机 Ⅳ. ① TP368.1

中国版本图书馆 CIP 数据核字(2018)第 126603 号

策　　划　云立实　刘玉芳
责任编辑　马晓娟
出版发行　西安电子科技大学出版社(西安市太白南路 2 号)
电　　话　(029)88202421　88201467　　邮　　编　710071
网　　址　www.xduph.com　　　　电子邮箱　xdupfxb001@163.com
经　　销　新华书店
印刷单位　咸阳华盛印务有限责任公司
版　　次　2018 年 7 月第 1 版　2022 年 8 月第 3 次印刷
开　　本　787 毫米×1092 毫米　1/16　印张 17.5
字　　数　414 千字
印　　数　3301～4300 册
定　　价　43.00 元
ISBN 978 - 7 - 5606 - 4945 - 0/TP
XDUP 5247001 - 3

前言
QIANYAN

随着电子技术的迅速发展和工程实际需求的不断增长,单片机在工业、通信和消费类电子等领域的应用越来越普遍。从计算机的应用发展来看,通用计算机和嵌入式系统应用已成为两大热门发展方向,特别是在工业测控、智能家电和通信终端等应用领域,单片机更是一统天下。单片机取代了过去复杂的电路设计,完善了系统的功能,大大提高了系统的可靠性,降低了成本,从而使单片机系统的开发应用成为计算机工程应用的一个重要领域,而且打破了计算机专业人员垄断计算机工程应用的局面。单片机技术的不断进步,特别是在线擦除和写入、C51编译效率的提高和计算机设计仿真软件的发展和完善,使得学生学习单片机设计应用和工程技术人员掌握单片机应用系统设计、组装和调试等变得更加容易。单片机应用系统已成为电子工程师实现工程设计的常规首选方案。

现在,单片机技术已成为测控仪表、计算机、自动化、机电工程、通信、电子等工科专业本专科学生的一门重要课程。工科院校教学的一个重要目标是培养学生的实际工作能力,培养符合社会需要的专业技术人员,缩小学生所学与实际工作需求的距离,改变学生毕业后仍需一段时间才能胜任实际开发工作的状态,因此教材编写应紧密跟踪当前单片机发展应用的新动态,使学生学有所用,既搞懂基本工作原理,又培养实际应用技能。基于以上考虑,本书在编排上力争做到:

1. 原理叙述清楚。对单片机的基本组成和工作原理通过图解和详细的文字说明等方式解释清楚,使学生通过本课程的学习,真正掌握单片机的基本工作原理,为灵活应用打下良好的基础。

2. 注重实际应用。在基本组成结构和工作原理清楚的基础上培养学生实际应用单片机的能力,在内容选择上紧密跟踪当前单片机的实际应用,选择新颖、实用的范例详细讲解,使学生学习并掌握当前单片机应用中普遍使用的技能,适应社会的需要。

3. 三结合。在整体结构上理论和实际相结合,软件和硬件相结合,课堂学习和作业实验相结合,使学生系统掌握单片机的开发应用技能。

4. 适用面广。不但适合作为高等院校学生的教科书，也适合作为工程技术人员学习单片机及其开发应用的参考书。

单片机具有体积小、重量轻、应用灵活且价格低廉等特点，得到了越来越广泛的应用。在全国高等工科院校中，已普遍开设单片机及相关课程。因为 MCS-51 系列单片机奠定了 8 位单片机的基础，形成了单片机的经典体系结构，具有大量的教学和应用设计资源，而且 8 位单片机在今后相当长的时期内，在单片机应用领域中仍会占据主导地位，因此，本书仍以 80C51 系列为基础进行讲述。

本书共分为 10 章。第一章为计算机及单片机基础，主要讲述计算机及单片机的基本概念和工作原理。通过本章的学习，即使学生没有学过计算机组成原理课程，也能对计算机的基本工作原理和工作过程有所了解，为进一步学习单片机打下基础。第二章介绍 80C51 单片机结构与工作原理。第三章介绍 MCS-51 指令系统和汇编语言设计，与单片机原理的介绍有机结合为一体。第四章介绍 C51 程序设计，主要介绍 C51 的扩展。第五章介绍 80C51 定时器/计数器的原理与应用。第六章介绍 80C51 中断系统。第七章介绍 80C51 单片机串行口及应用，包括扩展的串行总线。第八章介绍单片机系统扩展。第九章介绍应用设计仿真。第十章是其它单片机简介。

本书由曹立军主编。在编写过程中，参考了一些书刊、资料及网络资源，在此对相关作者一并表示感谢。

由于编者水平有限，书中难免有疏漏和不足之处，恳请广大读者批评指正。

编　者
2018 年 5 月

目录
MULU

第一章 计算机及单片机基础

计算机是 20 世纪最重要的科学技术发明之一，对人类社会的生产和生活都有着极其深刻的影响。在程序的控制下，计算机能快速、高效地自动完成信息的预处理、加工、存储及传送，极大地提高了生产效率并改善了人类生活。

在当今信息社会中，计算机的影响遍及人类社会的各个领域，其应用达到了"无孔不入"的地步。计算机科学技术不仅发展成为一门先进的独立学科，而且提升为对人类的生产方式、生活方式及思维方式都产生极其深远影响的文化现象。由计算机技术和通信技术相结合而形成的信息技术是信息社会最重要的技术支柱，计算机文化（也称为信息文化）不仅极大地推动了当代社会生产力的发展，而且将创造出更加灿烂辉煌的人类文明。

1.1 计算机的发展史及应用

1.1.1 计算机的发展史

1. 计算机的产生

1946 年 2 月，世界上第一台电子计算机在美国宾夕法尼亚大学问世，取名 ENIAC（"电子数字积分计算机"的英文缩写）。这台计算机的研制历时长达 3 年，是为解决第二次世界大战中新式火炮复杂的弹道计算问题，由美国陆军阿伯丁弹道试验室出资 40 万美元，委托宾夕法尼亚大学电气工程师埃克特和物理学家莫厅莱博士等人研制的。该机重达 30 吨，功耗 150 kW，占地 170 m²，使用了 18800 个电子管，其运算速度为 5000 次/秒。按照设计者的初衷，从计算工具的意义上讲，ENIAC 不过是人类传统计算工具（算盘、计算尺及机械计算器等）在新的历史时期的替代物。

ENIAC 有一个很大的缺点，即它的存储容量很小，只能存 20 个字长为 10 位的十进制数，所以只能用线路连接的方法来编排程序，每次解题都要依靠人工来改变接线，准备时间大大超过实际计算时间。

在研制 ENIAC 的同时，以美籍匈牙利数学家冯·诺依曼（John Von Neumann）为首的研制小组提出了"存储程序控制"的计算机结构。

冯·诺依曼计算机具有如下基本特点：

（1）由运算器、存储器、控制器、输入设备和输出设备五大基本部件组成；

（2）内部采用二进制来表示指令和数据；

（3）存储器线性编址，按址访问其单元，单元的位数固定，存储器用来存放指令和数据；

（4）指令在存储器中按其执行顺序存储，指令由操作码和地址码组成，程序计数器指明将要执行的下一条指令的地址。

冯·诺依曼对计算机界的最大贡献在于提出和实现了"存储程序控制"概念。70多年来，计算机的发展速度是惊人的，但就其结构原理来说，目前绝大多数计算机仍建立在存储程序控制概念的基础上。符合存储程序控制概念的计算机统称为冯·诺依曼型计算机。随着计算机技术的不断发展，目前已出现了一些突破冯·诺依曼结构的计算机，统称为非冯结构计算机，如数据驱动的数据流计算机，需求驱动的归约计算机和模式匹配驱动的智能计算机等。

电子计算机的问世，开创了一个时代——计算机时代，引发了一场由工业化社会发展到信息化社会的新技术产业革命浪潮，从此揭开了人类历史发展的新纪元。计算机问世以后，经过半个多世纪的飞速发展，已由早期单纯的计算工具发展成为在信息社会中举足轻重、不可缺少的具有强大信息处理功能的现代化电子设备。

2．计算机的分代

计算机发展史的分代，通常以计算机所采用的逻辑元件作为划分标准。计算机发展迄今已经历四代，正向新一代计算机过渡。

1）第一代电子计算机（1946～1956 年）

第一代电子计算机采用电子管作为基本逻辑元件。存储器早期采用水银延迟线，后期采用磁鼓或磁芯。编程语言使用低级语言，即机器语言或汇编语言。第一种高级语言FORTRAN于 1954 年问世，并开始初期应用。

由于采用电子管，第一代计算机的体积大、耗电多、价格贵，运行速度和可靠性都不高，主要用于科学计算。

2）第二代电子计算机（1957～1964 年）

第二代电子计算机开始采用晶体管作为逻辑元件。晶体管与电子管相比，具有体积小、寿命长、开关速度快、省电等优点。内存主要采用磁芯存储器，外存开始使用磁盘。这个时期，计算机的软件也有很大发展，操作系统及各种早期的高级语言（COBOL、FORTRAN、BASIC 等）相继投入使用。

采用了晶体管，第二代计算机的体积大大减小，运算速度及可靠性等各项性能大为提高。计算机的应用已由科学计算拓展到数据处理、过程控制等领域。

3）第三代电子计算机（1965～1970 年）

第三代电子计算机开始采用集成电路作为逻辑元件。半导体存储器取代了沿用多年的磁芯存储器。这一时期的中、小规模集成电路技术可将数十个、成百个分离的电子元件集中做在一块硅片上。集成电路体积更小，耗电更省，寿命更长，可靠性更高，这使得第三代电子计算机的总体性能较第二代电子计算机有了大幅度的提高。计算机的设计出现了标准化、通用化、系列化的局面。软件技术也日趋完善，计算机得到了更加广泛的应用。

4）第四代电子计算机（1970 年以后）

开始采用大规模集成电路作为逻辑元件是第四代电子计算机的主要特征。这个时期是计算机发展最快、技术成果最多、应用空前普及的时期。大规模集成电路技术的应用，不仅极大地提高了电子元件的集成度，而且可将计算机最核心的部件（运算器和控制器）集中制作在一块小小的芯片上。在这样的技术背景下，第一代微处理器以及以它为核心的微型计算机在美国问世。微型计算机的"异军突起"是计算机发展史上的重大事件。作为第四代电子计算机的一个机种，微型计算机以其机型小巧、使用方便、价格低廉、性能完善等特性赢得了广泛的应用。而且单片机、便携式微型机（膝上机、笔记本电脑等）、超级微型机（工作站等）也都取得长足进展，20世纪90年代涌现出的多媒体PC（PC即个人计算机，是微型机的一个大类）也日益普及。

第四代电子计算机在运算速度、存储容量、可靠性及性价比等诸多技术性能方面都是前三代电子计算机所不能企及的。这个时期计算机软件的配置也空前丰富，操作系统日臻成熟，数据管理系统普遍使用，新一代计算机语言C++及Java等问世，软件工程已成为社会经济的重要产业。计算机的发展呈现出多极化、网络化、多媒体化、智能化的趋势，计算机的应用进入了以网络化为特征的时代。

5）新一代计算机

新一代计算机过去习惯上称为第五代计算机，是对第四代电子计算机以后的各种未来型计算机的总称。电子计算机从第一代到第四代，尽管发展速度令人眩目，但其基本的设计思想和工作方式仍一脉相承，即采用冯·诺依曼的"存储程序控制"。从本质上讲，计算机尽管被称为"电脑"，但仅是一种机器，没有思维，不具有智能，它只能在人们事先设计好的程序的控制下工作，部分、有限地模仿人的智能。而新一代计算机在这方面有重大突破，它能够最大限度地模拟人类大脑的机制，具有人类大脑所特有的联想、推理、学习等某些功能，具有对语言、声音、图像及各种模糊信息的感知、识别和处理能力。新一代计算机是从20世纪80年代开始研制的未来型计算机，现已提出智能计算机、神经网络计算机、生物计算机及光子计算机等各种设想和描述，在实际研制过程中也取得了一些重要进展。

综合看来，计算机的发展将有以下趋势：

微型化——便携式、低功耗；

巨型化——尖端科技领域的信息处理，需要超大容量、高速度；

智能化——模拟人类大脑思维和交流方式，多种处理能力；

系列化、标准化——便于各种计算机硬、软件兼容和升级；

网络化——网络计算机和信息高速公路；

多机系统——大型设备、生产流水线集中管理（独立控制、故障分散、资源共享）。

1.1.2　计算机的应用领域及特点

正是由于计算机的高速发展，才促进了计算机的全面应用。在信息社会中，计算机的应用极其广泛，已遍及经济、政治、军事及社会生活的各个领域。计算机的早期应用和现代应用可归纳为以下几个方面。

1. 科学计算

在科学技术及工程设计应用中,各种数学问题的计算统称为科学计算。采用计算机不仅能减轻繁杂的计算工作量,而且解决了过去无法解决或不能及时解决的问题。

科学计算又称为数值计算,是计算机的传统应用领域。在科学研究和工程技术中,有大量的复杂计算问题,利用计算机高速运算和大容量存储的能力,可进行浩繁而复杂、人工难以完成或根本无法完成的各种数值计算。例如,有数百个变元的高阶线性方程组的求解,宇宙飞船运动轨迹和气动干扰问题的计算;人造卫星和洲际导弹发射后,正确制导入轨的计算;天文测量和天气预报计算;现代工程中,电站、桥梁、水坝、隧道等最佳设计方案的选择。科学计算是计算机成熟的应用领域,由大量经过"千锤百炼"、精益求精的实用计算程序组成的软件包早已商品化,成为计算机应用软件的一部分。

2. 数据处理

对数据进行加工、分析、传送、存储及检测等操作都称为数据处理。数据处理又称为信息处理,是目前计算机应用的主要领域。据统计,在计算机的所有应用中,数据处理方面的应用,约占全部应用的 3/4 以上。

数据处理是现代管理的基础,广泛地应用于情报检索、统计、事务管理、生产管理自动化、决策系统、办公自动化等方面。数据处理的应用已全面深入到当今社会生产和生活的各个领域。

3. 过程控制

过程控制也称为实时控制,是指用计算机作为控制部件对单台设备或整个生产过程进行控制。其基本原理为:将实时采集的数据送入计算机内与控制模型进行比较,再由计算机去调节及控制整个生产过程,使之按最优化方案进行。用计算机进行控制,可以大大提高自动化水平,减轻劳动强度,增强控制的准确性,提高劳动生产率。因此,在工业生产的各个行业及现代化战争的武器系统中计算机都得到了广泛应用,特别是单片计算机在工业过程控制、消费类电子和仪器仪表等领域得到了广泛应用。

4. 计算机辅助系统

计算机辅助系统是指能够部分或全部代替人完成各项工作(如设计、制造及教学等)的计算机应用系统,目前主要包括计算机辅助设计(CAD,Computer Aided Design)、计算机辅助制造(CAM,Computer Aided Manufacturing)和计算机辅助教学(CAI,Computer AidedInstruction)。

CAD 可以帮助设计人员进行工程或产品的设计工作,采用 CAD 能够提高设计工作的自动化程度,缩短设计周期,并达到最佳的设计效果。目前,CAD 已广泛地应用于机械、电子、建筑、航空、服装、化工等行业,成为计算机应用最活跃的领域之一。

CAM 是指用计算机来管理、计划和控制加工设备的操作(如用数控机床代替工人加工各种形状复杂的工件等)。采用 CAM 技术可以提高产品质量,缩短生产周期,提高生产率,降低劳动强度并改善生产人员的工作条件。CAD 与 CAM 的结合产生了 CAD/CAM 一体化生产系统,再进一步发展,则形成计算机制造集成系统。

CAI 是指利用计算机来辅助教学工作。CAI 改变了传统的教学模式,更新了旧的教学方法。多媒体课件的使用，为学生创造了一个生动、形象、高效的全新学习环境，大大提高了学习效果。CAI 与计算机管理教学（CMI）的结合，形成了计算机辅助教育（CAE）这一现代教育技术，计算机在教育领域将日益发挥更大的作用。

5. 人工智能

人工智能是指用计算机来模拟人的智能，代替人的脑力劳动。人工智能应用中所要研究和解决的问题难度很大，均是需要进行判断及推理的智能性问题，因此，人工智能是计算机在更高层次上的应用。以下是人工智能应用的几个主要方面。

1）机器人

机器人可分为两类，一类称为"工业机器人"，只能完成规定的重复动作，通常在车间的生产流水线上完成装配、焊接、喷漆等工作；另一类称为"智能机器人"，具有一定的感知和识别能力，能说一些简单话语，这类机器人可以从事更复杂的工作，如展览会迎宾、月球探测等。

2）定理证明

定理证明即借助计算机来证明数学猜想或定理，这是一项难度极大的人工智能应用。在这方面已取得一些成果，最著名的例子是四色猜想的证明。

3）模式识别

模式识别是通过抽取被识别对象的特征，与存放在计算机内的已知对象的特征进行比较及判别，从而得出结论的一种人工智能技术。模式识别的重点是图形识别及语言识别。

4）专家系统

专家系统是一种能够模仿专家的知识、经验、思想，代替专家进行推理和判断，并做出决策处理的人工智能软件。

人工智能除了上述的一些应用外，还包括自然语言处理、机器翻译、智能检索等方面的应用。

6. 计算机仿真

对各种类型系统的必要信息，建立数学模型或描述模型，并在计算机上加以体现和试验，从而达到分析、研究该系统的目的即为计算机仿真。仿真的主要内容：离散事件系统仿真、一体化仿真、连续系统仿真、仿真语言等。仿真是工程设计、系统开发、自然科学、经济和社会问题研究以及进行训练等的有力手段。

7. 多媒体及网络技术应用

随着电子技术，特别是通信和计算机技术的发展，人们已经有能力把文本、音频、视频、动画、图形和图像等各种媒体综合起来，构成一种全新的概念——"多媒体"（Multimedia）。随着网络技术的发展，计算机的应用进一步深入到社会的各行各业，通过高速信息网实现数据与信息的查询、高速通信服务（电子邮件、电视电话、电视会议、文档传输等）、电子教育、电子娱乐、电子购物（通过网络选看商品、办理购物手续、质量投诉等）、远程医疗和会诊、交通信息管理等。计算机的应用将推动信息社会更快地向前发展。

1.2 计算机的组成及工作原理

1.2.1 计算机的基本结构

电子计算机是一种不需要人工直接干预，能够自动、高速、准确地对各种信息进行高速处理和存储的电子设备。完整的计算机系统包括两大部分，即硬件系统和软件系统。所谓硬件，是指构成计算机的物理设备，即由机械、电子器件构成的具有输入、存储、计算、控制和输出功能的实体部件。软件也称"软设备"，广义地说，软件是指系统中的程序以及开发、使用和维护程序所需的所有文档的集合。我们平时讲到"计算机"一词，都是指含有硬件和软件的计算机系统。计算机系统的组成如图 1-1 所示。

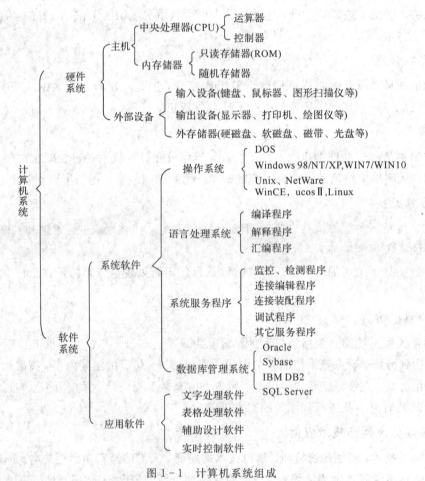

图 1-1 计算机系统组成

1.2.2 计算机的硬件和软件

1. 计算机硬件

从硬件体系结构来看，目前大多数计算机采用的基本上是计算机的经典结构——冯·诺依曼结构：计算机由运算器、控制器、存储器、输入设备和输出设备五个基本部分组成，也称计算机的五大部件，其结构如图 1 - 2 所示。

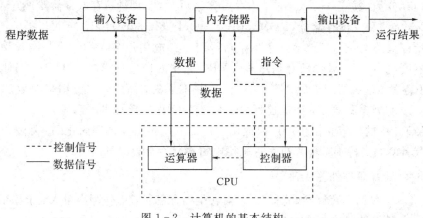

图 1 - 2　计算机的基本结构

1) 运算器

运算器又称算术逻辑单元（ALU，Arithmetic Logic Unit），是计算机对数据进行加工处理的部件，它的主要功能是对二进制数据进行加、减、乘、除等算术运算和与、或、非等基本逻辑运算，实现逻辑判断。运算器在控制器的控制下实现其功能，运算结果由控制器指挥送到内存储器中。

2) 控制器

控制器主要由指令寄存器、译码器、程序计数器和操作控制器等组成。控制器控制计算机各部件协调工作，并使整个处理过程有条不紊地进行，其基本功能就是从内存中取指令和执行指令，即控制器按程序计数器指出的指令地址从内存中取出该指令进行译码，然后根据该指令功能向有关部件发出控制命令，执行该指令。另外，控制器在工作过程中，还要接收各部件反馈回来的信息。

3) 存储器

存储器具有记忆功能，用来保存信息，如数据、指令和运算结果等。存储器可分为两种：内存储器与外存储器。

• 内存储器（简称内存或主存）

内存储器又叫内存或主存，是微型计算机的存储和记忆部件，用以存放数据（包括原始数据、中间结果和最终结果）和程序。

（1）内存单元的地址和内容：内存中存放的数据和程序从形式上看都是二进制数。内存是由一个个内存单元组成的，每一个内存单元中一般存放一个字节（8 位）的二进制信息。内存单元的总数目叫内存容量。

微型机通过给各个内存单元规定不同地址来管理内存。这样，CPU 便能识别不同的内存单元，正确地对它们进行操作。

注意： 内存单元的地址和内存单元的内容是两个完全不同的概念。

（2）内存操作：CPU 对内存的操作有读、写两种。读操作是 CPU 将内存单元的内容取入 CPU 内部，而写操作是 CPU 将其内部信息传送到内存单元保存起来。显然，写操作的结果改变了被写单元的内容，而读操作则不改变被读单元中的原有内容。

（3）内存分类：按工作方式不同，内存可分为两大类，即随机存取存储器（RAM，Random Access Memory）和只读存储器（ROM，Read - Only Memory）。RAM 可以被 CPU 随机地读和写，所以又称为读写存储器，这种存储器用于存放用户装入的程序、数据及部分系统信息。机器断电后，RAM 中所存信息消失。ROM 中的信息只能被 CPU 随机读取，而不能由 CPU 任意写入。机器断电后，ROM 中信息并不丢失。所以，主要用来存放那些固定不变、不需修改的程序和数据，如监控程序、基本 I/O 程序等标准子程序和有关计算机硬件的数据。ROM 中的内容是由生产厂家或用户使用专用设备写入并固化的。随着电子技术的发展，现代计算机，特别是单片机大量采用电可擦除存储器，可以随时在线写入程序等。

• 外存储器（简称外存或辅存）

外存储器又称辅助存储器（简称辅存），它是内存的扩充。外存容量大、价格低，但存储速度较慢，一般用来存放大量暂时不用的程序、数据和中间结果，需要时，可成批地和内存储器进行信息交换。外存只能与内存交换信息，不能被计算机系统的其它部件直接访问。常用的外存有磁盘、磁带、光盘等。

4）输入/输出设备

输入/输出设备简称 I/O（Input/Output）设备。用户通过输入设备将程序和数据输入计算机，通过输出设备将计算机处理的结果（如数字、字母、符号和图形）显示或打印出来。常用的输入设备有键盘、鼠标器、扫描仪、数字化仪等。常用的输出设备有显示器、打印机、绘图仪等。

人们通常把内存储器、运算器和控制器合称为计算机主机，而把运算器、控制器做在一个大规模集成电路芯片上称为中央处理器，又称 CPU（Central Processing Unit）。也可以说，主机是由 CPU 与内存储器组成的，而主机以外的装置称为外部设备，外部设备包括输入/输出设备、外存储器等。

2. 计算机软件

完整的计算机系统包括硬件和软件两大部分。从狭义的角度上讲，软件是指计算机运行所需的各种程序；而从广义的角度上讲，软件还包括手册、说明书和有关的资料。软件系统主要解决如何管理和使用机器的问题。没有硬件，谈不上应用计算机。但是，光有硬件而没有软件，计算机也不能工作，这正如乐团和乐谱的关系一样，如果只有乐器、演奏员这类"硬件"而没有"乐谱"这类软件，乐团就很难表演出动人的节目。所以，硬件和软件是相辅相成的，只有配上软件的计算机才是完整的、可以正常工作的。

我们通常把计算机软件分为"系统软件"和"应用软件"两大类。

应用软件一般是指那些能直接完成具体工作的各种各样的软件，如文字处理软件、计算机辅助设计软件、企业事业单位的信息管理软件以及游戏软件等。应用软件一般不能独立地在计算机上运行，必须有系统软件的支持。

系统软件实现计算机系统的管理、调度、监视和服务等，其目的是方便用户，提高计算机使用效率，扩充系统的功能。通常将系统软件分为以下六类。

1）操作系统

操作系统是控制和管理计算机各种资料，自动调度用户作业程序，处理各种中断的软件。目前比较流行的操作系统有 Linux 操作系统、Unix 操作系统和 Windows 操作系统。

2）语言处理程序

计算机能识别的语言与机器能直接执行的语言并不一致，计算机能识别的语言很多，如汇编语言、BASIC 语言、FORTRAN 语言、C 语言等。它们各自都规定了一套基本符号和语法规则，用这些语言编制的程序叫源程序。用"0"或"1"的机器代码按一定规则组成的语言，称为机器语言。用机器语言编制的程序，称为目标程序。语言处理程序的任务，就是将源程序翻译成目标程序。不同语言的源程序，对应有不同的语言处理程序。

语言处理程序有汇编程序、编译程序和解释程序三种。

3）标准程序库

为方便用户编制程序，通常将一些常用的程序按照标准的格式预先编制好，组成一个标准程序库，存入计算机系统中，需要时由用户选择合适的程序段嵌入自己的程序中，既省事，又可靠。

4）服务性程序

服务性程序也称工具软件。服务性程序扩充了机器的功能，一般包括诊断程序、调试程序等。

5）数据库管理系统

数据库管理系统是为满足大量数据管理要求而设计的一种专用软件。

6）计算机网络软件

计算机网络软件能实现计算机网络化管理等要求。

总之，软件系统是在硬件系统的基础上，为有效地使用计算机而配置的，没有系统软件，计算机系统无法正常、有效地运行，没有应用软件，计算机就不能发挥效能。

1.2.3　计算机的工作原理

微型计算机的工作过程，实际上就是程序的执行过程。程序是由指令所组成的序列，程序存放在微型计算机的存储器中。控制器控制程序的执行，是产生各种控制信号的关键部件，因此它必须具备以下的基本功能。

1. 取指令

取指令即根据程序在存储器中的存储位置，发出指令地址，在控制信号的控制下，从存储器的相应单元中取出指令。

2. 分析指令

分析指令也称为指令译码，即对当前取出的指令进行分析、解释，指出它要求做何种操作，并产生相应的操作控制命令。如果参与操作的数据在存储器中，还需要形成操作数的地址，并产生控制信号。

3. 执行指令

执行指令即根据分析指令时产生的操作控制命令序列，通过运算器、存储器及输入/输出设备的执行，实现每条指令的功能，包括对运算结果的处理以及下条指令地址的形成等。

程序的执行过程就是不断重复上述三种基本操作的过程，即取指令、分析指令、执行指令；取下条指令、分析指令、执行指令……如此循环，直到遇到停机指令或外来干预为止。

4. 指令分析

一般说来，指令译码器没有相应的控制信号，只要指令一存到指令译码器，它就开始译码，所以，也可以将取指和译码操作合并为取指周期需要完成的工作。这样就可以把指令的执行过程分为取指和执行两个阶段。结合上面所说的控制器的功能，指令的具体执行过程为：取指阶段→执行阶段。

1）取指阶段

把指令的地址置给程序计数器(PC)，从指令所在的存储单元中读出指令，直到把指令传送给指令寄存器(IR)，这个阶段称之为取指。取指过程如下：

（1）将程序计数器的内容移到地址寄存器(AR)；

（2）存储器进行读出操作；

（3）程序计数器的内容加1，作为下一条指令的地址；

（4）从存储器读出指令，存入到数据寄存器(DR)；

（5）把数据寄存器的内容传送到指令寄存器(IR)；

（6）分析指令寄存器内的操作码。

2）执行阶段

执行阶段的内容因为指令码的不同将会有很大不同，这一点与取指阶段差别较大。这里以从主存读出数据进行相加、把运算结果写入主存、条件转移的指令功能为例介绍执行阶段的操作过程。

（1）读出数据并相加。

① 把指令寄存器的地址移到数据寄存器；

② 开始主存的读操作；

③ 读出的数据存入到数据寄存器；

④ 把数据寄存器的内容和累加器的内容送至 ALU；

⑤ 进行加法运算；

⑥ 把相加结果送回到累加器；

⑦ 命令终止，进入下一条指令的取指周期。

（2）把累加器内容写入主存。

① 把指令寄存器的地址移到地址寄存器；

② 开始主存的写操作；

③ 把累加器的内容送到数据寄存器；

④ 命令终止，进入下一条指令的取指周期。

（3）条件转移的过程。

① 条件满足，则把指令寄存器的地址码送到程序计数器，否则无操作；

② 命令终止，进入下一条指令的取指周期。

5. 异常情况和某些请求的处理

当机器在运行过程中出现某些异常情况，如算术运算时产生溢出、存储器存储出错、系统掉电；或者某些外来请求，如定时时间到、从键盘输入命令、磁盘上的成批数据需送内存等时，将由这些部件或设备发出相应的中断请求信号和 DMA 请求信号。

1）中断请求信号

待 CPU 执行完当前指令后，响应该中断请求，中止当前执行的程序，转去执行为中断请求服务的程序。当该中断请求处理完毕后，返回原程序中断处继续运行下去。

2）DMA 请求信号（Direct Memory Access）

该信号为直接存储器存取请求。微型计算机中，数据的传送一般是通过运算器来完成的。当成批数据在 I/O 设备与存储器之间进行传送时，如果通过运算器来传送，则速度较慢，于是出现了直接存储器存取方式，即 DMA。I/O 设备向控制器发出 DMA 请求信号，等 CPU 完成当前机器周期操作后，暂停操作，将总线使用权让给 I/O 设备，使 I/O 设备与存储器直接进行数据传送。在完成 I/O 设备与存储器之间的数据传送操作后，CPU 收回总线的使用权，从暂时中止的机器周期开始处继续执行指令。

1.3 计算机的主要性能指标

1. 技术指标

衡量计算机性能优异程度的技术指标主要有以下几个。

1）字长

字长是计算机内部一次可以处理的二进制数码的位数。一般一台计算机的字长取决于它的通用寄存器、内存储器、ALU 的位数和数据总线的宽度。字长越长，一个字所能表示的数据精度就越高，在完成同样精度的运算时，数据处理速度就越高。但是，字长越长，计算机的硬件代价相应也增大。为了兼顾精度/速度与硬件成本两方面，有些计算机允许采用变字长运算。

一般情况下，CPU 的内、外数据总线宽度是一致的。但有的 CPU 为了改进运算性能，加宽了 CPU 的内部总线宽度，致使内部字长和外部数据总线宽度不一致。如 Intel 8088/80188 的内部数据总线宽度为 16 位，外部为 8 位。对这类芯片，称之为"准××位"CPU。因此 Intel 8088/80188 被称为"准 16 位"CPU。

2）存储器容量

存储器容量是衡量计算机存储二进制信息量大小的一个重要指标。微型计算机中一般以字节 B（Byte 的缩写）为单位表示存储容量，并且将 1024 B 简称为 1 KB，1024 KB 简称为 1 MB（兆字节），1024 MB 简称为 1 GB（吉字节），1024 GB 简称为 1 TB（太字节）。目前市场上流行的 Pentium 微机大多具有 256 MB～4 GB 的内存容量和 40～500 GB 外存容量。

3）主频

（1）主频也叫做时钟频率，用来表示微处理器的运行速度。主频越高表明微处理器运行越快。主频的单位是 MHz。

（2）早期微处理器的主频与外部总线的频率相同，从 80486DX2 开始，主频＝外部总线频率×倍频系数。

（3）外部总线频率通常简称为外频，它的单位也是 MHz，外频越高说明微处理器与系统内存数据交换的速度越快，因而微型计算机的运行速度也越快。

（4）倍频系数是微处理器的主频与外频之间的相对比例系数。

（5）通过提高外频或倍频系数，可以使微处理器工作在比标准主频更高的时钟频率上，这就是所谓的超频。

4）MIPS

（1）MIPS 是 Millions of Instruction Per Second 的缩写，用来表示微处理器的性能，指每秒钟能执行多少百万条指令。

（2）由于执行不同类型的指令所需时间长度不同，所以 MIPS 通常是根据不同指令出现的频度乘上不同的系数求得的统计平均值。

（3）主频为 400 MHz 的 Pentium II 的性能为 832 MIPS。

5）外设扩展能力

外设扩展能力主要指计算机系统配接各种外部设备的可能性、灵活性和适应性。一台计算机允许配接多少外部设备，对于系统接口和软件研制都有重大影响。在微型计算机系统中，打印机型号、显示器屏幕分辨率、外存储器容量等，都是外设配置中需要考虑的问题。

6）软件配置情况

软件是计算机系统必不可少的重要组成部分，它配置是否齐全，直接关系到计算机性能的好坏和效率的高低。例如是否有功能很强、能满足应用要求的操作系统和高级语言、汇编语言，是否有丰富的、可供选用的应用软件等，都是在购置计算机系统时需要考虑的。

2. 计算机的分类

1）按处理的信息分类

计算机按处理的信息不同，分为数字式电子计算机和模拟式电子计算机。数字式电子计算机通过由数字逻辑电路组成的算术逻辑运算部件对数字量进行算术逻辑运算。模拟式电子计算机通过由运算放大器构成的微分器、积分器，以及函数运算器等运算部件对模拟量进行运算处理。

2）按用途分类

计算机按用途不同，分为通用计算机和专用计算机。通用计算机是能解决多种类型问题，具有较强通用性的计算机。专用计算机是为解决某些特定问题而专门设计的计算机。

3. 其它分类

按体积、简易性、功率损耗、性能指标、处理能力、运算速度、存储容量等指标划分，通用计算机可以分为巨型机、大型机、中型机、小型机、微型机和单片机等 6 类。

巨型机主要用于科学计算，数据存储容量大、结构复杂、价格昂贵；单片机是只用一片集成电路做成的计算机，体积小、结构简单、价格便宜；大型机、中型机、小型机、微型机介于它们之间，结构规模和性能指标依次递减。但是随着超大规模集成电路的迅速发展，它们之间的概念也在发生变化，今天的微型机可能就是明天的单片机。

1.4 单片机的应用和发展

通用计算机系统的技术要求是高速、海量的数值计算，技术发展方向是总线速度的无限提升、存储容量的无限扩大、CPU 计算能力的不断增强。嵌入式计算机系统的技术要求则是对象的智能化控制能力，技术发展方向是与对象系统密切相关的嵌入性能、控制能力与控制的可靠性。比较普通计算机和嵌入式计算机的差异，说明这是由于它们应用场合和应用环境的不同而造成的，而单片机则属于低端嵌入式计算机。

随着集成电路技术的迅速发展和工业、通信电子等领域的实际需求，当前世界各大芯片制造公司都推出了自己的单片机，从 8 位、16 位到 32 位等，它们各具特色，优势互补，为单片机的应用发展提供了广阔的天地。单片机，亦称单片微电脑或单片微型计算机，它是把中央处理器(CPU)、随机存取存储器(RAM)、只读存储器(ROM)、输入/输出端口(I/O)等主要计算机功能部件都集成在一块集成电路芯片上的微型计算机。单片机的出现，为计算机的应用开辟了一个新的发展领域，也相应地促进了工业和通信等领域的现代化进程。

1. 单片机发展历程

以 8 位单片机的推出作为起点，单片机的发展历史大致可分为以下几个阶段：

第一阶段(1976—1978)：单片机的探索阶段，以 Intel 公司的 MCS-48 为代表。MCS-48 的推出是在工控领域的探索，参与的公司还有 Motorola 、Zilog 等，都取得了满意的效果。这也是 SCM 的诞生年代，"单片机"一词由此而来。

第二阶段(1978—1982)：单片机的完善阶段。Intel 公司在 MCS-48 基础上推出了完善的、典型的单片机系列 MCS-51。它在以下几个方面奠定了典型的通用总线型单片机体系结构。

- 完善的外部总线。MCS-51 设计了经典的 8 位单片机总线结构，包括 8 位数据总线、16 位地址总线、控制总线及具有多机通信功能的串行通信接口。
- CPU 外围功能单元集中管理模式。
- 体现工控特性的位地址空间及位操作方式。
- 指令系统趋于丰富和完善，并且增加了许多突出控制功能的指令。

第三阶段(1982—1990)：8 位单片机的巩固发展及 16 位单片机的推出阶段，也是单片机向微控制器发展的阶段。Intel 公司推出的 MCS-96 系列单片机，将一些用于测控系统的模数转换器、程序运行监视器、脉宽调制器等纳入片中，体现了单片机的微控制器特征。随着 MCS-51 系列的广泛应用，许多电气厂商竞相使用 80C51 为内核，将许多测控系统中使用的电路技术、接口技术、多通道 A/D 转换部件、可靠性技术等应用到单片机中，增强了外围电路功能，强化了智能控制的特征。

第四阶段(1990—现在)：微控制器的全面发展阶段。随着单片机在各个领域全面深入地发展和应用，出现了高速、大寻址范围、强运算能力的 8 位/16 位/32 位通用型单片机，以及小型廉价的专用型单片机，如 DSP、ARM 等。

2. 单片机特点

自单片机出现至今,单片机技术已走过了几十年的发展路程。纵观单片机发展历程,单片机技术的发展以微处理器(MPU)技术及超大规模集成电路技术的发展为先导,以广泛的应用领域拉动,表现出较微处理器更具个性的发展。它小巧灵活、成本低、易于产品化,能方便地组装成各种智能式控制设备以及各种智能仪表。面向控制,能针对性地解决从简单到复杂的各类控制任务,从而获得最佳性价比。抗干扰能力强,适应温度范围宽,在各种恶劣条件下都能可靠地工作,这是其它机型所无法比拟的。可以很方便地实现多机和分布式控制,使整个系统的效率和可靠性大为提高。

1) 长寿命

这里所说的长寿命,一方面是指用单片机开发的产品可以稳定可靠地工作十年、二十年;另一方面是指与微处理器相比寿命长。随着半导体技术的飞速发展,MPU 更新换代的速度越来越快,以 386、486、586 为代表的 MPU,很短的时间内就被淘汰出局,而传统的单片机,如 68HC05、8051 等虽然已经有几十年的历史,产量仍是上升的。这一方面是由于其对相应应用领域的适应性强;另一方面是由于以该类 CPU 为核心,集成更多 I/O 功能模块的新单片机系列层出不穷。可以预见,一些成功上市的相对年轻的 CPU 核心,也会随着 I/O 功能模块的不断丰富,有着相当长的生存周期。新的 CPU 类型的加盟,使单片机队伍不断壮大,给用户带来了更多的选择余地。

2) 8 位、16 位、32 位单片机共同发展

共同发展是当前单片机技术发展的另一动向。长期以来,单片机技术的发展是以 8 位机为主。随着移动通信、网络技术、多媒体技术等高科技产品进入家庭,32 位单片机应用得到了长足发展。DSP,特别是 ARM 等新一代单片机可以将微操作系统嵌入到单片机内核中,极大地拓展了单片机的应用范围,提高了可靠性,可以完成更复杂的任务,为单片机的发展带来了强劲的动力。

3) 速度越来越快

MPU 发展中表现出来的速度越来越快是以时钟频率越来越高为标志的。而单片机则有所不同,为提高单片机抗干扰能力、降低噪声,降低时钟频率而不牺牲运算速度是单片机技术发展之追求。一些单片机厂商改善了单片机的内部时序,在不提高时钟频率的条件下,使运算速度提高了很多,如 ARM9,采用 5 级整数流水线,指令执行效率更高,提供 1. 1MIPS/MHz 的哈佛结构。

4) 低电压与低功耗

自 20 世纪 80 年代中期以来,NMOS 工艺单片机逐渐被 CMOS 工艺代替,功耗得以大幅度下降。随着超大规模集成电路技术由 3 μm 工艺发展到 1.5、1.2、0.8、0.5、0.35 μm 近而实现 0.2 μm 工艺,全静态设计使时钟频率从直流到数十兆任选,都使功耗不断下降。Motorola 最近推出任选的 M.CORE 可在 1.8 V 电压下以 50M/48MIPS 全速工作,功率约为 20 mW。几乎所有的单片机都有 Wait、Stop 等省电运行方式,允许使用的电源电压范围也越来越宽。一般单片机都能在 3~6 V 范围内工作,对电池供电的单片机不再需要对电源采取稳压措施。低电压供电的单片机电源下限已由 2.7 V 降至 2.2 V、1.8 V,0.9 V 供电

的单片机也已经问世。

3. 单片机可靠性技术

由于单片机主要应用于工业控制、通信等领域，因此对可靠性具有更高的要求。所以，现代单片机设计中采用了多种提高可靠性的新技术。

1) EFT(Electrical Fast Transient)技术

EFT 技术是一种抗干扰技术。在振荡电路的正弦信号受到外界干扰时，其波形上会迭加各种毛刺信号，如果使用施密特电路对其整形，则毛刺会成为触发信号，干扰正常的时钟。通过交替使用施密特电路和 RC 滤波电路，就可以消除这些毛刺，令其作用失效，最终保证系统的时钟信号正常工作，最终提高了单片机工作的可靠性。Motorola 公司的 MC68HC08 系列单片机就采用了这种技术。

2) 低噪声布线技术及驱动技术

传统的单片机的电源及地线在集成电路外壳的对称引脚上，一般是在左上、右下或右上、左下的两对对称点上。这样，就使电源噪声穿过整块芯片，对单片机的内部电路造成干扰。现在，很多单片机都把地和电源引脚安排在两条相邻的引脚上。这样，不仅降低了穿过整个芯片的电流，另外还在印制电路板上容易布置去耦电容，从而降低系统的噪声。为了适应各种应用的需要，很多单片机的输出能力都有了很大提高，Motorola 公司的单片机 I/O 口的灌拉电流可达 8 mA 以上，而 Microchip 公司的单片机可达 25 mA。其它公司：AMD、Fujitsu、NEC、Infineon、Hitachi、Atmel、Toshiba 等的基本上可达 8~20 mA 的水平。这些电流较大的驱动电路集成到芯片内部，在工作时带来了各种噪声。为了减少这种影响，单片机采用多个小管子并联等效一个大管子的方法，并在每个小管子的输出端串上不同等效阻值的电阻，以降低 $\mathrm{d}i/\mathrm{d}t$，这也就是所谓的"跳变沿软化技术"，从而消除大电流瞬变时产生的噪声。

3) 采用低频时钟

高频外时钟是噪声源之一，不仅能对单片机应用系统产生干扰，还会对外界电路产生干扰，令电磁兼容性不能满足要求。对于要求可靠性较高的系统，采用低频外时钟有利于降低系统的噪声。在一些单片机中采用内部锁相环技术，则在外部时钟较低时，也能产生较高的内部总线速度，从而保证了速度又降低了噪声。Motorola 公司的 MC68HC08 系列及其 16/32 位单片机就采用了这种技术以提高可靠性。

4. 单片机发展趋势

可以说现在单片机是百花齐放的时期，世界上各大芯片制造公司都推出了自己的单片机，从 8 位、16 位到 32 位，数不胜数，应有尽有。它们各具特色，优势互补，为单片机的应用提供广阔的天地。纵观单片机的发展过程，可以预见单片机的发展趋势。

1) 低功耗 CMOS 化

MCS-51 系列的 8031 推出时的功耗达 630 mW，而现在的单片机普遍都在 100 mW 左右。随着对单片机功耗要求越来越低，现在的各个单片机制造商基本都采用了 CMOS(互补金属氧化物半导体)工艺。80C51 就采用了 HMOS(高密度金属氧化物半导体)工艺和 CHMOS(互补高密度金属氧化物半导体)工艺。CMOS 虽然功耗较低，但由于其物理特征决定其工作速度不够高，而 CHMOS 则具备了高速和低功耗的特点，这些特征更适合于要求低功耗、电池供电的应用场合，所以这种工艺将是今后一段时期单片机发展的主要途径。

2）微型单片化

现在常规的单片机普遍都是将中央处理器（CPU）、随机存取数据存储器（RAM）、只读程序存储器（ROM）、并行和串行通信接口、中断系统、定时电路、时钟电路等集成在一块单一的芯片上。增强型的单片机集成了如 A/D 转换器、PWM（脉宽调制电路）、WDT（看门狗），有些单片机将 LCD（液晶）驱动电路都集成在单一的芯片上。这样单片机包含的单元电路就更多，功能就更强大。甚至单片机厂商还可以根据用户的要求量身定做，制造出具有自己特色的单片机芯片。此外，现在的产品普遍要求体积小、重量轻，这就要求单片机除了功能强和功耗低外，还要求其体积要小。现在的许多单片机都具有多种封装形式，其中 SMD（表面封装）越来越受欢迎，使得由单片机构成的系统正朝微型化方向发展。

3）主流与多品种共存

虽然现在单片机的品种繁多，各具特色，但仍以 80C51 为核心的单片机占主流，兼容其结构和指令系统的有 Philips 公司的产品、Atmel 公司的产品和中国台湾华邦公司的产品等。所以 C8051 为核心的单片机占据了半壁江山。而 Microchip 公司的 PIC 精简指令集（RISC）也有着强劲的发展势头，中国台湾的 Holtek 公司近年的单片机产量与日俱增，以其低价质优的优势，占据一定的市场份额。此外还有 Motorola 公司的产品，日本几大公司的专用单片机。在一定的时期内，这种情形将得以延续，将不存在某个单片机一统天下的垄断局面，走的是依存互补、相辅相成、共同发展的道路。

4）大容量、高性能

以往单片机内的 ROM 为 1~4 KB，RAM 为 64~128 B。但在需要复杂控制的场合，该存储容量是不够的，必须进行外接扩充。为了适应应用领域的要求，须运用新的工艺，使片内存储器大容量化。目前，普通单片机内 ROM 最大可达 64 KB，RAM 最大为 2 KB，很多更大存储容量的单片机不断涌现。另外，单片机进一步改变 CPU 的性能，加快指令运算的速度和提高系统控制的可靠性。采用精简指令集（RISC）结构和流水线技术，可以大幅度提高运行速度。现指令速度最高已达 100MIPS，并加强了位处理、中断和定时控制功能。这类单片机的运算速度比标准的单片机高出 10 倍以上。由于这类单片机有极高的指令速度，可以使用软件模拟其 I/O 功能，由此引入了虚拟外设的新概念。

5）串行扩展技术

在很长一段时间里，通用型单片机通过三总线结构扩展外围器件成为单片机应用的主流结构。随着低价位 OTP（One Time Programmable）及各种特殊类型片内程序存储器的发展，加之处围接口不断进入片内，推动了单片机"单片"应用结构的发展。特别是 I^2C、SPI 等串行总线的引入，可以使单片机的引脚设计得更少，单片机系统结构更加简化及规范化。

5. 主流的单片机产品

8051 单片机最早由 Intel 公司推出，随后 Intel 公司将 80C51 内核使用权以专利互换或出让给世界许多著名 IC 制造厂商，如 Philips、NEC、Atmel、AMD、Dallas、Siemens、Fujitsu、OKI、华邦、LG 等。在保持与 8051 单片机兼容的基础上，这些公司融入了自身的优势，扩展了针对满足不同测控对象要求的外围电路，如满足模拟量输入的 A/D、满足伺服驱动的 PWM、满足高速输入/输出控制的 HSL/HSO、满足串行扩展总线 I^2C、保证程序可靠运行的 WDT、引入使用方便且价廉的 Flash ROM 等，开发出上百种功能各异的新品种。这样 8051 单片机就变成了众多芯片制造厂商支持的大家族，统称为 8051 系列单片机，所以人们习惯用 8051 来称呼 MCS-51 系列单片机。客观事实表明，8051 已成为 8 位单片机的主流，成了事实上的标准 MCU 芯片。由于应用中的单片机品种繁多，现选择几种主要厂家的单片机进行介绍。

1）AT89S 与 AVR 单片机

Atmel 公司生产的具有 Flash ROM 的增强型 51 系列单片机目前在市场上仍然十分流行，其中 AT89S 系列十分活跃。AVR 单片机是 Atmel 在 20 世纪 90 年代推出的精简指令集 RISC 的单片机，使用哈佛结构。AVR 的单片机广泛应用于计算机外部设备、工业实时控制、仪器仪表、通信设备、家用电器、宇航设备等各个领域。

2）PIC 单片机

MicroChip 单片机的主要产品是 PIC 16C 系列和 17C 系列 8 位单片机，CPU 采用 RISC 结构，分别仅有 33、35、58 条指令，采用哈佛双总线结构，运行速度快、工作电压低、功耗低，有较大的输入输出直接驱动能力，价格低，一次性编程，体积小，可靠性高。适用于用量大、档次低、价格敏感的产品。在办公自动化设备、消费电子产品、电讯通信、智能仪器仪表、汽车电子、金融电子、工业控制不同领域都有广泛的应用。PIC 系列单片机在世界单片机市场份额排名中逐年提高。

3）STC 单片机

STC 单片机是深圳宏晶科技有限公司生产的系列单片机，目前国内市场占有率 50％以上。STC 单片机为复杂指令集，其优点是加密性强，很难解密或破解；超强抗干扰，通过降低单片机时钟提高 EMC 性能；超低功耗，适用于供电系统，如水表、气表、便携设备等。

4）飞思卡尔单片机（原摩托罗拉半导体部）

Motorola 是世界上最大的单片机厂商之一。从 M6800 开始，开发了广泛的品种，4 位、8 位、16 位和 32 位的单片机都能生产。其中典型的代表有：8 位机 M6805、M68HC05 系列，8 位增强型 M68HC11、M68HC12，16 位机 M68HC16，32 位机 M683XX。Motorola 单片机的特点之一是在同样的速度下所用的时钟频率较 Intel 类单片机低得多，因而高频噪声低，抗干扰能力强，更适合于工控领域及恶劣的环境。

5）MSP430 单片机

TI 公司生产的 MSP430 单片机，通过通用存储器地址总线（MAB）与存储器数据总线（MDB）将 16 位 RISC CPU、多种外设以及高度灵活的时钟系统进行完美结合。MSP430 能够为当前与未来的混合信号应用提供很好的解决方案。所有 MSP430 外设都只需最少量的软件服务。主要应用范围：计量设备、便携式仪表、智能传感系统，特别是在低功耗场合应用广泛。

6）EM78 系列 OTP 型单片机

EM78 系列 OTP 型单片机由中国台湾义隆电子股份有限公司生产，直接替换

PIC16Cxx，管脚兼容，功能更强，程序可用专业转换软件转换。适用范围：家电产品、IC卡终端产品（水表电表、煤气表）、保密系统（软件狗、报警器、监控器）、遥控器、仪表仪器，通信产品（多功能电话、交换机、密码锁）、电子医疗器械等。

7）华邦单片机

华邦公司的 W77、W78 系列 8 位单片机的脚位和指令集与 8051 兼容，但每个指令周期只需要 4 个时钟周期，速度提高了三倍，工作频率最高可达 40 MHz。同时增加了看门狗定时器、6 组外部中断源、2 组 UART、2 组数据指针及等待状态控制销。W741 系列的 4 位单片机带液晶驱动，在线烧录，保密性高，操作电压低。

8）Zilog 单片机

Z8 单片机是 Zilog 公司的产品，采用多累加器结构，有较强的中断处理能力，开发工具价廉物美。Z8 单片机以低价位面向低端应用。很多人都知道 Z80 单板机，直到 20 世纪90 年代后期，很多大学的微机原理还是讲述 Z80。

9）NS 单片机

COP8 单片机是 NS（美国国家半导体公司）的产品，内部集成了 16 位 A/D，这是不多见的，在看门狗及 STOP 方式下单片机的唤醒方式都有独到之处。此外，COP8 的程序加密也做得比较好。

10）瑞萨（Renesas）单片机

原日立公司和三菱公司的半导体业务合并成立瑞萨科技。2010 年 4 月，NEC 电子与瑞萨科技合并并组建瑞萨电子，目前瑞萨电子是全球位于前列的微控制器供应商，提供原日立、三菱和 NEC 各系列单片机，有 8 位、16 位超低功耗 MCU，32 位 CISC MCU 和 32 位RISC MCU。Renesas 提供全系列基于高级研发的单片机，广泛应用于消费类、工业类和汽车电子等方面。

11）TI 的 DSP

TI 公司的一系列 DSP 产品已经成为当今世界上最有影响的 DSP 芯片。用通用的可编程 DSP 实现复杂的数字信号处理计算，TI 公司也成为世界上最大的 DSP 芯片供应商，其DSP 市场份额占全世界份额近 50％。与单片机相比，DSP 芯片具有更加适合于数字信号处理的软件和硬件资源，可用于复杂的数字信号处理算法，代表产品是 TI 的 TMS320 系列。

12）ARM 处理器

ARM Holdings 是全球领先的半导体知识产权（IP）提供商，并因此在数字电子产品的开发中处于核心地位，是微处理器行业的一家知名企业，设计了大量高性能、廉价、耗能低的 RISC 处理器、相关技术及软件。技术具有性能高、成本低和能耗省的特点。适用于多种领域，比如嵌入控制、消费/教育类多媒体、DSP 和移动式应用等。ARM 公司通过出售芯片技术授权，建立起新型的微处理器设计、生产和销售商业模式。ARM 将其技术授权给世界上许多著名的半导体、软件和 OEM 厂商，每个厂商得到的都是 ARM 公司一套独一无二的 ARM 相关技术及服务。利用这种合伙关系，ARM 很快成为许多全球性 RISC 标准的缔造者。

因为 ARM 的 IP 多种多样以及支持基于 ARM 的解决方案的芯片和软件体系十分庞

大，全球领先的原始设备制造商(OEM)都在广泛使用 ARM 技术,应用领域涉及手机、数字机顶盒以及汽车制动系统和网络路由器。当今,全球 95％以上的手机以及超过四分之一的电子设备都在使用 ARM 技术。

思考练习题

1. 简单描述计算机的发展过程。
2. 简述计算机的应用领域。
3. 冯·诺依曼结构的主要特点是什么？
4. 计算机的硬件由哪些部件组成？它们各有哪些主要功能？
5. 计算机软件有哪些类型？
6. 计算机系统的主要技术指标有哪些？
7. 单片机内部主要组成功能单元有哪些？
8. 单片机具有哪些主要特点？
9. 单片机的发展趋势是什么？

第二章 80C51单片机结构与工作原理

单片机的种类很多，目前国内常见的有 Intel 公司的 MCS-51 系列，Philips 公司的 80C51 系列（与 MCS-51 兼容），Motorola 公司的 68HC05、68HC11 系列，MicroChip 公司的 PIC 系列等，其中 Intel 公司的 MCS-51 系列单片机一直是我国应用的主流器件。

随着需求的增长，单片机的处理能力也在逐渐增强，目前主要有 8 位、16 位和 32 位机。在未来一段时期内，8 位单片机仍是主流机型，如 MCS-51 系列单片机。

MCS-51 系列单片机有多种型号的产品，如普通型（51 子系列）8051、8031、8751 等，增强型（52 子系列）8032、8052、8752 等。它们的结构基本相同，其主要差别反映在存储器的配置上。8031 片内没有程序存储器，8051 内部设有 4 KB 的掩膜 ROM 程序存储器，8751 是将 8051 片内的 ROM 换成 EPROM。MCS-51 增强型的存储容量为普通型的两倍。

80C51 系列单片机是在 MCS-51 的基础上发展起来的，具有 CHMOS 结构。它是Intel 公司 MCS-51 系列的新一代产品，还包括了 Philips、Siemens、Atmel 等公司以 80C51 为核心推出的各种与 MCS-51 兼容的单片机。其中 80C51、80C31、87C51 是与 8051、8031、8751 兼容采用 CHMOS 工艺的产品。80C51 是 MASKROM 型，片内有 4 KB ROM；80C31 是 ROMless 型，片内无 ROM；87C51 是 EPROM 型，片内有 4 KB EPROM；89C51 则具有 4KB 的闪速存储器 E^2PROM。除此之外，它们的内部结构及引脚完全相同。而 AT89S51 是一个低功耗、高性能 CMOS 8 位单片机，采用 0.35 新工艺，片内含 4 K Bytes ISP（In-System Programmable）的可反复擦写 1000 次的 Flash 只读程序存储器，器件采用 Atmel 公司的高密度、非易失性存储技术制造，兼容标准 MCS-51 指令系统及 80C51 引脚结构，芯片内集成了通用 8 位中央处理器和 ISP Flash 存储单元。

80C51 系列单片机集成度高、速度快、功耗低，应用越来越广泛。本章将以 80C51 为例，介绍单片机的结构组成与工作原理，并详细介绍 80C51 的 CPU 及其外围电路结构和应用原理。

2.1 80C51 单片机系统的结构组成

单片机与通用微机相比较，在结构组成、指令设置上均有独特之处，其主要特点如下：

（1）单片机的存储器采用哈佛结构，即程序存储器和数据存储器是严格区分、独立寻址的。这种结构主要是考虑到单片机的应用是面向控制的，通常有大量的控制程序和少量的随机数据。程序存储器采用 ROM 方式，程序、常数及数据表格固化在 ROM 中，不易被破坏；数据存储器采用 RAM，用作工作区和存放数据，而单片机数据计算量相对较小，这样小容量的数据存储器以高速 RAM 的形式集成在单片机内，以加快单片机的运行速度。

（2）采用面向控制的指令系统。为了满足工业控制的要求，单片机的指令系统中有极其丰富的输入输出控制指令、转移指令、逻辑判断指令、位操作指令等。

（3）I/O引脚具有一线多功能的特点。I/O端口引脚在程序控制下都可有第二功能，使得有限的引脚能够满足大量的输入输出功能需求。

（4）具有完善的外围扩展总线，可方便地扩展各种外围电路（如 ROM、RAM、I/O 接口、定时器/计数器、中断等）。

（5）通用寄存器和操作管理寄存器大多以片内 RAM 形式出现，易实现 CPU 的直接存取，数量也较一般通用 CPU 中的多。单片机中普遍将操作管理寄存器统一成特殊功能寄存器 SFR，通过对 SFR 的读写来实现对片内各单元电路的操作管理，这使得单片机各种功能单元的管理和扩展都变得十分容易。

2.1.1 基本结构组成

80C51 系列单片机具有典型的单片机结构，其基本结构如图 2-1 所示。它由 CPU 系统、CPU 外围单元、基本功能单元和外部扩展单元组成，各部分通过内部总线相连。

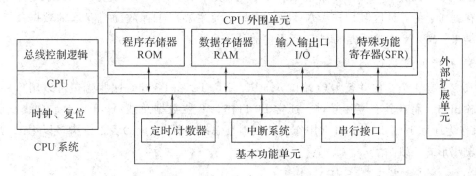

图 2-1 80C51 单片机基本结构框图

CPU 系统和 CPU 外围单元组成了单片机的最小系统；最小系统与基本功能单元构成了一个单片机的基本结构；在单片机基本结构的基础上，根据不同的嵌入式应用要求可扩展各种外部功能单元电路，如数据采集 ADC、伺服驱动控制 PWM、监视定时器 WDT 等，形成兼容的各种型号系列单片机。

1. CPU 系统

80C51 的 CPU 系统包括 CPU、时钟系统和总线控制逻辑。

1）中央处理器（CPU）

80C51 的 CPU 是专门为面向测控对象、嵌入式应用等特点而设计的，具有突出控制功能的指令系统。它是单片机的核心，由运算器和控制器组成。运算器以 ALU 为核心，用于实现对数据的算术逻辑运算。控制器是 CPU 的大脑中枢，它在时钟信号的作用下对指令进行译码，使单片机系统的各部件按时序协调有序地工作。

2）时钟系统

时钟系统主要产生时钟信号，为 CPU 及片内各单元电路提供工作的时钟，包含振荡电路、外接的谐振器（石英振子或陶瓷振子）及振荡电容和可关断控制等部分。

3）总线控制逻辑

总线控制逻辑主要用于管理外部并行总线的时序以及系统复位控制，外部控制总线有

RST、ALE、EA 和 PSEN 等。RST 为复位控制引脚，高电平有效，当 RST 有复位信号输入时，系统进入复位状态。ALE、EA、PSEN 为外部总线控制引脚，ALE 用于数据总线复用管理，EA 用于外部与内部程序存储器选择，PSEN 用于外部程序存储器的读取控制。

2. CPU 外围单元

CPU 外围单元是与 CPU 运行直接相关的单元电路，与 CPU 系统构成单片机的最小系统。它包括程序存储器 ROM、数据存储器 RAM、输入输出(I/O)口和特殊功能寄存器 SFR。

1) 程序存储器 ROM

80C51 片内有 4 KB 掩膜 ROM，主要用于存放程序、原始数据和表格内容，被称之为程序存储器，有时也被称为片内 ROM。

2) 数据存储器 RAM

80C51 内部共有 256 个字节的 RAM 单元，其中低 128 个单元是数据 RAM 区，包括通用寄存器区、位寻址区和用户 RAM 区，这些单元主要用于存放随机存取的数据及运算的中间结果。高 128 个单元是特殊功能寄存器(SFR)区。

3) 并行 I/O 端口

80C51 有 4 个 8 位并行 I/O 端口，即 P0、P1、P2 和 P3 口。这些端口可以用作一般输入或输出口，而且具有复用功能。通常 P0 口作为 8 位数据总线/低 8 位地址总线复用口，P1 口作为通用 I/O 口，P2 口常用作高 8 位地址总线，而 P3 口的各个管脚多以第二功能输入或输出形式出现。

4) 特殊功能寄存器(SFR)

SFR 是 80C51 单片机工作的重要控制单元，CPU 对所有片内功能单元的操作、控制都是通过对 SFR 的访问实现的。

3. 基本功能单元

基本功能单元是用来完善和扩大单片机功能，以满足单片机测控功能要求的基本外围电路。80C51 的基本功能单元包括定时器/计数器、中断系统和串行接口等。

1) 定时器/计数器

80C51 内部有两个 16 位的定时器/计数器 T0 和 T1，作为内部定时器或外部脉冲计数器，实现定时/计数的自动处理。

2) 串行接口

80C51 有一个全双工的串行通信接口，用以实现单片机和其它设备之间的串行数据传送。该串行口是一个带有移位寄存器工作方式的通用异步收发器(UART, Universal Asynchronous Receiver Transmitter)，既可以作为全双工异步通信收发器进行串行通信，也可以作为移位寄存器用于串行外围扩展。

3) 中断控制系统

80C51 的中断系统共有 5 个中断源，即两个外部中断源、两个定时器/计数器中断源和一个串行通信中断源。全部中断源可设定为高级和低级两个优先级。

上述 CPU 系统、CPU 外围单元和基本功能单元构成了 80C51 系列单片机的基核，即 80C51。

4. 内部结构组成

80C51 的内部结构如图 2-2 所示，主要包含算术逻辑单元 ALU、累加器 ACC、ROM、RAM、定时控制电路、指令寄存器 IR、程序计数器 PC、数据指针 DPTR、定时器/计数器、4 个 I/O 口 P0~P3、串行口、中断系统、程序状态字寄存器 PSW 等功能部件。这些部件通过内部总线连接起来，构成一个完整的单片微机。

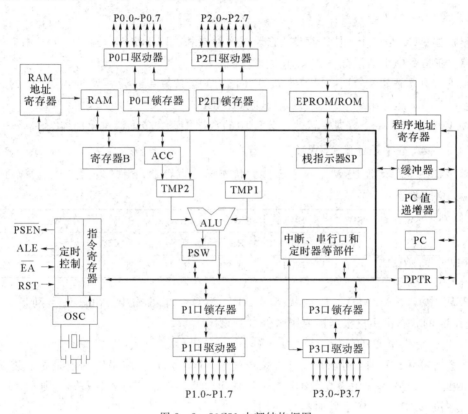

图 2-2　80C51 内部结构框图

2.1.2　CPU 结构

CPU 是单片机的核心部件。它由运算器和控制器等部件组成。

1. 运算器

运算器是用来实现对操作数的算术/逻辑运算和位操作的。运算器（如图 2-3 所示）以算术/逻辑运算单元 ALU 为核心，加上累加器 ACC（A）、暂存寄存器 TMP1 和 TMP2、寄存器 B、程序状态字寄存器 PSW 以及布尔处理器、BCD 码运算调整电路等构成了整个运算器的逻辑电路。

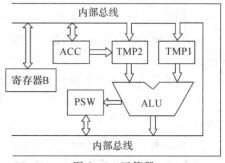

图 2-3　运算器

1) 算术逻辑运算单元 ALU

算术逻辑运算单元 ALU 用来完成二进制数的四则运算和逻辑运算，可以对 4 位（半字节）、8 位（单字节）和 16 位（双字节）数据进行操作。例如能完成加、减、乘、除、加 1、减 1、BCD 码十进制调整、比较等算术运算和与、或、异或、求反、循环等逻辑操作。

从结构上讲，ALU 实质是一个全加器。从图 2-3 可以看出，全加器有两个输入：暂存器 TMP1 的输入、暂存器 TMP2 或累加器 ACC 的输入。它还有两个输出：一个是累加器 ACC，数据经过运算后，结果又通过内部总线送回到累加器中；另一个是程序状态字 PSW。

2) 累加器 ACC

累加器 ACC 是一个 8 位寄存器，它通过暂存器和 ALU 相连，是 CPU 中使用最频繁的寄存器。在指令中用助记符 A 来表示。

在进行算术逻辑运算时，累加器 A 往往作为一个运算数经 TMP2 进入 ALU 的一个输入端参与运算，运算结果又通过内部总线送回 ACC。

ACC 又相当于一个数据中转站，CPU 中的数据传送大多都通过累加器。

3) 程序状态字寄存器 PSW

程序状态字寄存器 PSW 是一个 8 位的状态标志寄存器，用来指示指令执行后的状态信息。其格式如下：

	PSW.7	PSW.6	PSW.5	PSW.4	PSW.3	PSW.2	PSW.1	PSW.0
PSW	Cy	AC	F0	RS1	RS0	OV	—	P
D0H	D7H	D6H	D5H	D4H	D3H	D2H	D1H	D0H

PSW 中 Cy、AC、OV、P 的状态是 ALU 运算结果的输出，由硬件自动形成；F0、RS1、RS0 的状态由用户根据需要用软件方法设定。

• 进位标志位 Cy(Carry，简写为 C)

在进行算术运算时，可以被硬件置位或清零，以表示运算结果中高位是否有进位或借位。如果操作结果使 A 中最高位 D7 有进位输出（加法）或借位输入（减法），则 C=1，否则 C=0。在位操作中，C 作位累加器 C 使用。

• 辅助进位标志位 AC(Auxiliary Carry)

AC 也称为半进位标志位，它反映了两个 8 位数进行加减运算时，低半字节向高半字节有无进位或借位的状况。若 D3 位向 D4 位有进位或借位时，AC=1，否则 AC=0。通常在二/十进制调整时使用。

• 用户标志位 F0(Flag Zero)

用户可使用的标志位，由用户根据需要在程序中对 F0 置位或清零，以控制用户程序的转向。

• 工作寄存器选择控制位 RS1、RS0

用于选定 4 组工作寄存器中的某一组为当前工作的工作寄存器组，由用户通过软件加以选择。

• 溢出标志位 OV(Over Flow)

用于指示累加器 A 在算术运算中是否发生溢出。在进行补码运算时，当运算结果超出了 A 所能表示的数值范围(-128~+127)时，OV 位由硬件自动置 1，否则 OV=0。

· 奇偶标志位 P(Parity)

反映累加器 A 中 1 的个数，每条指令执行完后，由硬件根据 A 的内容自动置位或复位。若 A 中 1 的个数为奇数，则 P=1；若 A 中 1 的个数为偶数，则 P=0。该标志位常用在串行通信中检验数据传输的可靠性。

· PSW.1

未定义。用户可以利用位地址 D1H 或位标志 PSW.1 使用这一位。

4) 寄存器 B

寄存器 B 用于乘法和除法运算。乘法运算时，两个乘数分别来自 A 和 B，运算结果积的低 8 位存放在 A 中，积的高 8 位存放在 B 中。除法运算时，被除数来自 A，除数来自 B，结果商存于 A，余数存于 B。在不作乘除运算时，寄存器 B 可作为通用寄存器或一个 RAM 单元使用。

5) 布尔处理器

布尔处理器是运算器的一个重要组成部分，由单独的逻辑电路来处理位操作。它有自己的累加器 C、自己的位寻址 RAM 和 I/O 空间，还有相应的指令系统，给用户提供了丰富的位操作功能，是 51 系列单片机的突出优点之一。

布尔处理器以进位标志位 C 作为位累加器。对任何直接寻址的位，可执行置位、复位、取反、等于 1 转移、等于 0 转移、等于 1 转移且清 0 以及进位标志位与其它可位寻址的位之间进行数据传送等位操作。在进位标志位与其它任何可位寻址的位之间进行逻辑与、逻辑或操作，结果送回 C 中。

2. 控制器

控制器是单片机的神经中枢，控制单片机完成各种操作。80C51 控制器包括定时控制逻辑、指令寄存器、指令译码器、程序计数器 PC、数据指针 DPTR、堆栈指针 SP 以及地址寄存器、地址缓冲器等。它以主振频率为基准发出 CPU 时序，将指令寄存器中存放的指令码取出送指令译码器进行译码，再发出各种控制信号控制单片机各部分运行，完成指令指定的功能。

1) 程序计数器(PC)

程序计数器(PC)用来存放将要执行的下一条指令在程序存储器中的地址。80C51 中的 PC 是一个 16 位的计数器，由两个 8 位的计数器 PCH 和 PCL 组成，可对 64 KB 程序存储器直接寻址。

当一条指令按照 PC 所指的地址从程序存储器输出后，PC 本身自动进行加 1 操作，指向下一条指令。

改变 PC 的内容就可改变程序执行的流程。执行条件或无条件转移指令时，程序计数器被置入新的数值，程序的流向发生变化。

执行调用指令或响应中断时，PC 的现值被送入堆栈加以保护，子程序的入口地址或中断矢量地址送入 PC，程序转向执行子程序或中断服务程序，执行完毕遇到返回指令时，再将栈顶的内容送回 PC 中，程序又返回到原来的地方继续执行。

2) 数据指针 DPTR

DPTR 是一个 16 位的特殊功能寄存器，用作片外数据存储器的地址寄存器，可对

64 KB外部数据存储器和I/O口进行间接寻址。

DPTR既可以作为一个16位寄存器使用，也可以作为两个独立的8位寄存器使用，其高位字节寄存器为DPH(地址83H)，低位字节寄存器为DPL(地址82H)。

3) 指令寄存器、指令译码器

指令寄存器中存放指令代码。CPU执行指令时，由程序存储器中读取的指令代码送入指令寄存器，其输出送指令译码器。当指令进入指令译码器后，由译码器进行译码，即把指令转变成所需的电平信号，送定时控制逻辑电路，再由定时控制逻辑电路发出相应的控制信号，完成指令功能。

2.2 80C51 的存储器结构

80C51的存储器结构是将程序存储器和数据存储器分开，各有自己的寻址方式、控制信号和功能。程序存储器用来存放程序和不变的常数，数据存储器通常用来存放程序运行中所需要的常数或变量。这种结构的单片机称为哈佛结构单片机。这与通用微型计算机的存储器配置不同。一般通用微机只有一个存储器地址空间，ROM和RAM可随意安排在这一地址范围内不同的空间，访问时用同一种指令，这种结构称为普林斯顿结构。

在物理结构上，80C51有4个存储器空间，即片内程序存储器、片外程序存储器、片内数据存储器和片外数据存储器。从逻辑寻址空间看，它有三个独立的地址空间，即片内、外统一编址的程序存储器，片内数据存储器和片外数据存储器，三个空间分别采用不同的指令来访问。

80C51的存储器结构如图2-4所示。其中，引脚$\overline{EA}$的接法决定了执行程序存储器的0000H~0FFFH的4 KB地址范围是在单片机片内还是片外。

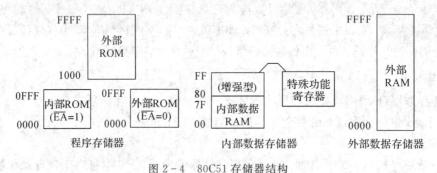

图 2-4　80C51 存储器结构

2.2.1 程序存储器

程序存储器用来存放编制好的用户应用程序和表格常数。程序存储器以程序计数器PC作为地址指针，通过16位地址总线寻址，可寻址的地址空间为64 KB。

程序存储器分为片内和片外两部分，片内、外是一个统一的64 KB地址空间，片内外连续编址，二者一般不重叠。80C51/87C51/89C51片内有4KB的内部程序存储器(ROM/EPROM/EEPROM)，地址为0000H~0FFFH，外部程序存储器地址空间为1000H~FFFFH。80C31单片机无内部程序存储器，地址0000H~FFFFH都是外部程序存储器空间。

执行指令时，是从片内程序存储器取指令还是从片外程序存储器取指令，是由$\overline{EA}$引脚的电平来决定的。$\overline{EA}$为高电平时，先执行片内程序存储器的程序，当 PC 值超过片内程序存储器地址的最大值时，会自动转向去执行片外程序存储器中的程序；当$\overline{EA}$为低电平时，执行片外程序存储器中的程序。

对于有内部 ROM 的单片机，在正常运行时，应把$\overline{EA}$引脚接高电平；若把$\overline{EA}$接地，可用于调试程序。80C31 片内无内部程序存储器，必须外部扩展，因此$\overline{EA}$应始终接地，CPU只从外部程序存储器中取指令执行。

80C51 不论从片内还是片外程序存储器读取指令，执行速度是相同的。

程序存储器中的某些地址是留给系统用的，被固定用于特定程序(复位和 5 个中断服务程序)的入口地址，如表 2-1 所示。

当单片机复位后程序计数器 PC 的内容为 0000H，因此系统从 0000H 单元开始取指执行程序，它是系统执行程序的起始地址。通常在该单元中存放一条无条件转移指令，跳过中断服务程序入口地址区，到用户主程序的起始地址执行。

表 2-1　系统复位和中断入口地址

复位与中断源	入口地址
复位	0000H
外部中断 0	0003H
定时器 0 中断	000BH
外部中断 1	0013H
定时器 1 中断	001BH
串行 I/O 中断	0023H

从 0003H 单元开始被用来存放 5 个中断源入口地址及对应的中断服务程序。由于两中断入口地址之间的存储空间有限，只有 8 个单元，难以存放一个完整的中断服务程序，因此通常在中断入口地址处存放无条件转移指令，跳转到中断服务程序的实际入口地址去执行。所以，一般主程序是从 0050H 单元之后开始存放的。

2.2.2　数据存储器

数据存储器 RAM 用来存放程序运行时的随机数据。80C51 数据存储器分为片内数据存储器和片外数据存储器，二者是两个独立的地址空间，分别有不同的指令寻址。片内数据存储器空间为 256B，低 128B(00H～7FH)为真正的数据 RAM 区，高 128B(80H～FFH)为特殊功能寄存器区，存放着 21 个特殊功能寄存器。对于 80C52 型单片机，片内数据RAM 区共有 384B，其中高 128B 数据存储器与 SFR 区的地址空间是重叠的，访问它们时通过采用不同的寻址方式来加以区别。片外数据存储空间可以扩展到 64 KB，地址范围为0000H～FFFFH。

1. 片外数据存储器

80C51 外部数据存储器使用 R0、R1 或 DPTR 寄存器间接寻址来访问，最大寻址范围是 64 KB。当用 8 位 R0、R1 寄存器寻址时，以页面方式寻址。页内地址由 R0、R1 决定，共256B，页地址由 P2 决定，共 256 页。当用 16 位 DPTR 寄存器寻址时，可在 64 KB 范围内寻址。

片外数据存储器寻址时，全部 64 KB 地址空间与程序存储器重叠，但和程序存储器不同，数据存储器 RAM 是可读可写的，需产生相应的 RD 和 WR 信号来选通，而程序存储器是用 PSEN 信号选通的。

80C51 的外部数据存储器和外部 I/O 口实行统一编址，即所有的外围接口地址均占用外部 RAM 地址单元。二者使用相同的选通控制信号 RD、WR，使用相同的指令 MOVX 访问。用户在实际应用中要注意合理分配地址空间。

2. 内部数据存储器

内部数据存储器是使用最多的地址空间，它分为低 128B 的数据 RAM 区(00H～7FH)和高 128B 的特殊功能寄存器区(80H～FFH)，如图 2-5 所示。

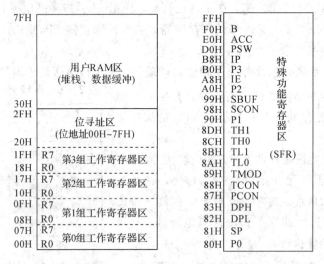

图 2-5　片内数据存储器的配置

片内低 128B 的数据 RAM 区分为工作寄存器区、位寻址区和用户 RAM 区，三个区域统一编址。

1) 工作寄存器区

片内数据 RAM 区的前 32 个单元(00H～1FH)称为工作寄存器区。工作寄存器也称为通用寄存器，分为 4 组，每组有 8 个 8 位寄存器(R0～R7)。程序中每次只能使用一组工作寄存器，选择哪一组为当前工作寄存器组是通过对程序状态字 PSW 的 RS1 和 RS0 位的设置决定的，见表 2-2。

表 2-2　工作寄存器地址表

组号	RS1	RS0	R0	R1	R2	R3	R4	R5	R6	R7
0	0	0	00H	01H	02H	03H	04H	05H	06H	07H
1	0	1	08H	09H	0AH	0BH	0CH	0DH	0EH	0FH
2	1	0	10H	11H	12H	13H	14H	15H	16H	17H
3	1	1	18H	19H	1AH	1BH	1CH	1DH	1EH	1FH

一旦选中了一组寄存器，其它三组就可作为一般的数据存储器使用。初始工作或复位时，自动选中第 0 组工作寄存器为当前工作寄存器。

R0 与 R1 可用作间接寻址时的地址指针寄存器。

2) 位寻址区

片内数据 RAM 区的 20H～2FH 是位寻址区，共 16 个字节、128 位。每位有一个位地址，位地址范围为 00H～7FH，见表 2-3。该区既可位寻址，又可字节寻址。

表 2-3　RAM 位寻址区位地址表

字节地址	MSB			位　地　址				LSB
2FH	7FH	7EH	7DH	7CH	7BH	7AH	79H	78H
2EH	77H	76H	75H	74H	73H	72H	71H	70H
2DH	6FH	6EH	6DH	6CH	6BH	6AH	69H	68H
2CH	67H	66H	65H	64H	63H	62H	61H	60H
2BH	5FH	5EH	5DH	5CH	5BH	5AH	59H	58H
2AH	57H	56H	55H	54H	53H	52H	51H	50H
29H	4FH	4EH	4DH	4CH	4BH	4AH	49H	48H
28H	47H	46H	45H	44H	43H	42H	41H	40H
27H	3FH	3EH	3DH	3CH	3BH	3AH	39H	38H
26H	37H	36H	35H	34H	33H	32H	31H	30H
25H	2FH	2EH	2DH	2CH	2BH	2AH	29H	28H
24H	27H	26H	25H	24H	23H	22H	21H	20H
23H	1FH	1EH	1DH	1CH	1BH	1AH	19H	18H
22H	17H	16H	15H	14H	13H	12H	11H	10H
21H	0FH	0EH	0DH	0CH	0BH	0AH	09H	08H
20H	07H	06H	05H	04H	03H	02H	01H	00H

　　128 个位地址与低 128B 的数据 RAM 单元地址都是 00H~7FH，但它们的寻址方式不同，访问 128 个位地址采用位寻址方式，而访问低 128B 数据 RAM 单元是采用直接寻址和间接寻址的字节寻址方式。

　　位寻址区的每一位都可以通过执行指令直接对其进行位处理，通常可以把各种程序状态标志、位控制变量放在位寻址区内。

　　3）用户 RAM 区

　　30H~7FH 共 80 个字节单元是用户 RAM 区，采用字节寻址的方式访问。

　　工作寄存器区和位寻址区未使用的单元都可作为用户 RAM 单元使用。

　　对于 80C52 型单片机，还有高 128B 的数据 RAM 区，采用间接寻址方式访问。

　　4）堆栈区

　　堆栈是一种特定的数据存储区，是一种按照"先进后出"或"后进先出"规律存取数据的 RAM 区域，它的一端是固定的，称为栈底，另一端是浮动的，称为栈顶。堆栈是为子程序调用和中断操作而设立的，具体功能是保护现场和断点地址。

　　堆栈的操作有两种：数据写入堆栈称为入栈或压栈，数据从堆栈中读出则称为出栈或弹出。入栈和出栈都是对栈顶进行的。

　　堆栈指针寄存器 SP 是一个 8 位的特殊功能寄存器，用来存放堆栈中栈顶的存储单元地址。

80C51 单片机的堆栈是向上生长型堆栈，其栈底在低地址单元，随着数据的不断入栈，栈顶地址逐渐增大，堆栈向高地址端延伸。数据入栈时，SP 加 1，作为本次进栈的指针，然后写入数据；数据出栈时，先读出数据，然后 SP 的值减 1。如图 2-6 所示。栈操作通过压栈指令 PUSH 和出栈指令 POP 完成。

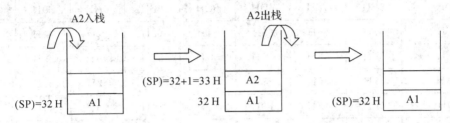

图 2-6　堆栈操作示意图

80C51 的堆栈区原则上可以安排在片内数据 RAM 区内任何区域，但为了合理使用内部 RAM 资源，堆栈一般不设立在工作寄存器区和位寻址区，而设在片内 RAM 区的 30H~7FH 地址空间内。80C51 复位后，堆栈指针 SP 初始值自动设为 07H，当第一个数进栈时，SP 加 1 指向 08H 单元，即堆栈初始位置位于工作寄存器区内，可用软件给 SP 赋初值以规定堆栈的初始位置。

2.2.3　特殊功能寄存器

特殊功能寄存器 SFR 是用来对 80C51 内部的 ALU、I/O 口锁存器、串行口数据缓冲器、定时器/计数器、中断系统等各功能模块进行管理、控制、监视的控制寄存器和状态寄存器，位于内部 RAM 80H~FFH 高 128 字节区。

80C51 单片机共有 21 个字节的特殊功能寄存器（SFR，Special Function Registers），起着专用寄存器的作用。内部数据存储器中 80H~FFH 的高 128B 地址空间为特殊功能寄存器区，21 个特殊功能寄存器不连续地分布在 SFR 存储空间中，见表 2-4。其中字节地址的低半字节为 0H 和 8H 的特殊功能寄存器是可位寻址的寄存器，共 11 个。表 2-4 中也标注了可位寻址的位地址和位名称。

在 SFR 区 128 个字节的地址空间 80H~FFH 中，只有 21 个字节是特殊功能寄存器，其余字节无定义。若对其进行访问，将得到一个不确定的随机数，是没有意义的，所以用户不能使用这些字节。

21 个特殊功能寄存器的名称及主要功能介绍如下，详细的用法见后面各节的内容。

A——累加器，自身带有全零标志 Z，A=0 则 Z=1；A≠0 则 Z=0。该标志常用于程序分支转移的判断条件。

B——寄存器，常用于乘除法运算。

PSW——程序状态字，主要起着标志寄存器的作用，其 8 位定义见 PSW 表。

SP——堆栈指针。

DPTR——16 位寄存器，可分成 DPL（低 8 位）和 DPH（高 8 位）两个寄存器，用来存放 16 位地址值，以便用间接寻址或变址寻址的方式对片外数据存储器 RAM 或程序存储器进行 64KB 范围内的数据操作。

表 2 - 4　特殊功能寄存器地址表(带 * 号的为可位寻址的 SFR)

名称	符号	字节地址	位地址/位定义							
寄存器 B *	B	F0H	F7	F6	F5	F4	F3	F2	F1	F0
累加器 A *	ACC	E0H	E7	E6	E5	E4	E3	E2	E1	E0
程序状态字 *	PSW	D0H	D7	D6	D5	D4	D3	D2	D1	D0
			Cy	AC	F0	RS1	RS0	OV		P
中断优先级控制 *	IP	B8H	BF	BE	BD	BC	BB	BA	B9	B8
						PS	PT1	PX1	PT0	PX0
I/O 端口 3 *	P3	B0H	B7	B6	B5	B4	B3	B2	B1	B0
			P3.7	P3.6	P3.5	P3.4	P3.3	P3.2	P3.1	P3.0
中断允许控制 *	IE	A8H	AF	AE	AD	AC	AB	AA	A9	A8
			EA			ES	ET1	EX1	ET0	EX0
I/O 端口 2 *	P2	A0H	A7	A6	A5	A4	A3	A2	A1	A0
			P2.7	P2.6	P2.5	P2.4	P2.3	P2.2	P2.1	P2.0
串行数据缓冲	SBUF	99H								
串行控制 *	SCON	98H	9F	9E	9D	9C	9B	9A	99	98
			SM0	SM1	SM2	REN	TB8	RB8	TI	RI
I/O 端口 1 *	P1	90H	97	96	95	94	93	92	91	90
			P1.7	P1.6	P1.5	P1.4	P1.3	P1.2	P1.1	P1.0
定时器 1 高字节	TH1	8DH								
定时器 0 高字节	TH0	8CH								
定时器 1 低字节	TL1	8BH								
定时器 0 低字节	TL0	8AH								
定时/计数方式选择	TMOD	89H	GATE	C/$\overline{\text{T}}$	M1	M0	GATE	C/$\overline{\text{T}}$	M1	M0
定时/计数器控制 *	TCON	88H	8F	8E	8D	8C	8B	8A	89	88
			TF1	TR1	TF0	TR0	IE1	IT1	IE0	IT0
电源控制及波特率选择	PCON	87H	SMOD				GF1	GF0	PD	IDL
数据指针高字节	DPH	83H								
数据指针低字节	DPL	82H								
堆栈指针	SP	81H								
I/O 端口 0 *	P0	80H	87	86	85	84	83	82	81	80
			P0.7	P0.6	P0.5	P0.4	P0.3	P0.2	P0.1	P0.0

P0~P3——I/O端口寄存器，是4个并行I/O端口映射在SFR中的寄存器。通过对该寄存器的读/写，可实现从相应I/O端口的输入/输出操作。

IP——中断优先级控制寄存器。

IE——中断允许控制寄存器。

TMOD——定时器/计数器方式控制寄存器。

TCON——定时器/计数器控制寄存器。

TH0、TL0——定时器/计数器0。

TH1、TL1——定时器/计数器1。

SCON——串行端口控制寄存器。

SBUF——串行数据缓冲器。

PCON——电源控制寄存器。

80C51中除了程序计数器PC和4个通用工作寄存器组外，其余所有寄存器都在SFR区内。单片机通过对这些特殊功能寄存器的读写访问实现对各功能单元的控制。程序计数器PC是一个16位的地址计数器，它的内容是将要执行的下一条指令的地址。PC是不可寻址的。

2.3　80C51 的 I/O 口结构分析

80C51单片机有P0、P1、P2、P3共4个8位的并行双向I/O接口，共32根I/O口线。每个端口可以按字节并行输入或输出8位数据，也可以按位进行输入或输出。

每个端口主要由端口锁存器（即特殊功能寄存器P0~P3）、分别受内部读锁存器和读引脚控制信号控制的两个输入缓冲器、场效应管输出驱动器和引至端口外的端口引脚四部分组成。P0~P3口作普通I/O使用时，都是准双向口结构。I/O口还具有总线复用和功能复用结构。下面分别对各口的结构及原理进行分析。

2.3.1　P0 口

图2-7是P0口的位结构图。P0口由一个输出锁存器、两个三态输入缓冲器（读锁存器和读引脚）、两个场效应管VT1和VT2组成的输出驱动电路及输出控制电路构成。控制电路由与门、反相器和多路转换开关MUX组成。

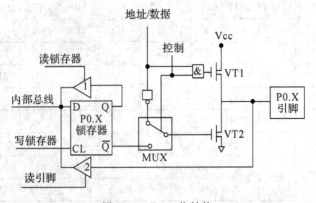

图 2-7　P0 口位结构

P0 口的工作情况如下：

（1）当控制信号置 0 时，P0 作通用 I/O 口使用。控制信号电平为"0"，与门被封锁，VT1 管截止，使端口的输出为漏极开路电路；同时使 MUX 开关同下面的触点接通，使锁存器的 $\overline{Q}$ 端与 VT2 栅极接通，P0 口的输出状态由下拉电路决定。

① 当 CPU 向 P0 端口输出数据时，写脉冲加在锁存器的 CL 上，内部总线的数据经 $\overline{Q}$ 反相，再经 VT2 管反相，这样，P0 口引脚上出现的数据就是内部总线的数据。由于此时输出驱动级是漏极开路电路，所以必须外接上拉电阻，才有高电平输出。

在执行改变端口锁存器内容的指令时，新的数据在该指令最后一个周期的 S6P2 才送到口锁存器，而口锁存器仅在任何时钟周期的 P1 时才采样端口锁存器（缓冲器），在 P2 时输出锁存器的值并保持 P1 时采样到的内容。因此，新数值只有在下一个机器周期的 S1P1 时才真正出现在输出引脚上。

② 当 CPU 对 P0 端口进行输入操作时，有两种由指令产生的读操作，即读引脚和读锁存器。

端口中三态缓冲器 2 用于读端口引脚的数据，当执行端口读指令时，读引脚脉冲打开三态缓冲器 2，于是端口引脚数据经三态缓冲器 2 送到内部总线。为了能正确地从引脚读入数据，应先向端口锁存器写 1，使两个场效应管均截止，引脚处于悬浮状态，端口相当于高阻抗输入口。这是因为，P0 口作通用 I/O 口使用时，VT1 始终截止，如果在此之前端口曾经锁存过数据 0，则 VT2 处于导通状态，引脚上的电位始终被箝位在 0 电平，将导致无法读入要输入的高电平。因此，在向 P0 口输入数据时，应先向该口写 1。所以说，作为通用 I/O 口使用时，P0 口是准双向口。

缓冲器 1 用于读取锁存器 Q 端的数据。读锁存器实际上是由"读—改—写"的指令来实现"读—改—写"操作中的的读的。所谓"读—改—写"操作，是指端口处于输出状态，而又需要将端口当前的数据读入 CPU，在 CPU 中进行运算、修改后，再输出到该端口上。这种情况下若直接读引脚，有可能得到错误的读入结果，例如用一根口线去驱动一个晶体管基极，当向口线写"1"，晶体管导通，导通的 PN 结会把引脚的电平拉低，如读引脚数据，则会读为 0，而实际上原口线的数据为 1。采用读锁存器 Q 的值则可避免错读引脚的电平信号。

读引脚还是读锁存器是由 CPU 内部自行判断的。

（2）当控制信号置 1 时，P0 作地址/数据线使用。内部控制信号为"1"，转换开关 MUX 打向上面的触点，使反相器的输出端和 VT2 管栅极接通，同时与门打开，输出的地址或数据信号通过与门驱动 VT1 管，通过反相器驱动 VT2 管，VT1、VT2 构成推拉式输出电路。

当从 P0 口输出地址数据时，若地址/数据为 1，与门输出 1 使 VT1 导通，反相器输出 0 使 VT2 截止，P0 引脚上出现高电平 1；若地址/数据为 0，与门输出 0 使 VT1 截止，反相器输出 1 使 VT2 导通，P0 引脚上出现低电平 0。当从 P0 口输入数据时，信号从下方三态输入缓冲器进入内部总线，CPU 自动对锁存器先写"1"。此时，P0 口是真正的双向口。

综上所述，P0 口在控制信号作用下，既可以作为通用 I/O 口进行数据的输入/输出，也可以作为单片机的地址/数据总线使用。作 I/O 输出口时，输出级是漏极开路电路，必须外接上拉电阻，才有高电平输出。作 I/O 输入口时，必须先向锁存器写 1，使 P0 口引脚处于悬浮状态，才能获得高阻输入。通常在有扩展系统的情况下，P0 口作为低 8 位地址/数据分时复用总线使用，而不再作通用 I/O 口。

2.3.2　P1 口

图 2-8 是 P1 口的位结构图。P1 口在电路结构上与 P0 口的区别为：没有多路转换开关 MUX，输出驱动电路由内部上拉电阻与场效应管共同组成。

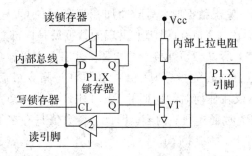

图 2-8　P1 口位结构

P1 口通常只作为通用的 I/O 口使用，其工作过程如下：

（1）当 P1 口作为输出口使用，内部总线输出 0 时，$\overline{Q}$ 端为 1，VT 导通，P1 口引脚输出 0；内部总线输出 1 时，$\overline{Q}$ 端为 0，VT 截止，P1 口引脚输出 1。因端口内部输出驱动器都接有上拉电阻，所以不必再外接上拉电阻。（P2、P3 口在这一点上与 P1 口相同。）需要注意的是，这些内部上拉电阻实际并非线性电阻，而是由场效应管构成的，当口锁存器发生 0 到 1 的跳变时，可迅速将引脚上拉成高电平；当 P1 口输出高电平时，能向外提供上拉电流负载。

（2）当 P1 口作为输入口使用时，同 P0 口作 I/O 口时一样，也有读引脚和读锁存器两种读操作。读引脚时，也必须先对该口写 1，使场效应管 VT 截止，即置该口为输入线，引脚电平通过缓冲器 2 进入内部总线。因此，P1 口也是准双向口。读锁存器时，将锁存器的值通过缓冲器 1 读入内部总线，是"读—改—写"中的读。

注意：在 80C52 中，P1.0 和 P1.1 除了可作一般 I/O 口外，还具有第二功能：

P1.0——定时器/计数器 CTC2 的外部输入端 T2；

P1.1——定时器/计数器 CTC2 的外部控制端 T2EX。

此时这两位的结构与 P3 口的位结构相当。

2.3.3　P2 口

P2 口也是准双向口，其位结构如图 2-9 所示，除了比 P1 口多一个多路转换开关 MUX 和一个反相器外，其它与 P1 口相同。P2 口是一个双功能口，可以作为通用 I/O 口使用，也可在扩展系统中作高 8 位地址总线输出用（低 8 位地址由 P0 口输出）。

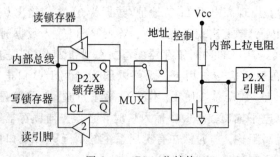

图 2-9　P2 口位结构

在内部控制信号作用下，当多路转换开关 MUX 接向左侧时，口锁存器的 Q 端经反相器接场效应管 VT 的栅级，P2 口作准双向通用 I/O 口用，工作原理与 P1 口相同；当 MUX 开关接向右侧时，由程序计数器 PC 来的高 8 位地址 PCH 或数据指针 DPTR 来的高 8 位地址 DPH 经反相器和 VT 送到 P2 口的引脚上，P2 口作高 8 位地址线输出高 8 位地址信号。

P2 口输出有锁存功能，在取指周期或外部数据存储器读、写选通期间，输出的高 8 位地址是锁存的，因此，P2 口作高 8 位地址总线用时，无需外加地址锁存器。

当系统外接有程序存储器时，访问片外程序存储器的操作往往接连不断，P2 口需要不断送出高 8 位地址，此时，P2 口不宜再作通用 I/O 口使用。

在无外接程序存储器而有片外数据存储器的系统中，若片外 RAM 的容量不大于 256B，可使用"MOVX A，@Ri"及"MOVX @Ri，A"类指令访问片外 RAM，寻址范围是 256B，只需低 8 位地址即可，这时 P2 口不用输出地址，仍可作为通用 I/O 口使用。

若片外 RAM 的容量超过 256B，使用"MOVX"类指令访问片外 RAM，寻址范围是 64 KB，这时则需 P2 口输出高 8 位地址。在片外 RAM 的读/写周期内，P2 口锁存器的内容不受影响，在访问片外 RAM 周期结束后，多路转换开关 MUX 自动切换到锁存器 Q 端，口锁存器原来的数据又重新出现在引脚上。由于 CPU 对 RAM 的访问不是经常的，所以这种情况下，P2 口可在一定限度内用作通用 I/O 口。

2.3.4　P3 口

P3 口是多功能口，除了可作为通用准双向 I/O 接口外，各口线还具有第二功能。当作第二功能使用时，每一位功能定义如表 2-5 所示。

表 2-5　P3 口的第二功能

端　口	引　脚	第　二　功　能
P3.0	RXD	串行输入线
P3.1	TXD	串行输出线
P3.2	INT0	外部中断 0 输入线
P3.3	INT1	外部中断 1 输入线
P3.4	T0	定时器 0 外部计数脉冲输入
P3.5	T1	定时器 1 外部计数脉冲输入
P3.6	WR	外部数据存储器写选通信号输出
P3.7	RD	外部数据存储器读选通信号输出

P3 口的位结构如图 2-10 所示，内部结构中增加了第二输入/输出功能，它比 P1 口多了一个缓冲器 4 和与非门 3，其输出驱动由与非门 3、场效应管 VT 以及内部上拉电阻组成。

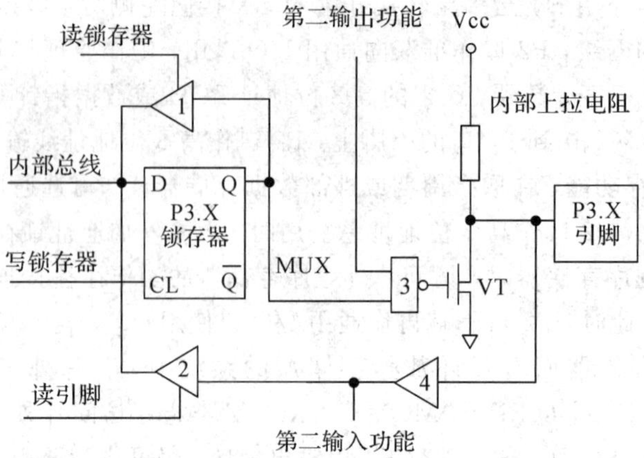

图 2-10　P3 口位结构

与非门 3 相当于一个决定输出信号的开关，当第二输出功能端为 1 时，输出锁存器 Q 端信号；当锁存器 Q 为 1 时，输出第二功能信号。

当 P3 口作为通用 I/O 口使用时，第二输出功能端保持"1"，工作原理同 P1 口，也是准双向口。作输出口时，因第二输出功能端为 1，口锁存器的输出通过与非门 3 和 VT 送至引脚。作输入口用时，同 P0～P2 口一样，也要先由软件向口锁存器写 1，使与非门 3 输出为 0，场效应管 VT 截止，引脚端为高阻输入。CPU 发出读命令，读引脚信号有效，三态缓冲器 2 打开，引脚状态经缓冲器 4、缓冲器 2 送入内部总线。

当 P3 口用作第二功能时，其锁存器 Q 端必须为高电平。当作第二功能输出时，锁存器输出为 1，打开与非门，第二输出功能端内容通过与非门 3 和 VT 输出至引脚。输入时，第二输出功能端也为高电平，与非门 3 输出为 0，场效应管 VT 截止，引脚端为高阻输入，因端口不作通用 I/O 口，"读引脚"信号无效，三态缓冲器 2 不导通，引脚的第二功能输入信号通过缓冲器 4 送入第二输入功能端。两种功能的引脚输入都应使 VT 截止，此时第二输出功能端和锁存器输出端 Q 均为高电平。

注意：P3 口在实现不同的功能时各信号线的控制值：

P3 口用作通用 I/O 口时，第二输出功能端要保持高电平 1，作输入口时，口锁存器必须写 1。

P3 口实现第二输出功能时，锁存器必须写 1。要实现第二输入功能，则要求锁存器必须写 1，而且第二输出功能端也写 1。

2.3.5　端口的负载能力及应用功能

通过以上分析可以看出，80C51 的 4 个 I/O 端口在结构上有相同之处，但存在一些差异，因此它们在负载能力、应用功能等方面都有所不同。

1. 端口负载能力

P0 口为三态双向口，负载能力最强，其输出驱动器能驱动 8 个 TTL 电路；P1、P2 和 P3 口为准双向口，负载能力为 4 个 TTL 电路。

表 2-6 总结了 80C51 各 I/O 口在结构、功能、负载能力等方面的异同。

表 2 - 6　80C51 I/O 口的比较

I/O 口	P0 口	P1 口	P2 口	P3 口
位数	8	8	8	8
功能	I/O 口； 低 8 位地址/数据复用总线	I/O 口； 80C52 中，P1.0 和 P1.1 有第二功能	I/O 口； 高 8 位地址总线	I/O 口； 第二功能输入或输出
结构特点	作总线时：双向口； 作 I/O 口时：准双向口，漏极开路输出	准双向口	准双向口	准双向口
口锁存器 SFR 地址	80H	90H	A0H	B0H
位地址	80H～87H	90H～97H	A0H～A7H	B0H～B7H
负载能力	8 个 TTL 电路	4 个 TTL 电路	4 个 TTL 电路	4 个 TTL 电路

2. 端口应用功能

P0 口——P0 可以作为通用输入/输出口，但在实际应用中通常作为低 8 位地址/数据总线分时复用口，低 8 位地址由地址锁存信号 ALE 的下跳沿锁存到外部地址锁存器中，而高 8 位地址由 P2 口输出。

P1 口——P1 口通常用作通用 I/O 口，每一位都能作为可编程的输入或输出口线。

P2 口——P2 可以作为通用输入口或输出口使用；当系统外接存储器和 I/O 接口时，又作为扩展系统的高 8 位地址总线，与 P0 口一起组成 16 位地址总线。

P3 口——P3 口为双功能口。该口的每一位均可以独立地定义为通用 I/O 口或第二功能输入/输出。作为通用 I/O 口使用时，其功能与操作和 P1 口相同。

2.4　80C51 的时序

计算机在执行指令时，将一条指令分解为若干基本的微操作，这些微操作所对应的脉冲信号在时间上有严格的先后次序，称为时序。单片机就是一个复杂的同步时序电路，各部分应在唯一的时钟信号控制下严格地按时序进行工作。时钟电路用于产生时钟信号。

2.4.1　时钟电路

80C51 的时钟电路如图 2 - 11 所示，由振荡器及定时控制元件、时钟发生器、地址锁存允许信号 ALE 等几部分组成。

内部时钟发生器实质上是一个二分频触发器，它对振荡器的输出信号进行二分频，输出两相时钟信号 P1 和 P2，称为节拍 1 和节拍 2。时钟信号的周期称为状态周期，是振荡周期的两倍。每个状态周期的前半周期，节拍 1(P1)信号有效；后半周期，节拍 2(P2)信号有效。CPU 就以两相时钟 P1 和 P2 为基本节拍控制单片机各部分协调工作。状态时钟信号经三分频后，产生 ALE 输出信号；经六分频后为机器周期信号。

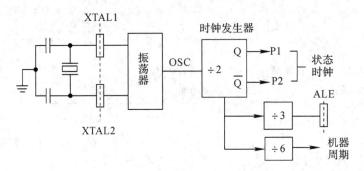

图 2-11 80C51 的时钟电路

80C51 内部具有时钟电路。在芯片内部有一个高增益反相放大器，只需在片外引脚 XTAL1 和 XTAL2 外接晶体振荡器(简称晶振)和电容，就构成了自激振荡器并产生振荡时钟脉冲。振荡器工作原理如图 2-12 所示。PD 位(特殊功能寄存器 PCON 中的一位)可以控制振荡器的工作，当 PD=1 时，振荡器停止工作，单片机进入低功耗工作状态。

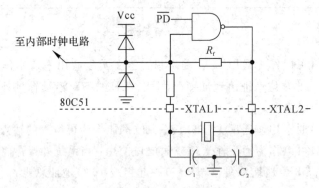

图 2-12 振荡器工作原理

振荡器的工作频率在 1.2～12 MHz 之间，一般用晶振作定时控制元件。电容 C_1、C_2 起稳定振荡频率、快速起振的作用，一般取值为 10～30 pF。精度要求不高时，可以用电感或陶瓷谐振器代替晶振，此时电容取值为 40 pF±10 pF。

单片机的时钟信号也可以从外部引入。此时外部时钟信号从 XTAL1 端接入，XTAL2 端悬空。

2.4.2 基本时序单位

80C51 单片机的时序单位有 4 个：振荡周期、状态周期、机器周期、指令周期。4 种时序单位的关系如图 2-13 所示。

振荡周期：为单片机提供定时信号的振荡源的周期，又称节拍、时钟周期，是最小的时序单位。

状态周期：是振荡周期的两倍。状态周期被分为两个节拍 P1 和 P2，在 P1 节拍通常完成算术逻辑操作，在 P2 节拍一般进行内部寄存器之间的数据传输操作。

机器周期：一个机器周期由 6 个状态周期组成，用 S1、S2……S6 表示。一个状态周期有 2 个节拍，所以一个机器周期有 12 个节拍，依次表示为 S1P1、S1P2、S2P1、S2P2……
S6P1、S6P2。机器周期是单片机执行一种基本操作的时间单位。

指令周期：执行一条指令所需的时间。一个指令周期由 1~4 个机器周期组成，依据指令不同而不同。

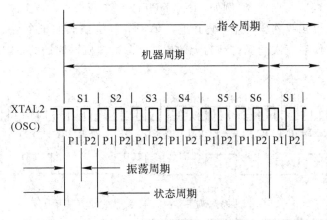

图 2-13　80C51 各种时序单位的相互关系

如果单片机外接晶振频率为 $f_{osc}=12$ MHz，则其各种时序单位的大小为

$$振荡周期 = \frac{1}{f_{osc}} = \frac{1}{12}\ \mu s$$

$$状态周期 = \frac{2}{f_{osc}} = \frac{1}{6}\ \mu s$$

$$机器周期 = \frac{12}{f_{osc}} = 1\ \mu s$$

$$指令周期 = (1~4)机器周期 = 1~4\ \mu s$$

2.4.3　指令执行时序

80C51 有 111 条指令，按其执行时间可分为单周期、双周期、四周期指令；按其机器码的长度可分为单字节、双字节、三字节指令。概括起来指令可以划分为：单字节单周期指令、单字节双周期指令、双字节单周期指令、双字节双周期指令、三字节双周期指令。乘除指令为单字节四周期指令。

指令的执行分为取指令操作码和执行指令两个阶段，CPU 从内部或外部 ROM 中取出指令操作码及操作数，然后执行指令逻辑功能。图 2-14 给出了几种典型指令的取指/执行时序。由图可见，地址锁存信号 ALE 每个机器周期出现两次，一次在 S1P2 和 S2P1 期间，另一次在 S4P2 和 S5P1 期间，持续时间为一个状态周期。ALE 信号每出现一次，CPU 进行一次读指令操作。由于指令的字节数和机器周期数不同，并不是每一个 ALE 信号出现时都有效读指，有时所读操作码无效。

（1）单字节单机器周期指令（例如 INC A）。由于是单字节指令，因此只需进行一次取指操作。当 ALE 第一次有效时，指令操作码被读出并送到指令寄存器 IR 中，接着开始执行。在第二个 ALE 有效时也读操作码，但读进来的字节被丢弃，程序计数器 PC 也不加 1，使第二次读操作无效。指令在 S6P2 结束时完成操作。

（2）双字节单机器周期指令（例如：ADD A，#data）。这种情况下对应于 ALE 的两次取指操作都是有效的。在 S1P2 期间读指令的操作码，经译码器译码后，知道是双字节指令，故使 PC 加 1。在 S4P2 期间，ALE 第二次有效时，读指令的第二字节（操作数）。然后 CPU 开始执行本条指令，并在 S6P2 结束时完成操作。

（3）单字节双机器周期指令（例如：INC DPTR）。在两个机器周期中共进行了 4 次读指令操作，当第一次读出操作码，经译码知道是单字节双机器周期指令后，CPU 自动封锁后面的三次读操作，使后三次读操作都为无效操作。在第二机器周期的 S6P2 结束时完成指令的执行。

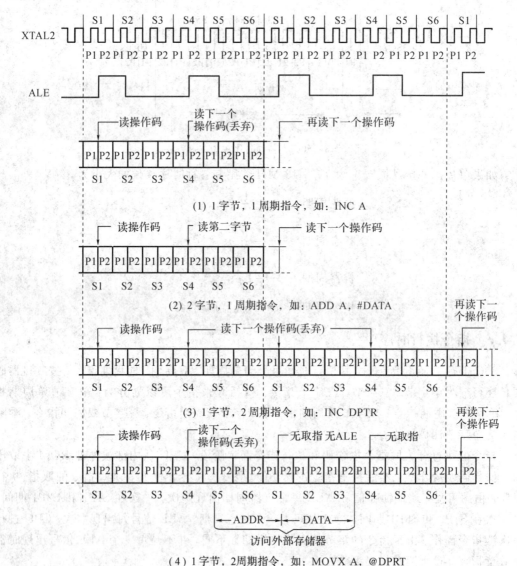

图 2-14　80C51 典型指令的取指/执行时序

（4）单字节双机器周期指令（例如：MOVX A，@DPTR）。MOVX 类指令是对外部 RAM 进行读/写访问的指令，指令使 CPU 产生 ALE、$\overline{PSEN}$、$\overline{WR}$、$\overline{RD}$ 控制信号，实现对

外部 RAM 的访问。

与其它单字节双周期指令不同，这类指令的执行分两个阶段，首先从程序存储器 ROM 中读取指令，然后对外部 RAM 进行读/写操作。ALE 信号在第一个机器周期 S1P2～S2P1 和 S4P2～S5P1 有效两次，在第二个机器周期第一个 ALE 信号不出现，只在 S4P2～S5P1 有效一次。第一个机器周期 ALE 第一次有效时，CPU 读指令的操作码，而从 ALE 第二次有效到下一个机器周期的 ALE 有效到来之前，CPU 进行外部 RAM 访问。从第一个机器周期的 S5P1 开始，送出外部 RAM 单元的地址（P0 口送低 8 位，P2 口送高 8 位），随后，从第二个机器周期的 S1P2 开始，读或写选通信号有效，进行数据的读或写操作。读写数据期间，不输出 ALE 有效信号，第二机器周期不产生取指操作。

指令存放在内部 ROM 中，CPU 可简单地从内部 ROM 将指令读取出来，如上所述。当指令存放在外部 ROM 中时，由于这时 P0 口是低 8 位地址/数据复用，所以 CPU 要通过锁存器才能完成从外部 ROM 读出指令的操作，所涉及的控制信号有 ALE 和 $\overline{\text{PSEN}}$。ALE 信号仍是在一个机器周期 S1P2～S2P1 和 S4P2～S5P1 有效两次。$\overline{\text{PSEN}}$信号在第一个机器周期从 S3P1 开始有效，至 S4P1 结束；然后又在 S6P1 开始有效，直到下一个机器周期的 S1P1 结束。ALE 有效时，锁存器（74373）锁存 P0 口提供的外部 ROM 单元低 8 位的地址值。$\overline{\text{PSEN}}$有效时，CPU 完成从外部 ROM 读取指令的操作（指令码从 P0 口读入 CPU），在整个读指令过程中，P2 口始终提供外部 ROM 单元的高 8 位地址。各信号之间的时序关系如图 2-15 所示。

① ALE 信号在 S1P2 有效时，$\overline{\text{PSEN}}$为高电平的无效状态。

② 在 S2P1 期间把 PC 中高 8 位地址送 P2 口，低 8 位地址送 P0 口，并在 ALE 的下降沿锁存器锁存 P0 口中的低 8 位地址 A7～A0，P2 口中高 8 位地址 A15～A8 一直保持到 S4P2 期间不变。

③ S3P1 期间开始，读选通信号$\overline{\text{PSEN}}$有效，根据 A15～A0 提供的 16 位地址选中外部 ROM 某一单元，将单元内存放的指令代码通过 P0 口送 CPU。

④ S4P2 期间，一个机器周期内的第二个 ALE 信号到来，CPU 将第二次对 ROM 进行读入，过程与第一次相同。

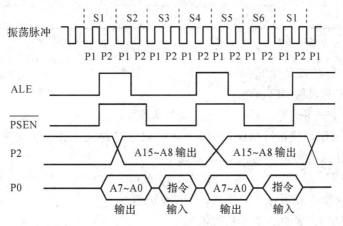

图 2-15　指令存放在外部 ROM 时，CPU 的取指时序

2.5 80C51 的工作方式

80C51 的工作方式有：复位方式、程序执行方式、低功耗方式以及编程和校验方式。每种工作方式代表着单片机所处的一种工作状态。单片机具有的各种工作方式是衡量其性能的一个重要指标。

2.5.1 复位

1. 复位操作

复位操作对单片机的片内电路初始化，使单片机从一种确定的初始状态开始运行。除了系统的正常开机（上电）复位外，当程序运行出错或操作错误使系统处于死循环状态时，为摆脱困境，也要通过复位使其恢复正常工作状态。

复位后，程序计数器 PC 初始化为 0000H，即单片机从 0000H 单元开始执行程序。复位操作影响单片机的特殊功能寄存器，不改变片内 RAM 区中的内容。21 个特殊功能寄存器复位后的状态见表 2-7。在复位期间，ALE 和 $\overline{\text{PSEN}}$ 输出高电平。

表 2-7 寄存器复位后的状态

寄存器	复位状态	寄存器	复位状态
PC	0000H	TMOD	00H
ACC	00H	TCON	00H
B	00H	TH0	00H
PSW	00H	TL0	00H
SP	07H	TH1	00H
DPTR	0000H	TL1	00H
P0～P3	FFH	SCON	00H
IP	xxx00000B	SBUF	xxxxxxxx
IE	0xx00000B	PCON	0xxx0000B

注：表中符号 x 为随机状态。

表 2-7 中符号的意义如下：

A=00H 表明累加器已被清零。

PSW=00H 表明选寄存器 0 组为工作寄存器组。

SP=07H 表明堆栈指针指向片内 RAM 07H 字节单元，根据堆栈操作的"先加后压"法则，第一个被压入的数据被写入 08H 单元中。

P0～P3=FFH 表明已向各端口线写入 1，此时，各端口既可用于输入又可用于输出。

IP=xxx00000B 表明各个中断源处于低优先级。

IE=0xx00000B 表明各个中断均被关断。

TMOD=00H 表明 T0、T1 均为工作方式 0，且运行于定时器状态。

TCON=00H 表明 T0、T1 均被关断。

SCON＝00H　表明串行口处于工作方式 0,允许发送,不允许接收。

PCON＝00H　表明 SMOD＝0,波特率不加倍。

2. 复位信号的产生

80C51 的复位电路如图 2 - 16 所示。

80C51 有一个复位信号输入引脚 RST,它经片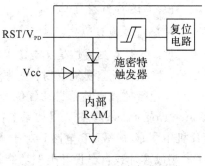
内施密特触发器与片内复位电路相连。在每一个机
器周期的 S5P2 时刻,内部复位电路去采样施密特触
发器的输出,得到内部复位操作需要的信号,完成
内部复位。

复位信号是高电平有效,欲使单片机可靠复位,
RST 复位端应保持 2 个机器周期的高电平。实际应
用时一般在复位引脚 RST 设计 10～20 ms 的高电
平,对单片机进行复位操作。如果 RST 持续为高电
平,单片机就处于循环复位状态。

图 2 - 16　80C51 片内复位电路

3. 复位方式

复位操作有上电复位、手动按键复位、运行监视复位等。

1）上电复位

当系统刚接通电源时,一方面电源不稳定,可能有抖动,另一方面系统中可能还有其
它器件由于刚通电也没有稳定工作,所以单片机需要在上电时进行复位操作。复位电路要
求有一定的延时,还要具有可靠的高电平,一般由专用的复位芯片或简单的 RC 电路来实
现。图 2 - 17(a)是一种简单的 RC 复位电路。它是通过复位电路的电容充电来完成的,接通
电源的同时完成系统的复位工作,调整 R、C 的参数可以调整复位时间。

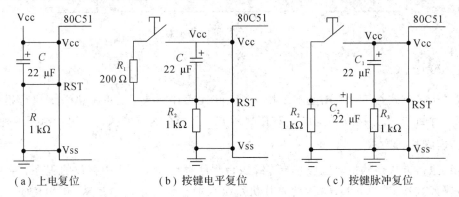

（a）上电复位　　　（b）按键电平复位　　　（c）按键脉冲复位

图 2 - 17　复位电路

2）手动按键复位

手动按键复位是在单片机运行期间,人工干预,强制用按键开关操作使单片机复位。
它一般分为按键电平复位和按键脉冲复位。按键电平复位是通过使 RST 端经电阻接通 Vcc
电源实现的,按键脉冲复位是利用 RC 微分电路产生正脉冲来实现的,如图 2 - 17(b)、(c)
所示。而且这两个电路既可以实现上电自动复位,又可通过按键手动进行复位。上电时,由

于电容 C(图 2 - 17(b)中)、C_1(图 2 - 17(c)中)充电,在 RST 会出现一段高电平时间使单片机复位;在单片机运行时,按下复位键也会使 RST 持续一段时间的高电平,从而实现上电且人工按键复位的操作。各 R、C 参数的选取应保证复位电平持续时间大于两个机器周期(图中参数适宜 6 MHz 晶振)。

　　3) 系统运行监视复位

　　系统运行监视复位是系统出现非正常情况下的复位,通常有电源监测复位和程序运行监视复位。电源监测复位是在电源下降到一定电平状态或电源未达到额定电平要求时的系统复位。程序运行监视复位则是程序运行失常时的系统复位。

　　程序运行监视电路是自动复位电路,通常采用程序监视定时器电路,俗称看门狗 WDT(Watch Dog Timer),它可以使系统在非正常情况下自动恢复正常工作状态。在一些新型的单片机中集成了 WDT 电路。对于本身没有 WDT 电路的单片机芯片,可以采用专用的 WDT 集成芯片或自己设计类似功能的电路。图 2 - 18 是一个 WDT 电路示意图。WDT 是一个带有清除端 CLR 及溢出信号输出的定时器,其工作原理是:先给定时器设置一个大于程序正常运行循环时间的定时时间 T_w,在程序正常运行路径上设置从 I/O 口输出的清零脉冲指令对循环计数器清零。这样,当程序正常运行时,循环计数器不断被清零,不会产生溢出信号,单片机不会被复位。如果系统工作异常,I/O 口不能输出清零脉冲,定时器到达 T_w 时,产生溢出信号,经单稳态电路转换成单片机的复位脉冲信号,强制单片机复位,使系统恢复正常工作。

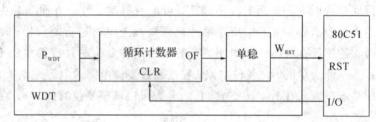

图 2 - 18　WDT 电路示意

2.5.2　程序执行方式

　　程序执行方式是单片机的基本工作方式,在此工作方式下,单片机系统执行程序,实现系统设计目的,完成要求的功能。程序执行方式又可分为连续执行和单步执行两种。

1. 连续执行方式

　　连续执行方式是从指定地址开始连续执行程序存储器 ROM 中存放的程序。单片机复位后程序计数器 PC=0000H,因此单片机系统在加电或复位后总是从 0000H 处开始执行程序。由于 80C51 单片机程序存储器中从 0003H 开始的若干个单元规定为中断服务程序的入口地址,因此为了避开中断入口地址,应用程序一般都不从 0000H 处开始存放,通常是在 0000H 单元存放一条无条件转移指令,跳过中断入口地址区,转移到应用程序处去执行。

2. 单步执行方式

　　程序的单步执行方式是在单步执行键的控制下,每按一次单步执行键,程序顺序执行一条指令的工作方式,通常用于用户程序的调试。

单步执行方式是利用单片机的外部中断功能实现的。按下单步执行键，其相应电路会产生一个脉冲信号，将此脉冲信号送到单片机的外部中断引脚 INT0 或 INT1，向单片机 CPU 发出中断请求，由中断服务子程序控制执行用户程序的一条指令。

2.5.3　低功耗工作方式

80C51 具有两种低功耗工作方式：待机（或称空闲）方式和掉电（或称停机）方式。这类单片机应用系统往往是直流电源供电或停电时依靠备用电源供电，工作电源和备用电源共同加在引脚 Vcc 上。当时钟频率为 12 MHz 时，单片机正常工作状态需要 20 mA 电流，待机状态为 5 mA，而掉电方式下只需要 75(50) μA，所以 80C51 的低功耗工作方式扩展了它的应用领域。与单片机其它功能部件一样，待机方式和掉电方式是由特殊功能寄存器 PCON（电源控制寄存器）控制的，内部的控制电路如图 2-19 所示，由 $\overline{IDL}$ 和 $\overline{PD}$ 控制这两种工作状态。

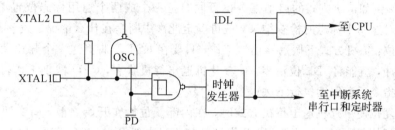

图 2-19　低功耗方式的内部控制电路

$\overline{IDL}$ 和 $\overline{PD}$ 是特殊功能寄存器 PCON（电源控制寄存器）的 D0 和 D1 位。PCON 是一个逐位定义的 8 位寄存器（字节访问），其格式如下：

PCON	D7	D6	D5	D4	D3	D2	D1	D0
87H	SMOD	—	—	—	GF1	GF0	PD	IDL

该寄存器的地址为 87H，各位定义如下：

SMOD——串行口波特率加倍控制位。SMOD=1，波特率加倍。

GF1、GF0——通用标志位，由用户通过软件置位或复位。

PD——掉电方式位，若 PD=1，进入掉电工作方式。

IDL——待机方式位，若 IDL=1，进入待机工作方式。

若 PD 和 IDL 同时为 1，则进入掉电工作方式。

复位后 PCON 的值为 0xxx0000B，单片机处于正常工作状态。要想使单片机进入待机或掉电工作方式，只要执行一条能使 IDL 或 PD 位为 1 的指令即可。

1. 待机工作方式

待机工作方式是在程序运行过程中，在 CPU 暂时无须工作时，单片机进入的一种低功耗工作方式。

如果使用指令使 PCON 的 IDL 位置 1，80C51 即进入待机方式。由 80C51 内部控制电路可见，在待机工作方式下，振荡器仍然运行，并向中断系统、串行口和定时器提供工作时钟信号，但向 CPU 提供时钟的电路被封锁，CPU 停止工作。CPU 的状态在待机期间维持不变，与 CPU 有关的 SP、PC、PSW、内部 RAM 和全部工作寄存器及引脚都保持进入待机方式时的状态，ALE 和 PSEN 保持逻辑高电平。待机期间各引脚的状态见表 2-8。

通常 CPU 耗电量要占芯片耗电的 80％至 90％，所以 CPU 停止工作就会大大降低功耗。在待机工作方式下，工作电流仅为 1.7～5 mA，而正常工作时电流为 11～20 mA。

一旦需要，单片机可退出待机方式继续工作。退出待机方式的方法有两种：一种是激活中断；另一种是硬件复位。

激活中断：由于在待机方式下，中断系统仍处于工作状态，因此可以采用中断方法激活 CPU，使其恢复到正常工作状态。任何一个开放的中断源在待机方式下发出中断请求，都将使 IDL（PCON.0 位）被硬件自动清零，使单片机退出待机方式进入正常工作方式。CPU 响应此中断请求，进入中断服务子程序，当中断服务程序执行完最后一条指令 RETI 后，程序将返回到原先置待机方式指令后的下一条指令处开始继续执行。

PCON 的两个通用标志位 GF1 和 GF0 可用来指示中断是在正常运行期间还是在待机期间发生的。例如待机方式的启动指令也可同时把一个或两个通用标志位置 1，各中断服务程序根据对这两个标志的检查结果，就可确定此次中断是在什么情况下发生的。

硬件复位：待机方式下振荡器仍然工作，只要在 RST 引脚上送一个脉宽大于两个机器周期的正脉冲，就能将 IDL 位清零，使单片机退出待机状态，CPU 恢复工作，程序从待机方式的启动指令后面继续执行下去。

用硬件复位使单片机退出待机方式时，在内部复位操作开始之前，尚有两个或三个机器周期的时间执行程序，在此期间，片内硬件禁止对内部 RAM 进行存取操作，但对端口引脚的访问却不禁止。为了防止对端口的操作出现错误，待机方式启动指令的下一条指令不应是对端口引脚或片外 RAM 进行写操作的任何指令（一般可以用三个 NOP 指令）。

2. 掉电方式

PCON 中的 PD 位控制着单片机进入掉电保护方式。使 PCON.1 的 PD 位置 1，单片机进入掉电方式。掉电方式下片内振荡器停振，送入时钟电路的振荡信号被封锁，不产生时钟信号，片内的一切工作都停止，只有片内 RAM 的内容被保留，端口的输出状态值都保存在对应 SFR 中，ALE 和 PSEN 引脚输出逻辑低电平。如果在执行片内程序时启动了掉电方式，各口引脚将继续输出其相应 SFR 的内容，若由片外程序进入掉电方式，P2 口也输出其 SFR 之数据，P0 口将处于高阻状态，见表 2-8。

表 2-8 待机和掉电保护方式期间引脚的状态

引脚	内部取指		外部取指	
	待 机	掉 电	待 机	掉 电
ALE	1	0	1	0
PSEN	1	0	1	0
P0	SFR 数据	SFR 数据	高阻	高阻
P1	SFR 数据	SFR 数据	SFR 数据	SFR 数据
P2	SFR 数据	SFR 数据	PCH	SFR 数据
P3	SFR 数据	SFR 数据	SFR 数据	SFR 数据

退出掉电方式的唯一方法是硬件复位。

掉电期间，Vcc 电源(也是备用电源引入端)可以降至 2 V，在进入掉电方式之前，Vcc 不能降低，而在退出掉电方式之前，Vcc 必须恢复正常的电压值。当 Vcc 恢复正常值 5 V 后，硬件复位须维持 10 ms，使振荡器重新起振并稳定下来，单片机才可以退出掉电方式。复位操作使所有 SFR 均恢复成初始值，并从 0000H 单元重新开始执行程序。定时器、中断允许、波特率和口状态等均需重新安排，但片内 RAM 的内容并不受影响。

2.5.4 编程和校验方式

80C51 系列单片机中，按程序存储器类型划分现在主要有 5 种芯片供使用，它们的编程和校验方式也就是对程序存储器写入应用程序并检验写入工作是否正确完成的过程。单片机系统工作时首先要写入编好的应用程序。

1. ROMless 芯片

这种单片机内部没有程序存储器，所以使用时必须在外部并行扩展一片 EPROM(或 E²PROM)器件作为程序存储器。编程通过通用的编程写入器将应用程序写入到扩展芯片中，可通过紫外线(或电方式)擦除后重新写入修改程序。这种方式的编程和校验也就是编程器对扩展存储芯片的工作方式，编程和校验由编程写入器完成。由于这种方式一定要在外部通过并行扩展总线扩展，使电路结构复杂，现在已很少采用。如 80C51 系列中的 80C31 即是这种芯片。

2. MASKROM 芯片

这种形式的单片机是由单片机生产厂家在芯片封装过程中，将用户的应用程序代码通过掩膜工艺直接制作到单片机中。这种单片机用户的应用程序只能委托芯片生产厂家"写入"，而且一旦写入后不能修改，编程和校验由生产厂家完成。这种方式适于生产线进行大批量生产，具有成本低、保密性好和工作可靠等特点。如 80C51 系列中的 80C51 就是 MASKROM 芯片。

3. EPROM 芯片

这种单片机的程序存储器是 EPROM 类型，与 ROMless 芯片一样，但程序存储器在单片机内部。应用程序通过专门的写入器写到单片机中，在芯片上有透明窗口，更改时通过紫外线擦除后重新写入，编程和校验由编程写入器完成，可以多次使用。这种单片机价格较高，一般开发或小量使用。如 80C51 系列中的 87C51 就是 EPROM 芯片。

4. OTP(One Time Programmable)ROM 芯片

这种单片机用户可以一次性把应用程序写入到程序存储器中，不允许修改，与 EPROM 芯片一样，由编程写入器完成。这种芯片相对成本较低，适于小批量生产。

5. FlashROM 芯片

这是可以由用户多次将应用程序编程写入的单片机，不需紫外线擦除，成本低、速度快、开发调试方便。如 80C51 系列中的 89C51 就是 FlashROM 芯片。89C51 的编程有低电压(5 V)编程和高电压(12 V)编程两种模式。低电压编程模式为用户在系统内对 89C51 进行编程提供了方便，而高电压编程模式与常规 EPROM 编程器相兼容。两种编程模式下，

89C51 代码阵列存储器都是逐个字节编程的。在对片内快闪存储器进行编程前，如果快闪存储器不空，必须用芯片擦除方式将整个存储器擦空。

2.6　引脚功能和电气指标

2.6.1　引脚功能

8xx51 单片机有 44 个引脚的方形封装形式和 40 个引脚的双列直插式（DIP）封装形式，最常用的 40 个引脚 DIP 封装形式的引脚及逻辑符号见图 2-20。

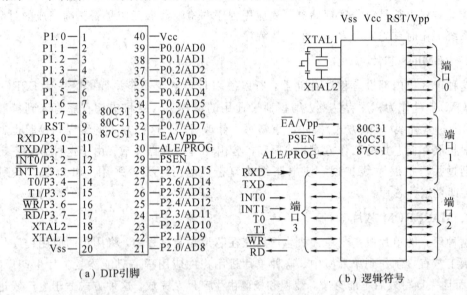

（a）DIP引脚　　　　　　　　　　（b）逻辑符号

图 2-20　80C51 单片机引脚图

各引脚的功能说明如下。

1. 电源引脚 Vcc 和 Vss

Vcc：电源端，接＋5 V。正常操作、休闲、掉电状态的供电。输入。

Vss：接地端。输入。

2. 时钟电路引脚 XTAL1 和 XTAL2

XTAL1：接外部石英晶体和微调电容的一端。片内振荡器的反相放大器的输入端。

XTAL2：接外部石英晶体和微调电容的另一端。片内振荡器的反相放大器的输出端。

当单片机采用外部时钟信号时，外部时钟信号从 XTAL1 端接入，XTAL2 端悬空。

3. I/O 端口引脚

P0 口（P0.0～P0.7）：漏极开路的双向 I/O 口。在访问外部存储器时，作低 8 位地址/数据总线分时复用端口，能驱动 8 个 LSTTL 负载。不做总线使用时，也可作普通 I/O 口。在程序校验期间，输出指令字节（这时需加外部上拉电阻）。

P1 口（P1.0～P1.7）：具有内部上拉电阻的 8 位准双向口。P1 口可以驱动 4 个 LSTTL 负载。在编程/校验期间，用作输入低位地址字节。

P2 口（P2.0～P2.7）：具有内部上拉电阻的 8 位准双向口。在访问外部存储器时，输出高 8 位地址。P2 口可以驱动 4 个 LSTTL 负载。不做总线使用时，也可作普通 I/O 口。在编程/校验期间，接收高位地址。

P3 口（P3.0～P3.7）：具有内部上拉电阻的 8 位准双向口。P2 口可以驱动 4 个 LSTTL 负载。P3 口具有第二功能，在提供这些功能时，其输出锁存器应由程序置 1。

1）串行口

P3.0（RXD）：UART 的串行输入口，移位寄存器方式的数据端。

P3.1（TXD）：UATR 的串行输出口，移位寄存器方式的时钟端。

2）中断

P3.2（$\overline{\text{INT0}}$）：外部中断 0 输入。

P3.3（$\overline{\text{INT1}}$）：外部中断 1 输入。

3）定时器/计数器

P3.4（T0）：定时器/计数器 0 的外部输入。

P3.5（T1）：定时器/计数器 1 的外部输入。

4）数据存储器选通

P3.6（$\overline{\text{WR}}$）：低电平有效，片外数据存储器写选通控制输出。

P3.7（$\overline{\text{RD}}$）：低电平有效，片外数据存储器读选通控制输出。

4. 控制信号引脚 RST、ALE/$\overline{\text{PROG}}$、$\overline{\text{PSEN}}$、$\overline{\text{EA}}$/Vpp

RST：复位信号输入端，高电平有效。在此输入端保持两个机器周期的高电平后，就可以完成复位操作。

ALE/$\overline{\text{PROG}}$：地址锁存允许信号 ALE 输出端，在访问片外存储器时，该引脚的输出信号用于锁存 P0 的低 8 位地址。ALE 输出信号的频率为时钟振荡频率的 1/6，可用作对外输出的时钟或用于定时。ALE 可以驱动 8 个 LSTTL 负载。第二功能 $\overline{\text{PROG}}$ 是在对片内程序存储器编程时的编程脉冲输入端。

$\overline{\text{PSEN}}$：程序存储器允许输出信号端，输出外部程序存储器的读选通信号，低电平有效。在从片外程序存储器取指期间，在每个机器周期中，当 $\overline{\text{PSEN}}$ 有效时，程序存储器的内容被送上 P0 口（数据总线）。$\overline{\text{PSEN}}$ 可以驱动 8 个 LSTTL 负载。

$\overline{\text{EA}}$/Vpp：片外程序存储器访问允许信号输入端，低电平有效。当 $\overline{\text{EA}}$ 为低电平时，CPU 只执行片外程序存储器指令。当 $\overline{\text{EA}}$ 为高电平时，CPU 执行片内程序存储器指令，但当 PC 中的地址值超过 4KB 范围（0FFFH）时，CPU 将自动转向执行片外程序存储器指令。第二功能 Vpp 用于对片内程序存储器编程时输入编程电压。

2.6.2　电气指标

单片机与其它电路元件一样，在使用中要注意它的电气指标要求，主要有直流和交流参数。表 2-9 为 Philips 公司产品手册中的直流电特性表。违反电气指标要求会导致工作异常甚至损坏器件。应该注意到，厂家不同，产品型号不同，使用环境不同（民用、工业用或军用），则电特性也不一样，在厂家产品手册中都会给出应用环境和条件要求。在表 2-9

中，首先介绍了使用条件，对于 SC8751，温度为 0～+70 ℃，电源电压为 5 V±5%（即 4.75～5.25 V，注意其它型号不同）。在表中，VIL(输入信号低电平)最小为-0.5 V，最大为 0.2Vcc-0.25 V，即 0.2×5-0.25＝0.75 V。这样，我们知道当输入低电平高于 0.75 V 时 CPU 则可能识别错误。

表 2-9 Philips 公司产品手册中的直流电特性表

Tamb=-40℃+85℃，Vcc=5V±10℃，Vss=0V(Philips North America SC87C51)；

For SC8751(33MHz only)，Tamb=0℃to+70℃，Vcc=5V±5%

Tamb=-40℃ to +85℃，Vcc=5V±10%，Vss=0V(PCB80C31/51 Philips Parts Only)

SYMBOL	PARAMETER	TEST CONDITIONS	LIMITS		UNIT
			MIN	MAX	
VIL	Input low voltage, except /EA (Philips North America)		-0.5	0.2Vcc-0.15	V
VIL	Input low voltage, except /EA(Philips)		-0.5	0.2Vcc-0.25	V
VIL1	Input low voltage to EA		-0.5	0.2Vcc-0.45	V
VIH	Input high voltage except XTAL1, RST		0.2Vcc+1	Vcc+0.5	V
VIH1	Input high voltage to XTAL1, RST		0.7Vcc+0.1	Vcc+0.5	V
IIL	Logical 0 Input current, ports 1, 2, 3	VIN=0.45 v		-75	μA
ITL	Logical 1 - to - 0 transiation current, ports 1, 2, 3	VIN=2.0 v		-750	μA
Icc	Power supply current： Active mode[1] @16MHz (Philips PCB80C31/51, PCF80C31/51) Active mode[1] @ 12MHz (Philips North AmericaSC87C51) Idle mode[2] @16MHz(Philips PCB80C31/51, PCF80C31/51) Idle mode @12MHz(Philips North Amwerica-SC87C51) Power - down mode[3] (Philips PCB80C31/51, PCF80C31/51) Power - down mode(Philips North America-SC87C51)	Vcc=4.5 -5.5 V		25 20 6.5 5 75 50	mA mA mA mA μA μA

NOTES：

1. The operating supply current is measured with all output pins disconnected；XTAL1 driven with $t_r = t_f = 10$ ns；VIL=Vss+0.5 V；
   VIH=Vcc-0.5 V；XTAL2 not connected；/EA=RST=Port0=Vcc.

2. The idle mode supply current is measured with all output pins disconnected；XTAL1 drive with $t_r = t_3 = 10$ ns；VIL=Vss+0.5 V；
   VIH=Vcc-0.5V；XTAL2 not connected；EA =Port 0=Vcc；RST=Vss.

3. The power - down current is measured with all output pins disconnected，XTAL2 not connected EA = Port0=Vcc；RST=Vss.

一般来说，对同一类产品，各个厂家为增强产品的兼容性，它们的功能相同，电特性也相差不大。作为用户来说，首先要根据应用要求，确定对芯片的要求(如军品，工业品或民品，当然价格也不同)，选择合适的芯片。设计电路要符合产品的电气指标要求。如果工作不稳定，也要检查信号电平是否符合要求。

思考练习题

1．80C51 存储器在结构上有何特点？在物理上和逻辑上各有哪几种地址空间？

2．80C51 片内包含哪些主要逻辑功能部件？

2．内部数据存储器 RAM 是怎样划分的？各部分主要功能是什么？

3．为什么说 80C51 具有很强的布尔处理功能？

4．什么叫堆栈？堆栈指示器 SP 的作用是什么？单片机初始化后 SP 中的内容是什么？在程序设计时，为什么要对 SP 重新赋值？

5．数据指针 DPTR 和程序计数器 PC 都是 16 位寄存器，它们有什么不同之处？

6．程序状态寄存器 PSW 及其各位的作用是什么？

7．开机复位后，CPU 使用的是哪组工作寄存器？它们的地址是什么？如何改变当前工作寄存器组？

8．什么是状态周期、机器周期和指令周期？若单片机使用频率为 6 MHz 的晶振，那么它们分别是多少？

9．简述 80C51 读取外部 RAM 数据的指令时序。

10．80C51 单片机的复位方法有哪几种？复位后各寄存器状态如何？

11．什么样的单片机才有编程和校验方式？

12．80C51 的 4 个 I/O 端口的应用功能是什么？

13．什么是准双向口？使用时应注意什么？

14．什么是口锁存器的读—改—写操作？

15．80C51 有哪些控制引脚？功能分别是什么？

第三章 MCS - 51 指令系统和汇编语言设计

计算机的工作需要硬件和软件的配合，硬件由厂家设计制造，提供工作的平台。但只有硬件是不能工作的，还要有完成各种功能的软件才能实现我们工作的要求。在软件中，各个厂家生产的 CPU 根据使用的目的不同而有不同的指令系统。用户根据自己的功能要求用机器语言、汇编语言和高级语言编制应用程序完成要求的任务。

3.1 汇 编 语 言

计算机是由各种功能电路组成的一个复杂的系统，可以实现各种算术运算和逻辑运算的功能。要使计算机按照人的要求完成一项工作，就是使计算机各功能电路按顺序执行各种操作，也就是执行一条条的指令。人们编制的这些指令操作序列就叫做程序。而计算机就是按照人们编制的程序，使内部电路顺序工作，完成指定任务的系统。

计算机能直接识别和执行的是机器语言。机器语言用二进制编码表示每一条指令。80C51 单片机是 8 位机，所以其机器语言用 8 位二进制码表示（称为一个字节）。计算机读取指令的二进制码并转换为内部的电平，协调内部电路的工作。

例如，要完成"1＋2"的加法操作，80C51 用机器码指令编程为

0111 0100　　0000 0001　　　　　　把 1 送到累加器 A 中

0010 0100　　0000 0010　　　　　　A 中的内容加 2，结果仍放到 A 中

80C51 指令有单字节、双字节或三字节形式。上面完成"1＋2"的加法操作是两条双字节指令。一般为了书写和记忆方便，可以采用十六进制来表示。则以上两条指令可以写成：

74 01H

24 02H

可以看到，用机器语言编写的程序不容易记忆，而且容易出错。为了克服上述缺点，可以采用含有一定意义的符号来代替机器语言，即用指令助记符来表示。一般都采用有关的英文单词的缩写。这就是另外一种程序语言——汇编语言。

上面程序用汇编语言表示为

MOV A，＃01H

ADD A，＃02H

这里，用 MOV A，＃01H 代替 74 01H。其中，74H 是 80C51 的指令码，表示一个数据送到累加器 A 的操作，用指令助记符 MOV A 来表示；01H 是要传送的数据。同样，ADD A，＃02H 代替 24 02H。其中，24H 是指令码，表示累加器和数据的加法操作，用指令助记符 ADD A 表示；02H 是要加的数据。

可以看出，汇编语言是用助记符、符号和数字等来表示各种指令的程序语言，与机器

语言有一一对应的关系，容易理解和记忆，修改和查找错误也方便。但是它和机器语言一样，每一种计算机都有自己的汇编语言，与计算机内部的硬件结构和组成密切相关。不同的计算机其汇编语言也是不同的，这一点不像高级语言那样通用。

3.1.1　MCS-51指令格式

80C51汇编语言指令一般由标号段、操作码助记符字段、操作数字段和注释等四部分组成。指令格式为

〔标号：〕操作码　〔目的操作数〕〔，源操作数〕　〔；注释〕

例如：

DA：MOV A，♯01H　　；01送给累加器A

第一部分为标号段（可以没有），它为该条指令的符号地址。标号段并非每条指令所必需，主要是为了方便软件编制。标号段以字母开始，后跟1~8个字母或数字，并以冒号"："结尾。

操作码部分规定了指令的操作功能，也就是说明了指令的操作性质。操作码是指令中唯一不能缺少的部分。在这里操作码是MOV，表示指令进行的送数操作，一般由2~5个英文字母表示，如ADD、JB、LCALL等。

操作数指出了指令的操作对象。操作数可以是一个具体的数据，也可以是存放数据的单元地址，即在指令执行时从指定的地址取出操作数，甚至是符号常量或符号地址等。根据不同的指令，可以有1个、2个、3个或根本没有操作数。操作数与操作码之间至少有一个空格，也可以有多个空格，操作数之间用逗号分开。操作数部分指出了参与操作的数据来源和操作结果存放的目的单元。在这里，A是目的操作数（有些指令省略），也是操作结果的存放地；♯01H是源操作数（有些指令省略）。

编写程序时可以加注释，以分号"；"开始，表示对该行指令或程序段的说明，增加程序的易读性。注释应在一行内写完，换行需要另外以分号开始。

标号段和注释段在汇编时是不参加汇编的，它只是为了编程方便，便于阅读和理解。

具体指令书写方法可参看附录中的指令表，指令表中所使用的符号，其意义分别说明如下：

♯data	表示一个8位立即数；
direct	表示片内存储器的地址；
Rn	表示R0~R7中的一个工作寄存器；
Ri	表示R0或R1中的一个工作寄存器；
addr16	表示一个16位地址；
addr11	表示一个11位地址；
rel	表示带符号8位偏移量；
bit	表示位地址；
@	表示间接地址前缀，如@R0表示以R0内容为地址的存储单元。

但应注意，凡指令表上标明符号的地方，在使用时必须根据符号要求，选用具体数值。不允许在程序中出现MOV A，Rn这种写法，因为Rn只是一种代号，到底使用哪一个R，必须按事先选定的值写上。例如选用R1或R2写成MOV A，R1或MOV A，R2。

操作数可以是数据，也可以是地址。当操作数是指令中给出的数据时，则称为立即数，

它有 8 位和 16 位二进制数两种。在助记符的数字前加以"♯"来标记其是立即数,常用符号"♯data"表示。对同样的数据"data",若前面加"♯"即表示立即数,不加"♯"则表示直接地址单元。对选定的工作寄存器 R0~R7,只有 R0 和 R1 既能存放数据又能存放地址,若 R0、R1 前面加"@",表示 R0、R1 中存放地址,若不加"@"表示存放数据。同样,若 DPTR 前面加"@"表示数据指针寄存器存放 16 位地址,否则表示存放 16 位数据。

应注意一条指令必须占用一行,不要在一行中写两条以上指令。

8051 单片机是 MCS-51 单片机系列中最早的一个成员,但它和 MCS-51 系列的其它成员一样,都使用 MCS-51 指令系统。MCS-51 指令系统共有 111 条指令,根据指令所占字节多少划分,单字节指令 49 条、双字节指令 45 条、三字节指令 17 条;根据每条指令执行所需时间划分,单机器周期指令 64 条,双机器周期指令 45 条,四机器周期指令 2 条(乘、除法指令)。这样,根据指令所占字节及执行所需时间不同,MCS-51 指令系统共有 6 种情况:单周期单字节、单周期双字节、双周期单字节、双周期双字节、双周期 3 字节、四周期单字节。单片机的指令是完成一定操作功能与寻址方式的代码或助记符,每条指令的字节数就是指为能表达该指令操作内容所需代码字节数,不同的操作或不同的寻址方式所需字节数也不同。

1) 单字节指令

一字节指令中的 8 位二进制代码既包含操作码信息,也包含操作数的信息。有以下两种情况:

(1) 操作数固定,只需一个字节既可完整明确地表示出指令的功能。在指令码中隐含着对某个寄存器的操作。例如,数据指针 DPTR 加 1 指令:INC DPTR。由于操作内容和对象 DPTR 寄存器唯一,所以只用 8 位二进制代码就可以表示,其指令代码为 A3H,格式为

$$1010\ 0011$$

(2) 操作数在工作寄存器中,其寻址变化只需 3 位二进制码即可表示(一共有 8 个工作寄存器),此时操作码占一字节中的 5 位,操作数占 3 位。指令码中含有寄存器号。例如,工作寄存器向累加器 A 传送数据指令:MOV A,Rn,其指令码格式为

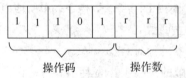

MOV A,Rn 这一条指令表示要把 Rn(n=0~7)中的内容传到累加器 A,最右边的 3 位 r 均可任意为 0 或 1,因而能代表 8 种状态,刚好表示 R0~R7 共 8 个寄存器。这样,与 MOV A,Rn 相对应的机器码为 E8H~EFH(H 代表十六进制)。这时只要一个字节就可以表达清楚该指令的操作码和操作数,因而是单字节指令。十六进制机器码的使用,缩短了码的长度,方便书写和阅读,并加快了码的输入速度。同时,一个字节刚好可以用两个十六进制字母代表,一个十六进制字母代表半个字节,这是其它进制所不能实现的。

2) 双字节指令

双字节指令用一个字节表示操作码,另一个字节表示操作数或操作数所在的地址。

MOV A,direct 这一指令表示要把一个直接地址中数据送到累加器 A,看起来它和上一指令相似。但由于直接地址是一个 8 位地址,它不可能像上一指令编码那样利用后几位

来表示，必须另用一个字节专门表示直接地址，它的指令编码为

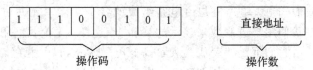

这样，它就成为双字节指令，用十六进制机器码表示为 E5 direct。

3）三字节指令

三字节指令中，一个字节为操作码，两个字节为操作数。

MOV direct1，direct2 这一指令表示要把一个直接地址中的数据送到另一个直接地址单元中去。由于这两个直接地址都为 8 位地址，所以，该指令需用 3 个字节表示，它的编码为

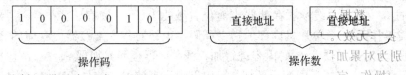

用十六进制机器码表示为：85 direct1 direct2。

由于每条指令所占用字节数不同，所以，每执行一条指令，增加的 PC 值是不同的。单字节指令加 1，双字节指令加 2，三字节指令加 3。

从指令编码中可以看出，凡在操作数中有 Rn(n=0~7)或 Ri(i=0~1)、累加器 A 等的指令都比用直接地址代替它们的指令少一个字节。因为 Rn 和 Ri 的地址和操作码合用一个字节，累加器 A 等已隐含在操作码中。

执行每条指令所需的机器周期数，既取决于每条指令所含的字节数，也取决于指令在执行过程中的微操作。很明显，由于单片机 CPU 在每个机器周期最多只能进行两次读操作，每次一个字节，所以，单字节、双字节指令均可在一个机器周期内完成，但三字节指令却不可能在一个机器周期内完成。另外，单字节指令可以但不是必须在一个机器周期内完成，也可以在两个机器周期内完成，甚至需四个机器周期才能完成[如乘、除法指令]。如 MOVX　A，@R0 是一条单字节指令，但它必须在第一机器周期内读操作码及 R0 的值，在第二机器周期才能读 R0 所指单元的值，然后送入累加器 A。而 MOV A，R0 却只需一个机器周期就能完成，因为它在第一个机器周期就能读得操作码及 R0 的值，即可把 R0 的值送入累加器 A。前者需两个机器周期，后者需一个机器周期。

3.1.2　指令操作过程

如果要求计算机按照人的意图办事，需要设法让人与计算机对话，并听从人的指挥。程序设计语言是实现人机交换信息（对话）的最基本工具，可分为机器语言、汇编语言和高级语言。机器语言用二进制编码表示每条指令，它是计算机能直接识别和执行的语言。用机器语言编写的程序称为机器语言程序或指令程序（机器码程序）。因为机器只能直接识别和执行这种由 0 和 1 编码组成的机器码程序，所以又称它为目标程序。8051 单片机是 8 位机，其机器语言以 8 位二进制码为单位（称为一个字节）。

由汇编语言编写的程序称为源程序。但汇编语言不能被计算机硬件直接识别和执行，必须通过汇编把它变成机器语言。经过汇编得到的机器语言形式的程序称为目标程序。

指令字节越多，所占内存单元越多。但执行时间的长短只取决于执行该指令需要多少个机器周期。

单片机在工作时，时钟电路产生工作节拍，CPU 按顺序执行各种操作，即一步步地执行一条条的指令。我们知道，单片机是由电路组成的各个功能单元并协调工作，它只能识别高低电平，也就是我们用二进制数来表示的 0 和 1。这样，无论我们用高级语言、汇编语言还是机器语言，最后它们都是要变成表示高低电平的 0 和 1，并存储在存储单元中，由指令计数器控制顺序取数（80C51 为 8 位单片机，以字节为单位），并按取出的二进制数使相应的内部各个功能电路动作，完成我们所要求的任务。

图 3-1 是一个单字节单周期指令的执行时序，例如我们要求 CPU 执行 INC A 这条指令，它的指令代码为 00000100，即 04H，在存储器当前位置存储的就是 04H。可以看到，在单片机振荡电路产生的时钟脉冲的协调下，地址锁存信号 ALE 在一个机器周期两次有效：第一次是在 S1P2 和 S2P1 期间，第二次是在 S4P2 和 S5P1 期间。作为单周期指令，在 S1P2 时 CPU 通过 8 位数据总线读取存储器当前位置数据 04H 并锁存于指令寄存器内（第二次 ALE 有效读操作无效）。单片机内部的指令译码器电路对指令寄存器内存储的 04H 进行译码操作，识别为对累加器 A 内的内容进行加 1 操作，再存回累加器 A 中。这样控制累加器 A 进行相应的操作，完成我们要求的任务。如果程序存储器当前位置存储的数据不是 04H，例如是 09H，与前面的操作一样，但这时指令寄存器内锁存的是 09H，而不是 04H，则指令译码电路译码的结果是对通用寄存器 R1 的内容进行加 1 操作，再存回 R1 中，从而控制相应的电路工作，它的汇编指令格式为 INC R1。

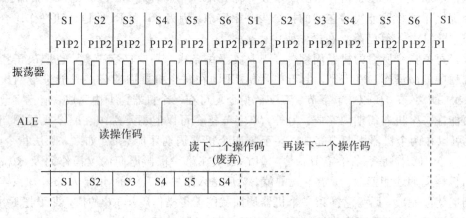

图 3-1　单字节单周期指令

例 3-1

　　MOV　A，#07H

分析　这是一条双字节指令，机器码是 74H　07H，完成的是把立即数 07H 送到累加器 A 中的操作。其中，74H 是操作码，07H 是操作数。假设上面指令的机器码存放在程序存储器地址为 1000H 和 1001H 的单元中，其操作过程主要分为两个阶段完成。第一阶段为取操作码并译码控制相关电路工作，称为取指阶段，如图 3-2 所示，执行过程如下：

（1）程序计数器 PC 指向地址 1000H，表示由此地址开始去取指令；

（2）将 1000H 送地址寄存器 AR；

（3）将 1000+1=1001H 送给 PC，指向下次读存储单元时的地址；

（4）地址寄存器中的地址通过地址总线 AB 送地址译码器 AD，选中 1000H 单元；

（5）CPU 发读命令送至存储器；

（6）将存储单元 1000H 中的内容经数据总线送至数据寄存器 DR；

（7）因为取指阶段得到的是指令操作码，则 DR 内容送至指令寄存器 IR；

（8）指令译码后转换为控制电位和脉冲，控制单片机各相关部件完成指令功能。

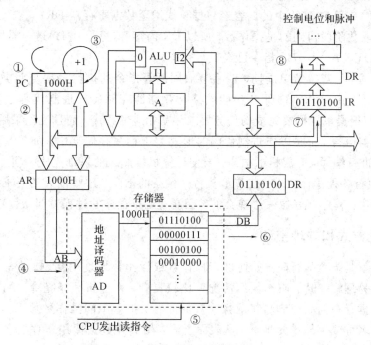

图 3-2　指令取指阶段的信息流程

指令取出后，就转入指令的执行阶段，取操作数并将操作数送至累加器 A，其工作流程如图 3-3 所示，操作过程为：

（1）将 PC=1001H 送地址寄存器 AR；

（2）将 1001+1=1002H 送给 PC，指向下次读存储单元时的地址；

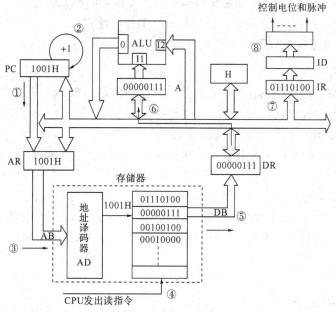

图 3-3　取指令操作数及执行信息流程

（3）地址寄存器中的地址通过地址总线 AB 送地址译码器 AD，选中 1001H 单元；

（4）CPU 发读命令送至存储器；

（5）将存储单元 1001H 中的内容经数据总线送至数据寄存器 DR；

（6）因为取数阶段得到的是操作数，所以 DR 内容（这里是 07H）送至累加器 A。

至此，MOV　A，#07H 指令已经执行完毕。

单字节双周期、双字节单周期、双字节双周期等指令的执行过程与此类似，都是在时钟电路的控制下，由单片机内部各功能电路对存储器存储的二进制代码进行相应的操作的。所以，人们根据单片机要完成的任务要求编写相应的程序，而且无论采用高级语言、汇编语言还是机器语言，都是以二进制代码的形式存于程序存储器中，如果是高级语言和汇编语言，还要进行编译，变成机器语言。要使计算机按照人的思维完成一项工作，就必须让 CPU 按顺序执行各种操作，即一步步地执行一条条的指令，这些按人的要求编排的指令操作序列称为程序。程序就好像一个晚会的节目单，编排程序的过程就叫做程序设计。

3.1.3　寻址方式和寻址空间

寻址方式就是指令执行时，如何确定操作数或操作数地址的问题。在一条指令中，操作码的含义容易理解，但是操作数的情况就比较复杂，在分析一条指令、编写一段程序时就存在操作数据存在何处或到哪里取操作数的问题。指令中的操作数可以是具体数字，也可以用寄存器名称或存储单元地址。从表面上看，用具体数据比用寄存器名称或地址更加简单明了，因为按一般习惯理解，从寄存器中取数要多转一个弯，要先去找寄存器，再从寄存器中找数，好像比用具体数据麻烦。其实不然，用具体数据的指令，只能对一个数进行操作，而标有寄存器名称的指令，则用起来更加灵活，只要给寄存器以不同的数，就能对不同的数进行操作，不像具体数据那么死板，这一点只有在使用指令之后，才能逐渐体会到。一般来说，寻址方式越多，单片机的寻址能力就越强，用户使用就越方便，但是指令系统也就越复杂。所谓寻址，其实质就是如何获得操作数或操作数的单元地址。

根据指令操作的需要，通常计算机总是提供多种寻址方式。

MCS-51 指令系统有以下几种寻址方式。

1. 立即寻址

在这种寻址方式中，存储在程序存储器，跟在操作码后面的一个字节或两个字节就是实际操作数。该操作数直接参与操作，所以又称为立即数，用符号"#"表示，以区别直接地址。指令中的立即数有 8 位立即数 #data 和 16 位立即数 #data16。由于立即数是一个常数，不是物理空间，所以立即数只能作为源操作数，不能作为目的操作数使用。

例 3-2

  MOV　A，#100

分析　该指令将十进制数 100 到累加器 A 中。100 也可以用十六进制数表示为 64H。

当向 16 位数据指针 DPTR 送数时，操作数也为双字节，高字节送 DPH，低字节送 DPL。

例 3-3

  MOV　DPTR，#2000H

分析　这是一条三字节的指令，指令代码为 90H、20H、00H。其中第一个字节为操作码,第二、三个字节为操作数。指令的执行结果是向 DPTR 送立即数 2000H,且 DPH＝20H,DPL＝00H。

2. 直接寻址

直接寻址就是在指令中包含了操作数的 8 位地址。该地址直接给出了参加运算或传送的单元或位,它可以访问内部 RAM 单元、位地址空间以及特殊功能寄存器 SFR,且 SFR 和位地址空间只能用直接寻址方式来访问,对于特殊功能寄存器,既可以使用它们的地址,也可以使用它们的名字。

例 3－4

  MOV A,69H ;(69H)→A

分析 这条指令把内部存储器 69H 单元的内容送入累加器 A 中。这是双字节指令,机器码为 E5H、69H。寻址空间范围是片内 RAM 128 字节和特殊功能寄存器。

3. 寄存器寻址

寄存器寻址是指定某一可寻址的寄存器的内容为操作数,对累加器 A、通用寄存器 B、数据指针寄存器 DPTR 和进位位 C 来说,其寻址时具体的寄存器已隐含在其操作码中。而对通用的 8 个工作寄存器 R0～R7,可用 PSW 中的 RS1、RS0 来选择寄存器组,再用操作码中低三位来确定是组内哪一个寄存器,达到寻址的目的。

例 3－5

  MOV A,R0 ;(R0)→A

分析 这条指令把 R0 中的内容送入累加器 A 中。指令代码形式为 11101000,十六进制数为 E8H。

注意指令代码中低三位为 000,表示操作数为 R0。如现在 PSW 中 RS1、RS0 分别为 0、1,则可知现在的 R0 在第 1 组,则它的地址为 08H。指令执行过程如图 3－4 所示。

寻址空间范围是工作寄存器 R0～R7、A、B、C 和 DPTR。

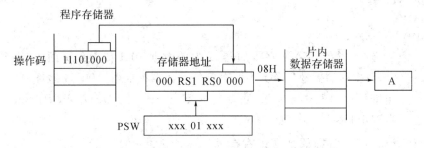

图 3－4 寄存器寻址方式执行过程

4. 寄存器间接寻址

寄存器间接寻址是指将指令指定的寄存器内容作为操作数所在的地址,对该地址单元中的内容进行操作的寻址方式。操作数所指定的寄存器中存放的不是操作数本身,而是操作数地址。可用来间接寻址的寄存器有:R0、R1、堆栈指针 SP 以及 16 位的数据指针 DPTR,使用时前面加符号"@"表示间接寻址。当访问片内 RAM 或片外 RAM 低 256 字节时,一般用 R0 或 R1 作间接寻址寄存器。在这类指令中,由操作码的最低位指出所用的是 R0 或 R1。

对于 8051 系列单片机,可寻址内部 RAM 中地址从 00H～7FH 的 128 个单元的内容。

对于 8052 系列单片机，则为 256 个单元的内容，而且，8052 系列单片机的高 128 个字节 RAM 只能使用寄存器间接寻址方式访问。另外，数据指针 DPTR 也可作为间接寻址寄存器，寻址外部数据存储器的 64KB 空间。

例 3 - 6

    MOV A，@R1   ；((R1))→A

分析 该指令的功能是将当前工作区内以 R1 中的内容作为地址的存储单元中的数据送到累加器 A 中，其源操作数采用寄存器间接寻址方式，以 R1 作为地址指针。指令代码形式为 11100111，十六进制为 E7H，注意最低位为 1，表示通用寄存器为 R1。现假设 R1 中存放 30H，则该指令是将地址为 30H 的存储单元中的内容送到累加器 A 中。其执行过程如图 3 - 5 所示。

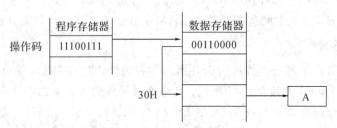

图 3 - 5   寄存器间接寻址方式执行过程

如果用 R0、R1 作地址指针访问片外 RAM，则需采用页面寻址方式。因为 R0 和 R1 都是 8 位寄存器，其直接访问地址范围为 FFH，而扩展外部数据存储器范围为 64 KB，所以在这种工作情况下是以 256 字节为一页，共有 256 页，页面地址由 P2 口决定，页内地址由 R0 或 R1 的内容决定。

例 3 - 7

    MOV   P2，＃0A0H

    MOV   R0，＃01H

    MOV   A，＃10H

    MOVX   @R0，A

分析   上述指令执行结果为：将累加器 A 中的数据 10H 传送到页面为 A0H、页内地址为 01H 的外部数据存储器地址单元，即送到外部数据存储器 A001H 地址单元中。

寻址空间范围是片内低 128 字节（@R0、@R1、SP（仅 PUSH、POP））及片外 RAM（@R0、@R1、@DPTR）。

5. 变址寻址（基址寄存器加变址寄存器）

变址寻址是以某个寄存器的内容为基地址，然后，在这个基地址的基础上加上地址偏移量形成真正的操作数地址的寻址方式。MCS - 51 单片机由 DPTR 或 PC 为基址寄存器，由累加器 A 作为偏移量寄存器。这种寻址方式常用于查表操作。

例 3 - 8

    MOVC A，@A＋DPTR ；((A)＋(DPTR))→A

分析 这条指令把 DPTR 中的内容和 A 中的内容相加作为 16 位程序存储器地址，再把该地址的内容送入累加器 A 中。假设累加器 A 的内容为 30H，DPTR 的内容为 2100H，则执行该指令时，把程序存储器中地址为 2100H＋30H＝2130H 单元中的数据送入累加器

A 中。该指令的执行过程如图 3-6 所示。

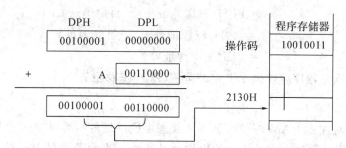

图 3-6 基址寄存器加变址寄存器间接寻址方式执行过程

寻址空间范围是程序存储器（@A+PC、@A+DPTR）。

6. 相对寻址

相对寻址只出现在相对转移指令中，是将程序计数器 PC 中的当前值（该当前值为执行完这条相对转移指令后的字节地址）与指令给出的偏移量相加，其结果作为跳转指令的转移地址。指令第二字节给出的偏移量有正负号，它在指令中以补码形式给出，所转移的范围为 $-128 \sim +127$。一般将相对转移指令操作码所在地址称为源地址，转移后的地址称为目的地址。于是有：

$$目的地址 = 源地址 + 2（相对转移指令字节数） + rel$$

例 3-9

JC 06H

分析 这条指令表示若进位位 C=0，则不跳转；若进位位 C=1，则以 PC 中的当前值为基地址，加上偏移量 06H 后所得到的结果为该转移指令的目的地址。

现假设该指令存放于 2000H、2001H 单元，且 C=1，则开始取指令后，PC 当前值为 2002H，对 C 进行判断后，PC 内容与偏移量 06H 相加，得到转移目的地址 2008H。故执行完该指令后，PC 中的值为 2008H，程序将从 2008H 开始执行。该指令的执行过程如图 3-7 所示。

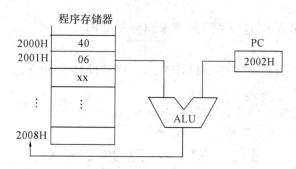

图 3-7 JC 06H 指令执行示意图

在实际工作中，有时需根据已知的源地址（相对转移指令操作码所在地址）和目的地址计算偏移量 rel。现以两字节相对转移指令为例，讨论偏移量 rel 的计算。

正向跳转时：

$$rel = 目的地址 - 源地址 - 2 = 地址差 - 2$$

反向跳转时，目的地址小于源地址，rel 用负数的补码表示：

$$rel = (目的地址-(源地址+2))_补$$
$$= FFH-(源地址+2-目的地址)+1$$
$$= 100H-(源地址+2-目的地址)$$
$$= FEH- | 地址差 |$$

寻址空间范围是程序存储器 256 字节范围(PC+偏移量)。

7. 位寻址

位寻址是指对片内 RAM 的位寻址区和某些可位寻址的特殊功能寄存器进行位操作时的寻址方式。采用位寻址方式的指令的操作数是 8 位二进制数中的某一位。指令中给出的是位地址,即片内 RAM 某一单元的一位。位地址在指令中用 bit 表示。位地址与直接寻址中的字节地址形式完全一样,主要由操作码来区分,使用时应注意。

例 3 - 10

    CLR bit

分析 该指令完成对"bit"指定的位地址单元的清"0"操作。

8051 单片机片内 RAM 有两个区域可以位寻址:一个是 20H～2FH 的 16 个单元中的 128 bit,另一个是字节地址能被 8 整除的特殊功能寄存器。常用下列两种方式表示:

(1) 直接使用位地址。对于 20H～2FH 的 16 个单元中的 128 bit 位地址分布是 00H～7FH。如 20H 单元的 0～7 位位地址是 00H～07H,而 21H 的 0～7 位位地址是 08H～0FH,依此类推。

(2) 对于特殊功能寄存器,可以直接用寄存器名字加位数表示,如 PSW.3、P3.5 等。

寻址空间范围是片内 RAM 的 20H～2FH 字节地址、部分特殊功能寄存器。

我们看到,MCS - 51 单片机的寻址方式有多种,但具体每条指令对哪一个存储器空间进行操作是由指令的操作码和寻址方式确定的,可以总结出以下原则:

 • 对程序存储器只能采用基址寄存器加变址寄存器间接寻址方式。

 • 对特殊功能寄存器空间只能采用直接寻址方式(SFR 可以用符号表示),不能采用寄存器间接寻址方式。

 • 内部数据存储器高 128 字节只能采用寄存器间接寻址方式,不能采用直接寻址方式。

 • 内部数据存储器低 128 字节既能采用寄存器间接寻址方式,又能采用直接寻址方式。

 • 外部扩展的数据存储器只能采用 MOVX 指令访问。

3.2 MCS - 51 指令系统

MCS - 51 单片机的汇编语言共使用 42 种操作码来描述 33 种操作功能,操作码助记符与寻址方式结合可得到 111 条指令。如果按存放指令所占用的存储器字节数来分类,可分为 49 条单字节指令、45 条双字节指令和 17 条 3 字节指令。如果按执行指令所需时间分类,可分为 64 条单周期指令、45 条双周期指令、2 条(乘、除)四周期指令。真正使用汇编语言只要熟悉 42 种助记符即可,具有简单易学、易用、存储效率高、执行速度快等特点。如果将这些指令按照功能划分，可分为以下五类：
- 数据传送类指令；
- 算术运算类指令；
- 逻辑操作类指令；
- 控制转移类指令；
- 位操作类指令。

下面分别介绍各类指令。

3.2.1　数据传送类指令

CPU 在进行算术和逻辑操作时，一般都要有操作数，所以数据的传送是一种最基本、最主要的操作。在应用程序中，传送指令占有很大的比例。数据传送是否灵活、迅速，对整个程序的编写和执行都起着很大的作用。MCS-51 具有极其丰富的数据传送指令，为用户提供了很强的使用功能。

数据传送指令把源操作数传送给目标单元，源就是数据来源，目标就是传送的目的地。传送指令的功能，就是用来完成将数据从源地址传送到目标单元的一种操作。传送指令用 MOV、MOVX、MOVC、XCH、XCHD、PUSH、POP 等助记符作为操作符。MOV 表示移动(即传送)；XCH 表示交换，交换是一种能双向同时进行的传送；PUSH 和 POP 则分别表示压入和弹出，压入和弹出也是一种传送，只是传送的一方位于堆栈而已。

数据传送类指令有如下特点：

(1) 指令中有数据源地址和传送数据目的地址，传送方向为由源地址中的数据传送到目的地址中，源地址中的内容保持不变。

(2) 除累加器 A 为目的操作数指令外，数据传送类指令不影响程序状态寄存器(PSW)中的各标志位。

根据传送源和目标的不同，传送指令可以分为以下几种类型：内部数据传送指令、外部数据存储器数据传送指令、程序存储器数据传送指令、数据交换指令和堆栈操作指令几种。

1. 内部数据传送指令

1) 以累加器 A 为目的操作数的指令(4 条，即 4 种寻址方式)

汇编指令格式	指令编码	周期数	寻址方式	操作
MOV　A, Rn　;	1110 1rrr	1	寄存器寻址	(Rn)→A, n=0～7
MOV　A, direct　;	1110 0101	1	直接寻址	(direct)→A
;	xxxx xxxx		直接地址	
MOV　A, @Ri　;	1110 011i	1	间接寻址	((Ri))→A, i=0, 1
MOV　A, #data　;	0111 0100	1	立即寻址	#data→A
;	xxxx xxxx		立即数	

这组指令的功能是把源操作数的内容送入累加器 A 中，源操作数的内容不发生改变。源操作数有寄存器寻址、直接寻址、寄存器间接寻址和立即寻址等寻址方式。上述指令的操作不影响源字节和任何别的寄存器内容，只影响 PSW 的 P 标志位。

注意：

(1) 工作寄存器 R 的下标 n 和 i 的区别。

(2) 立即数可以是十进制数，也可以是十六进制数，数字前都要加 ♯ 号以区别直接地址。如十六进制数首位大于等于 A，即用字母表示，则字母前要加 0，如 ♯0A8H 等。

2）以寄存器 Rn 为目的操作数的指令（3 条）

汇编指令格式	指令编码	周期数	寻址方式	操作
MOV Rn, A ;	1111 1rrr	1	寄存器寻址	(A)→Rn, $n=0\sim7$
MOV Rn, direct ;	1010 0rrr	2	直接寻址	(direct)→Rn, $n=0\sim7$
;	xxxx xxxx		直接地址	
MOV Rn, ♯data ;	0111 1rrr	1	立即寻址	♯data→Rn, $n=0\sim7$
;	xxxx xxxx		立即数	

这组指令的功能是把源操作数所指定的内容送入当前工作寄存器组 R0～R7 中的某个寄存器中，源操作数的内容不发生改变，不影响 PSW 的内容。源操作数有寄存器寻址、直接寻址和立即寻址等三种寻址方式。

例 3 - 11 如果(A)=78H，(R5)=47H，(70H)=F2H，则执行指令的意义为

MOV R5, A ; (A)→R5, (R5)=78H

MOV R5, 70H ; (70H)→R5, (R5)=F2H

MOV R5, ♯0A3H ; A3H→R5, (R5)=A3H

注意：

(1) 8051 指令系统中没有"MOV Rn , Rn"传送指令。

(2) 工作寄存器组的选择和设置。

3）以直接地址为目的操作数的指令（5 条）

汇编指令格式	指令编码	周期数	寻址方式	操作
MOV direct, A ;	1111 0101	1	寄存器寻址	(A)→direct
;	xxxx xxxx		直接地址	
MOV direct, Rn ;	1000 1rrr	2	寄存器寻址	(Rn)→direct
;	xxxx xxxx		直接地址	
MOV direct1, direct2 ;	1000 0101	2	直接寻址	(direct2)→direct1
;	xxxx xxxx		源直接地址	direct2
;	xxxx xxxx		目的直接地址	direct1
MOV direct, @Ri ;	1000 011i	2	寄存器间接寻址	((Ri))→direct

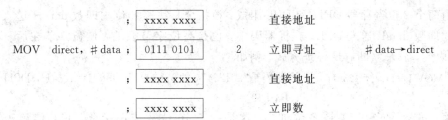

		;	xxxx xxxx		直接地址	
MOV	direct,#data	;	0111 0101	2	立即寻址	#data→direct
		;	xxxx xxxx		直接地址	
		;	xxxx xxxx		立即数	

这组指令的功能是把源操作数所指定的内容送入由直接地址 direct 所指出的片内存储单元中，源操作数的内容不发生改变，不影响 PSW 的内容。源操作数有寄存器寻址、直接寻址、寄存器间接寻址和立即寻址等寻址方式。

注意：

(1)"MOV direct1，direct2"指令在译成机器码时，源地址在前，目的地址在后。如"MOV A0H，90H"的机器码为"85 90 A0"。

(2)低 128 字节可以采用直接和间接寻址方式，特殊功能寄存器的高 128 字节只采用直接寻址方式，而扩展的高 128 字节空间只采用间接寻址方式。所以，虽然内部 RAM 地址是 8 位，但实际的寻址空间是 384 字节。

4)以间接地址为目的操作数的指令(3 条)

汇编指令格式	指令编码	周期数	寻址方式	操作
MOV @Ri,A ;	1111 011i	1	寄存器寻址	(A)→(Ri)
MOV @Ri,direct ;	1010 011i	2	直接寻址	(direct)→(Ri)
;	xxxx xxxx		直接地址	
MOV @Ri,#data ;	0111 011i	1	立即寻址	#data→(Ri)
;	xxxx xxxx		立即数	

这组指令的功能是把源操作数所指定的内容送到由 R0 或 R1 的内容作为地址的片内存储单元中，源操作数的内容不发生改变，不影响 PSW 的内容。源操作数有寄存器寻址、直接寻址和立即寻址等寻址方式。

例 3-12 设(A)=20H，(R0)=30H，(30H)=40H，则执行 MOV @R0，A 后：

(A)=20H，(R0)=30H，(30H)=20H

注意：

(1) Ri 代表 R0 或 R1。

(2)(Ri)表示 Ri 中的内容为指定的 RAM 单元。

5)十六位数据传送指令(1 条)

汇编指令格式	指令编码	周期数	寻址方式	操作
MOV DPTR,#data16 ;	1001 0000	2	立即寻址	dataH→DPH,dataL→DPL
;	xxxx xxxx		高位字节	
;	xxxx xxxx		低位字节	

这是一条 16 位立即数传送指令，其功能是把 16 位常数传送到数据指针 DPTR 中。

DPTR 由两个 8 位寄存器 DPH 和 DPL 组成，该指令是将高 8 位立即数 dataH 送入 DPH，低 8 位立即数 dataL 送入 DPL。在机器码中，也是高位字节在前，低位字节在后。不影响 PSW 的内容，属于立即寻址寻址方式。例如：

   MOV DPTR，♯1234H ；机器码是"901234"，执行结果是 DPTR=1234H，DPH=
                 ；12H，DPL=34H

  注意：虽然 MCS‐51 是 8 位机，但这是一条 16 位数传送指令，其功能等于"MOV DPH，♯dataH"和"MOV DPL，♯dataL"两条 8 位数传送指令。

  2. 外部数据存储器数据传送指令

  在 MCS‐51 指令系统中，CPU 对外部 RAM 单元和 I/O 口的数据传送只能使用寄存器间接寻址的方式与累加器 A 之间进行数据传送。由于外部 RAM 和 I/O 口是统一编址的，共同占用一个 64K 字节的空间，所以从指令本身分不出是对片外 RAM 的访问还是对 I/O 的操作，要通过设计的硬件地址分配来决定。片外数据存储器是独立于程序存储器和片内数据存储器的存储空间，数据传送使用专门的"MOVX"指令。

  外部 RAM 数据传送指令有 4 条。

汇编指令格式	指令编码	周期数	寻址方式	操作
MOVX A，@Ri ；	1110 001i	2	寄存器间接寻址	(P2)((Ri))→A，$\overline{RD}$=0
MOVX A，@DPTR ；	1110 0000	2	寄存器间接寻址	((DPTR))→A ，$\overline{RD}$=0
MOVX @Ri，A ；	1111 001i	2	寄存器间接寻址	(A)→P2(Ri)，$\overline{WR}$=0
MOVX @DPTR，A ；	1111 0000	2	寄存器间接寻址	(A)→(DPTR)，$\overline{WR}$=0

  当以 DPTR 为片外数据存储器地址指针时，为 16 位地址，寻址范围为 64K 字节。其功能是把 DPTR 所指定的片外数据存储器(或 I/O 口)内容与累加器 A 之间进行数据传送。当以 Ri(R0 或 R1)为片外数据存储器(或 I/O 口)低 8 位地址指针时，地址由 P0 口送出，寻址范围为 256 字节，页地址由 P2 口决定，共 256 页，则最大寻址范围也是 64K 字节。在这种情况下，如实际寻址不到 256 页，则剩余 P2 口管脚可做普通 I/O 口使用。如目的操作数是累加器 A，则会影响 PSW 的 P 内容。

  例 3‐13
   MOV DPTR，♯2000H
   MOV A，♯10H
   MOVX @DPTR，A

  分析 上面的指令执行后，将立即数 10H 送到地址为 2000H 的外部数据存储器或 I/O 口中。

  例 3‐14
   MOV R0，♯6FH
   MOV P2，♯51H
   MOVX A，@R0

  分析 上面的指令执行后，将地址为 516FH 的外部数据存储器单元或 I/O 口中的数据读到累加器 A 中。这时 P2 口提供高 8 位地址。

注意：

（1）由于 MCS-51 没有专门的输入/输出指令，只能采用这种方式与外部设备交换数据。而且 I/O 口和外部 RAM 共同占用 64KB 空间。

（2）"MOVX　A，@Ri"和"MOVX　A，@DPTR"这两条指令控制线$\overline{RD}$有效，从外部 RAM 或 I/O 口读数据；而"MOVX　@Ri，A"和"MOVX　@DPTR，A"这两条指令控制线$\overline{WR}$有效，向外部 RAM 或 I/O 口写数据。

（3）P0 口低 8 位地址（Ri 或 DPL）和数据共用，P2 口输出高 8 位地址。

（4）"MOVX"和"MOV"的区别。

3. 程序存储器数据传送指令

这组指令只有两条，常用于查表操作，所以也称为查表指令。当数据表格存放在程序存储器时使用这组指令，完成从 ROM 中读数，送累加器 A 的操作。

汇编指令格式	指令编码	周期数	寻址方式	操作
MOVC　A，@A+DPTR ；	1001 0011	2	变址寻址	((A)+(DPTR))→A
MOVC　A，@A+PC　　；	1000 0011	2	变址寻址	(PC)+1→PC，((A)+(PC))→A

这两条指令都是一字节指令。采用了基址寄存器（DPTR 或 PC）加变址寄存器（A 中的 8 位无符号数）相加形成新的 16 位地址，该地址单元的内容送到累加器 A 中。由于这两条指令采用了不同的基址寄存器，因此，寻址范围有所不同。对于前一条指令，由于采用 DPTR 作为基址寄存器，DPTR 可以任意赋值，因此这条指令寻址范围是整个程序存储器的 64KB 空间，称为远程查表；对于后条指令，采用 PC 作为基址寄存器，CPU 读取单字节指令"MOVC　A，@A+PC"后，PC 的内容先自动加 1，将新的 PC 内容与累加器 A 中的 8 位无符号数相加形成地址，取出该地址单元中的内容送累加器 A，因此，只能读出以当前 MOVC 指令为起始的 256 个地址单元之内的某一单元，也称为近程查表。

例 3-15

```
ORG  8000H
MOV  A，#30H        ；当前 PC＝8000H
MOVC  A，@A+PC      ；当前 PC＝8002H
    ⋮
ORG  8030H
DB  'ABCDEFGHIJ'
    ⋮
```

分析　上面的查表指令执行后，将程序存储器 8003H＋30H＝8033H 地址单元中的内容 44H（字符"D"的 ASCII 码）送到累加器 A 中。

例 3-16

```
MOV  DPTR，#8000H
MOV  A，#30H
MOVC  A，@A+DPTR
```

分析　上面的查表指令执行后，将程序存储器 8000H＋30H＝8030H 地址单元中的内容送到累加器 A 中。

注意：

（1）"MOVC"和"MOV"、"MOVX"的区别。

（2）"MOVC A，@A＋PC"指令 PC 值和查表范围。

（3）A 中为 8 位无符号数。

（4）数据在程序存储器。

4. 数据交换指令

数据交换指令共有 5 条，完成累加器 A 和内部 RAM 单元之间的字节或半字节交换。

1）字节交换

该类指令完成累加器 A 与内部 RAM 单元内容的全字节交换。

汇编指令格式	指令编码	周期数	寻址方式	操作
XCH A, Rn ;	1100 1rrr	1	寄存器寻址	$(A) \longleftrightarrow (Rn)$
XCH A, direct ;	1100 0101	1	直接寻址	$(A) \longleftrightarrow (direct)$
;	xxxx xxxx		直接地址	
XCH A, @Ri ;	1100 011i	1	寄存器间接寻址	$(A) \longleftrightarrow ((Ri))$

例 3-17 如果(A)＝10H，(R1)＝20H，则执行指令：

XCH A, R1

后结果为

(A)＝20H，(R1)＝10H

2）半字节交换

该类指令将累加器 A 与内部 RAM 单元内容的低 4 位进行交换，高 4 位内容不变。该操作只影响标志位 P。

汇编指令格式	指令编码	周期数	寻址方式	操作
XCHD A, @Ri ;	1101 011i	1	寄存器间接寻址	$(A_{3-0}) \longleftrightarrow ((Ri)_{3-0})$

例 3-18 如果(A)＝12H，(R1)＝30H，(30H)＝34H，则执行指令：

XCHD A, @R1

后结果为

(A)＝14H，(30H)＝32H

3）累加器自身半字节交换

该类指令完成累加器 A 内容的高 4 位与低 4 位交换。该操作不影响 PSW 的内容。

汇编指令格式	指令编码	周期数	寻址方式	操作
SWAP A ;	1100 0100	1	寄存器寻址	$(A_{3-0}) \longleftrightarrow (A_{7-4})$

例 3-19 如果(A)＝12H，则执行指令：

SWAP A

后结果为

(A)＝21H

注意：字节和半字节的区别。

5. 堆栈操作指令

1）压栈指令

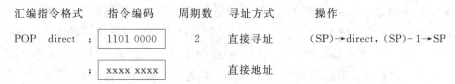

汇编指令格式	指令编码	周期数	寻址方式	操作
PUSH direct ;	1100 0000	2	直接寻址	(SP)+1→SP，(direct)→SP
;	xxxx xxxx		直接地址	

该指令将内部 RAM 低 128 单元或 SFR 内容送入栈顶单元。其具体操作是：将栈指针 SP 加 1，使它指向栈项空单元，然后将直接地址（direct）寻址的单元内容压入当前 SP 所指示的栈顶空单元中。本操作不影响标志位。

2）弹栈指令

汇编指令格式	指令编码	周期数	寻址方式	操作
POP direct ;	1101 0000	2	直接寻址	(SP)→direct，(SP)-1→SP
;	xxxx xxxx		直接地址	

该指令将栈项单元内容取出传送到内部 RAM 低 128B 单元或 SFR 中。其具体操作是：将栈指针 SP 所指示的栈顶单元中的内容传送到直接地址 direct 中，然后将栈指针 SP 减 1，使之指向新的栈顶单元。本操作不影响标志位。

由入栈和出栈的操作过程可以看出，堆栈中数据的压入和弹出遵循"先进后出"的原则。

堆栈操作（PUSH—压栈指令，POP—弹栈指令）一般用于子程序调用，中断等保护数据或保护 CPU 现场。

注意：

（1）CPU 复位后 SP=07H，用户可根据计划的栈区大小重新在内部 RAM 中设定 SP 值。

（2）堆栈操作向上增长。

（3）一般 PUSH 和 POP 指令都应成对出现（包括隐性存在的 PUSH、POP 指令，如子程序调用 LCALL 指令隐含压栈 2 次，子程序返回指令 RET 隐含弹栈 2 次）。

3.2.2 算术运算类指令

MCS-51 的算术运算类指令共有 24 条，8 种助记符，包括了加、减、乘、除等基本四则运算和增量（加 1）、减量（减 1）运算，执行结果将使进位（Cy）、辅助进位（AC）、溢出标志（OV）置位或复位，但加 1 和减 1 指令不影响以上标志。

8051 的算术/逻辑运算单元（ALU）仅执行无符号二进制整数的算术运算。借助溢出标志，可对带符号数进行 2 的补码运算。借助进位标志，可进行多精度加、减运算。也可以对压缩 BCD 数进行运算（压缩 BCD 数是指在一个字节中存放 2 个 BCD 码的数）。

全部指令都是 8 位数运算。

1. 不带进位的加法指令

汇编指令格式	指令编码	周期数	寻址方式	操作
ADD　A, Rn　;	`0010 1rrr`	1	寄存器寻址	(A)+(Rn)→A
ADD　A, direct　;	`0010 0101`	1	直接寻址	(A)+(direct)→A
;	`xxxx xxxx`		直接地址	
ADD　A, @Ri　;	`0010 011i`	1	寄存器间接寻址	(A)+((Ri))→A
ADD　A, #data　;	`0010 0100`	1	立即寻址	(A)+#data→A
;	`xxxx xxxx`		立即数	

共有 4 条不带进位的加法指令，其被加数总是累加器 A，并且结果也放在 A 中。加法操作影响 PSW 中的状态位 Cy、AC、OV 和 P。如果位 7 有进位输出，则置位进位标志 Cy，否则清 Cy；如果位 3 有进位输出，则置位半进位标志 AC，否则清 AC；如果位 6 有进位输出而位 7 没有，或者位 7 有进位输出而位 6 没有，则置位溢出标志 OV，否则清 OV。A 中的运算结果 1 的个数为奇数，置位进位标志 P，否则清 P。

这四条指令使累加器 A 可以和内部 RAM 的任何一单元内容进行相加，也可以和一个 8 位立即数相加，相加结果存放在 A 中。无论是哪一条加法指令，参加运算的都是两个 8 位二进制数。对指令使用者来说，这些 8 位二进制数可以当作无符号数(0~255)，也可以当作带符号数，即补码(−128~+127)。例如对于一个二进制数 11010011，用户可以认为它是无符号数，即十进制数 211，也可以认为它是带符号数，即十进制数−45，但计算机在作加法运算时，总按以下规则进行：

(1) 在求和时，总是把操作数直接相加，而无需任何变换，例如，若(A)=11010011，(R1)=11101000，则执行指令 ADD　A, R1 的操作如下：

$$
\begin{array}{r}
1 1 0 1 0 0 1 1 \\
+\ 1 1 1 0 1 0 0 0 \\
\hline
1\ 1 0 1 1 1 0 1 1
\end{array}
$$

即相加后 A=10111011。若认为是无符号数相加，则 A 的值代表十进制数 187，若认为是带符号数相加，则 A 的值为十进制数−69。

(2) 在确定相加后进位 Cy 的值时，总是把两个操作数作为无符号数直接相加而得出进位 Cy 值。如上例中，相加后 Cy=1，但若是两个带符号数相加，相加后的进位值应该丢弃，但 PSW 中的 Cy 位仍然为 1。

(3) 在确定相加后溢出标志 OV 的值时，计算机总是把操作数当作带符号数来对待。在作加法运算时，一个正数和一个负数相加，是不可能产生溢出的，只有两个同符号数相加时，才有可能溢出，并可按以下方法判断是否产生溢出：

① 两个正数相加(符号位都为 0)，若和为负数(符号位为 1)，则一定溢出。

② 两个负数相加(符号位为 1)，若和为正数(符号位为 0)，则也一定溢出。

产生溢出时，使溢出标志 OV=1，否则 OV=0。在上例中，两个负数相加后，和仍为负数，故没有溢出，OV=0。又如，若 A=01001001，执行指令 ADD　A, #6BH 的结果为

$$
\begin{array}{r}
0\,1\,0\,0\,1\,0\,0\,1 \\
+\ 0\,1\,1\,0\,1\,0\,1\,1 \\
\hline
1\,0\,1\,1\,0\,1\,0\,0
\end{array}
$$

由于两个正数相加为负数，表示出现了溢出，故 OV=1，同时进位标志 Cy=0。

（4）加法指令还会影响辅助进位标志 AC 和奇偶标志 P。在上述例子中，由于第 3 位相加产生对第 4 位的进位，故 AC=1，又因为相加后 A 中的 1 的数目为偶数，故 P=0。

注意：

（1）二进制、十进制、十六进制数和 BCD 码的区别。

（2）进行运算的是有符号数还是无符号数。

（3）对 PSW 各个标志位的影响。

2. 带进位的加法指令

共有 4 条带进位的加法指令，其被加数总是累加器 A，并且结果也放在 A 中。

汇编指令格式	指令编码	周期数	寻址方式	操作
ADDC　A, Rn　;	0011 1rrr	1	寄存器寻址	(A)+Cy+(Rn)→A
ADDC　A, direct ;	0011 0101	1	直接寻址	(A)+Cy+(direct)→A
;	xxxx xxxx		直接地址	
ADDC　A, @Ri	0011 011i	1	寄存器间接寻址	(A)+Cy+((Ri))→A
ADDC　A, #data	0011 0100	1	立即寻址	(A)+Cy+ #data→A
;	xxxx xxxx		立即数	

这 4 条指令的操作，除了指令中所规定的两个操作数相加之外，还要加上进位标志 Cy 的值。需注意这里所指的 Cy 是指令开始执行时的进位标志值，而不是相加过程中产生的进位标志值，只要指令执行时 Cy=0，则这 4 条指令的执行结果就和普通加法指令的执行结果一样。带进位加法指令主要用于多字节二进制数的加法运算中。这些指令的操作影响 PSW 中的状态位 Cy、AC、OV 和 P。如果位 7 有进位输出，则置位进位标志 Cy，否则清 Cy；如果位 3 有进位输出，则置位半进位标志 AC，否则清 AC；如果位 6 有进位输出而位 7 没有，或者位 7 有进位输出而位 6 没有，则置位溢出标志 OV，否则清 OV。A 中的运算结果 1 的个数为奇数，置位奇偶标志 P，否则清 P。

例 3-20　若(A)=11010011，(R1)=11101000，(Cy)=1，则执行指令"ADDC　A, R1"后：

(A)= 10111100，Cy = 1，AC = 0，OV = 0，P = 1

注意：带进位与不带进位加法的区别。

3. 带借位减法指令

带借位减法指令有 4 条，与带进位加法指令类似，从累加器 A 中减去源操作数所指出的内容及进位位 Cy 的值，差值保留在累加器 A 中。减法指令只有一组带借位减法指令，而没有不带借位的减法指令。若要进行不带借位的减法操作，则在减法之前要先用指令使 Cy 清 0(CLR C)，然后再相减。

汇编指令格式		指令编码	周期数	寻址方式	操作
SUBB	A，Rn ；	1001 1rrr	1	寄存器寻址	(A)−Cy−(Rn)→A
SUBB	A，direct ；	1001 0101	1	直接寻址	(A)−Cy−(direct)→A
	；	xxxx xxxx		直接地址	
SUBB	A，@Ri ；	1001 011i	1	寄存器间接寻址	(A)−Cy−((Ri))→A
SUBB	A，#data ；	1001 0100	1	立即寻址	(A)−Cy−#data→A
	；	xxxx xxxx		立即数	

这些指令的操作影响 PSW 中的状态位 Cy、AC、OV 和 P。如果位 7 有借位，则置位进位标志 Cy，否则清 Cy；如果位 3 有借位，则置位半进位标志 AC，否则清 AC；如果位 6 有借位而位 7 没有，或者位 7 有借位而位 6 没有，则置位溢出标志 OV，否则清 OV，溢出标志 OV 在 CPU 内部根据"异或"门输出置位，OV=C7⊕C6。A 中的运算结果 1 的个数为奇数，置位奇偶标志 P，否则清 P。

对于减法操作，计算机也是对两个操作数直接求差，并取得借位 Cy 的值。在判断是否溢出时，可按有符号数处理，判断的规则为：

(1) 正数减正数或负数减负数都不可能溢出，OV 一定为 0。

(2) 若一个正数减负数，差为负数，则一定溢出，OV=1。

(3) 若一个负数减正数，差为正数，则也一定溢出，OV=1。

减法指令也要影响 Cy、AC、OV 和 P 标志。若 A=52H，R0=B4H，Cy=0，则执行指令"SUBB A，R0"的结果为

$$
\begin{array}{r}
0\,1\,0\,1\,0\,0\,1\,0 \\
-\ 1\,0\,1\,1\,0\,1\,0\,0 \\
\hline
1\,0\,0\,1\,1\,1\,1\,0
\end{array}
$$

相应地，A=9EH，Cy=1，AC=1，OV=1，P=1，即相减时最高位有借位，运算结果产生溢出，累加器 A 中差值 1 的数目为奇数。

如果在进行单字节或多字节减法前不知道进位标志位 Cy 的值，则应在减法指令前先将 Cy 清 0。

注意：

(1) 8051 指令系统中没有不带借位的减法指令。

(2) 运算前 Cy 和运算后 Cy。

4. 乘法指令

汇编指令格式		指令编码	周期数	寻址方式	操作
MUL	AB ；	1010 0100	4	寄存器寻址	(A)×(B)→BA

参加乘法运算的在累加器 A 和寄存器 B 中的两个操作数是无符号数，两个 8 位无符号数相乘结果为 16 位无符号数，它的高 8 位存放于 B 中，低 8 位存放于累加器 A 中。乘法指令执行后会影响三个标志：Cy、OV 和 P。执行乘法指令后，进位标志一定被清除，即 Cy 一定为 0；若相乘后有效积为 8 位，即 B=0，则 OV=0；若相乘后有效积大于 0FFH，B 不等

于 0，则 OV＝1。奇偶标志仍按 A 中 1 的个数来确定。

例 3－21 若 A＝4EH，B＝5DH，则执行指令：

　　MUL AB

后结果为：A＝56H，B＝1CH，OV＝1，即积为 BA＝1C56H。

注意：

（1）参加乘法运算的两个 8 位无符号数在累加器 A 和寄存器 B 中。

（2）虽然指令只有一个字节，但运行周期长，需要 4 个机器周期，所以实际应用中有些乘法运算常采用其它方式实现。

5. 除法指令

汇编指令格式	指令编码	周期数	寻址方式	操作
DIV AB　　；	1000 0100	4	寄存器寻址	(A)÷(B)→A(商)，B(余数)

参加除法运算的两个操作数也是无符号数，被除数置于累加器 A 中，除数置于寄存器 B 中。相除之后，整数商存于累加器 A 中，余数存于寄存器 B 中。除法指令也影响 Cy、OV 和 P 标志。相除之后，Cy 也一定为 0，溢出标志 OV 只在除数 B＝00H，结果无法确定时置 1 表示，其它情况下 OV 都清 0。奇偶标志 P 仍按一般规则确定。

例 3－22 若 A＝0BFH，B＝32H，则执行指令：

　　DIV AB

后结果为

　　A＝03H，B＝29H，OV＝0，Cy＝0，P＝0

注意：

（1）除数为 0 时的处理。

（2）操作数和结果的存放位置。

6. 加 1 指令

汇编指令格式	指令编码	周期数	寻址方式	操作
INC　A，　　；	0000 0100	1	寄存器寻址	(A)+1→A
INC　Rn　　；	0000 1rrr	1	寄存器寻址	(Rn)+1→Rn
INC　direct　；	0000 0101	1	直接寻址	(direct)+1→direct
；	xxxx xxxx		直接地址	
INC　@Ri　　；	0000 011i	1	寄存器间接寻址	((Ri))+1→((Ri))
INC　DPTR　；	1010 0011	2	寄存器寻址	(DPTR)+1→DPTR

这组指令的功能是将操作数所指定的单元内容加 1，其操作不影响程序状态字 PSW。即使原单元内容为 FFH，加 1 后溢出为 00H，也不会影响 PSW 标志。这 5 条指令中，唯一的例外是 INC A 指令可以影响奇偶标志 P。前 4 条指令是对一字节单元内容加 1，最后 1 条指令是给 16 位的寄存器内容加 1。

注意："INC A"和"ADD　A，♯01H"这两条指令都将累加器 A 的内容加 1，但后者对标志位 Cy 有影响。

7. 减 1 指令

汇编指令格式	指令编码	周期数	寻址方式	操作
DEC　A， ；	0001 0100	1	寄存器寻址	(A)-1→A
DEC　Rn ；	0001 1rrr	1	寄存器寻址	(Rn)-1→Rn
DEC　direct ；	0001 0101	1	直接寻址	(direct)-1→direct
；	xxxx xxxx		直接地址	
DEC　@Ri ；	0001 011i	1	寄存器间接寻址	((Ri))-1→((Ri))

这组指令的功能是将操作数所指定的单元内容减 1，其操作不影响程序状态字 PSW。即使原单元内容为 00H，减 1 后溢出为 FFH，也不会影响 PSW 标志。这 5 条指令中，唯一的例外是 DEC A 指令可以影响奇偶标志 P。

注意：MCS-51 指令系统没有对 DPTR 减 1 的指令。

8. 十进制调整指令

汇编指令格式	指令编码	周期数	寻址方式	操作
DA　A　；	1101 0100	1	寄存器寻址	调整累加器 A 内容为 BCD 码

这条指令跟在 ADD 或 ADDC 指令后，将相加后存放在累加器 A 中的结果进行十进制调整，完成十进制加法运算功能。十进制调整指令的功能是对 BCD 数加法运算结果进行调整。当执行加法运算指令时，被运算的数属于什么类型，CPU 并不了解，运算时一律视之为二进制数。如果所运算的数不是二进制数而是 BCD 码，必然得到不正确的结果，这就需要编写程序时，在加法指令之后加一个"DA A"指令，进行加 6 调整。在 MCS-51 指令系统中，所有的加法运算结果都放在累加器 A 中，因此这条指令是对 A 的内容进行调整。两个压缩 BCD 数执行二进制加法后，必须由 DA 指令调整后才能得到正确的 BCD 和。

这条指令对加法结果的调整规则是：

(1) 若累加器 A 低 4 位大于 9 或辅助进位标志 AC=1，则低 4 位加 6；

(2) 若累加器 A 高 4 位大于 9 或 Cy=1，则高 4 位加 6；

(3) 若累加器 A 高 4 位等于 9 且低 4 位大于 9，则高 4 位加 6；

(4) 若累加器 A 的最高位因调整而产生进位，则将 Cy 置 1；若不产生进位，则保留 Cy 在调整前的状态而并不清零。

DA 指令只影响进位标志 Cy。

由于本指令只能对 BCD 数加法结果进行调整，因此不能直接使用本指令对 BCD 数的减法进行调整。对 BCD 数减法进行调整的方法是，将 BCD 数减法运算化为 BCD 数加法运算，再进行调整。具体地说，就是将减数化为十进制数的补码，再进行加法运算，BCD 码无符号数的减法运算可按下述步骤进行：

(1) 求减数的补数(9AH-减数)；

(2) 被减数与减数的补数相加；

(3) 运行十进制加法调整指令。

例 3-23 设(A)=59H，(R3)=18H，写出完成这两个 BCD 码相加的指令格式及运算过程。

指令格式：

ADD　A，R3　　；(A)＋(R3)→A

DA　A　　　　；对 A 中内容调整

ADD 指令完成的运算是：

$$
\begin{array}{r}
01011001——(59)_{10}\\
+\quad 00011000——(18)_{10}\\
\hline
01110001——(71)_{10}
\end{array}
$$

结果得 71，显然是错误的，其原因是进位数不是发生在逢十进一，而是逢十六进一，因此根据 AC＝1 出现的条件，可以判断它已丢失了 6，此时由 DA 指令对二进制结果进行调整。

DA 指令完成的运算是：

$$
\begin{array}{r}
01110001——(71)_{10}\\
+\quad\quad 0110——(\ 6\ )_{10}\\
\hline
01110111——(77)_{10}
\end{array}
$$

77 是正确的 BCD 码结果。

对于 BCD 码的加法运算，都需要在 ADD 或 ADDC 指令之后安排一条 DA 指令对其运算结果自动进行调整。

注意：

(1) 只有 BCD 码运算才需要调整。

(2) 本指令不是简单地把累加器 A 中的十六进制数变换成 BCD 码。

3.2.3　逻辑操作类指令

MCS-51 共有 24 条逻辑操作指令，9 种助记符，完成与、或、异或、取反、移位、清除等操作。这类指令的操作数都是 8 位，逻辑运算都是按位进行的。

1. 单操作数的逻辑操作指令

1) 累加器 A 清 0 指令

汇编指令格式	指令编码	周期数	操作
CLR　A　　；	1110 0100	1	0→A

这条指令的功能是将累加器 A 的内容清为 0，即(A)＝0，不影响 Cy、AC 和 OV 标志，只影响 P 标志。

2) 累加器 A 取反指令

汇编指令格式	指令编码	周期数	操作
CPL　A　　；	1111 0100	1	$\overline{A}$→A

这条指令的功能是对累加器 A 的内容逐位取反，不影响标志位。

3) 累加器 A 循环左移指令

汇编指令格式	指令编码	周期数	操作
RL　A　　　；	0010 0011	1	A7 ◀—— A0

这条指令的功能是每执行一次 RL 指令，把累加器 A 中的内容向左循环移动一位，即

An 移向 A(n+1)，最高位 A7 移向最低位 A0，不影响标志位。

4）累加器 A 循环右移指令

汇编指令格式　　指令编码　　周期数　　　操作

RR　A　　；| 0000 0011 |　　1

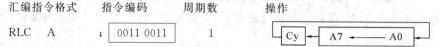

这条指令的功能是每执行一次 RR 指令，把累加器 A 中的内容向右循环移动一位，即 A(n+1) 移向 An，最低位 A0 移向最高位 A7，不影响标志位。

5）累加器 A 带进位位循环左移指令

汇编指令格式　　指令编码　　周期数　　　操作

RLC　A　　；| 0011 0011 |　　1

这条指令的功能是每执行一次 RLC 指令，把累加器 A 中的内容连同进位位 Cy 向左循环移动一位，即 An 移向 A(n+1)，最高位 A7 移向进位位 Cy，Cy 移向最低位 A0，影响标志位。通常用"RLC A"指令实现将累加器 A 中的内容做乘 2 运算。

6）累加器 A 带进位位循环右移指令

汇编指令格式　　指令编码　　周期数　　　操作

RRC　A　　；| 0001 0011 |　　1

这条指令的功能是每执行一次 RRC 指令，把累加器 A 中的内容连同进位位 Cy 向右循环移动一位，即 A(n+1) 移向 An，最低位 A0 移向进位位 Cy，Cy 移向最高位 A7，影响标志位。通常用"RRC A"指令实现将累加器 A 中的内容做除 2 运算。

2. 逻辑"与"指令

逻辑"与"指令共有 6 条。

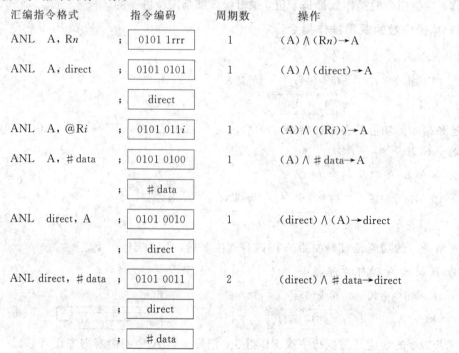

汇编指令格式	指令编码	周期数	操作
ANL　A，Rn　；	0101 1rrr	1	(A)∧(Rn)→A
ANL　A，direct　；	0101 0101	1	(A)∧(direct)→A
；	direct		
ANL　A，@Ri　；	0101 011i	1	(A)∧((Ri))→A
ANL　A，#data　；	0101 0100	1	(A)∧#data→A
；	#data		
ANL　direct，A　；	0101 0010	1	(direct)∧(A)→direct
；	direct		
ANL direct，#data　；	0101 0011	2	(direct)∧#data→direct
；	direct		
；	#data		

前4条指令是将累加器 A 的内容和源操作数所指的内容按位进行逻辑"与"操作，结果存放在累加器 A 中；后 2 条指令是将直接地址单元中的内容和源操作数所指的内容按位进行逻辑"与"操作，结果存入直接地址单元中。这样就很便于对各个特殊功能寄存器的内容按需进行变换，如将一个字节中的某几位变为 0，而其余位不变。如果直接地址是 I/O 端口，则为"读—改—写"操作。

注意：按位操作，可清 0。

3. 逻辑"或"指令

逻辑"或"指令共有 6 条。

汇编指令格式		指令编码	周期数	操作
ORL A，Rn	;	0100 1rrr	1	$(A) \vee (Rn) \to A$
ORL A，direct	;	0100 0101	1	$(A) \vee (direct) \to A$
	;	direct		
ORL A，@Ri	;	0100 011i	1	$(A) \vee ((Ri)) \to A$
ORL A，#data	;	0100 0100	1	$(A) \vee \#data \to A$
	;	#data		
ORL direct，A	;	0100 0010	1	$(direct) \vee (A) \to direct$
	;	direct		
ORL direct，#data	;	0100 0011	2	$(direct) \vee \#data \to direct$
	;	direct		
	;	#data		

前4条指令是将累加器 A 的内容和源操作数所指的内容按位进行逻辑"或"操作，结果存放在累加器 A 中；后 2 条指令是将直接地址单元中的内容和源操作数所指的内容按位进行逻辑"或"操作，结果存入直接地址单元中。这样就很便于对各个特殊功能寄存器的内容按需进行变换，如将一个字节中的某几位变为 1，而其余位不变。如果直接地址是 I/O 端口，则为"读—改—写"操作。

注意：按位操作，可置 1。

4. 逻辑"异或"指令

逻辑"异或"指令共有 6 条。

汇编指令格式		指令编码	周期数	操作
XRL A，Rn	;	0110 1rrr	1	$(A) \oplus (Rn) \to A$
XRL A，direct	;	0110 0101	1	$(A) \oplus (direct) \to A$
	;	direct		

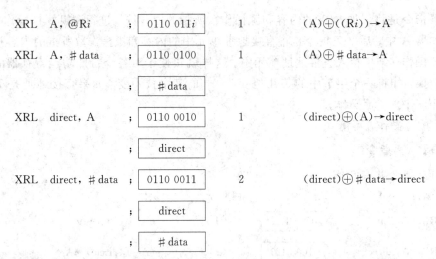

前 4 条指令是将累加器 A 的内容和源操作数所指的内容按位进行逻辑"异或"操作，结果存放在累加器 A 中；后 2 条指令是将直接地址单元中的内容和源操作数所指的内容按位进行逻辑"异或"操作，结果存入直接地址单元中。异或运算过程为：当两个操作数不一致时结果为 1，两个操作数一致时结果为 0。用数据 0FFH 异或一个寄存器的值，就能实现对该寄存器取反的功能。如果直接地址是 I/O 端口，则为"读—改—写"操作。

注意：按位操作，可求反。

5. 逻辑操作指令举例

例 3 - 24 利用左移指令对累加器 A 中内容进行乘 8 操作。设(A)＝01H，编程如下：

```
RL  A    ;02H→(A)
RL  A    ;04H→(A)
RL  A    ;08H→(A)
```

例 3 - 25 利用右移指令对累加器 A 中内容进行除 8 操作。设(A)＝08H，编程如下：

```
RR  A    ;04H→(A)
RR  A    ;02H→(A)
RR  A    ;01H→(A)
```

例 3 - 26 设 P1 中内容为 AAH，A 中内容为 15H，执行下列程序：

```
ANL  P1, #0F0H   ;(P1)=A0H
ORL  P1, #0FH    ;(P1)=AFH
XRL  P1, A       ;(P1)=BAH
```

从上例可见，逻辑操作是按位进行的，所以，"ANL"操作常用来屏蔽字节中的某些位，要保留的位用"1"去"与"，要清除的位用"0"去"与"。"ORL"操作常用来对字节中的某些位置"1"，要保留的位用"0"去"或"，要置 1 的位用"1"去"或"。"XRL"操作常用来对字节中的某些位求反，要保留的位用"0"去"异或"，要求反的位用"1"去"异或"。

例 3 - 27 把累加器 A 中的低 4 位送到外部 RAM 的 2000H 单元中，编程如下：

```
MOV   DPTR, #2000H   ;#2000H→(DPTR)
ANL   A, #0FH        ;(A)∧#0FH→(A)
MOVX  @DPTR, A       ;(A)→(DPTR)
```

3.2.4　控制转移类指令

程序通常是按顺序执行的，也就是 CPU 每读取一个字节的机器码，程序计数器 PC 便自动加 1，然后自动判别是否需要读取下一个机器码，直至取出一条完整指令为止。每次取出一条指令并执行完毕，就会按顺序执行下一条指令。PC 内容总是不断地给出下一条指令的地址。如果遇到转移指令，情况就不同了：转移指令将直接跳转到按指令所标明的转移地址去取指，然后执行该地址的指令，而不是按序执行。正因为这样，使得计算机的程序可以根据需要转移到不同的程序段，去执行不同的操作，好像计算机具有智能一样。计算机"智商"的高低，取决于它的转移类指令的多少，特别是条件转移类指令的多少。这也是转移指令在程序中之所以重要的原因。

控制转移类指令用于控制程序的走向，故其作用区间是程序存储器空间。利用具有 16 位地址的长调用、长转移指令可对 64 KB 程序存储器的任一地址单元进行访问，也可用具有 11 位地址的绝对调用和绝对转移指令，访问 2K 字节的空间。另外，还有在一页范围的短相对转移以及许多条件转移指令(部分位操作指令也能实现控制转移)，这类指令一般不影响标志位。下面分别予以介绍。

1. 无条件转移指令

无条件转移指令是指当程序执行到该指令时，程序无条件地转移到指令所提供的地址处执行。无条件转移指令有短转移、长转移、相对转移和间接转移(散转指令)4 条。

1) 短转移指令

汇编指令格式	指令编码	周期数	操作
AJMP　addr11	; $a_{10}a_9a_8 0\,0001$	2	$(PC)+2 \to PC$, $addr_{10-0} \to PC_{10-0}$
	; $a_7 \sim a_0$		

短跳转指令是一条 2 字节的指令，占用空间较少。它的助记符也可以直接标以目标地址，例如可写成"AJMP　LOOP"，其中 LOOP 就代表目标地址，也可写成"AJMP 2300H"，2300H 则为所转移地址的具体数值。它之所以称为短跳转，是因为其跳转的范围只有 2 KB，不如长跳转指令转移范围为 64 KB 那样大。

要把短跳转指令汇编成机器码的形式，则指令操作数需根据目标地址的低 11 位填写。执行指令时，因为目标地址的高 5 位与指令本身当前所在地址的高 5 位相同，可以直接取指令本身当前地址中的高 5 位，只有另外的低 11 位取自指令本身。如果拟跳转的目标地址的高 5 位与当前指令地址的高 5 位不同，一律不能使用短跳转指令。

假如 16 位的目标地址每个位分别用 $a_0 \sim a_{15}$ 表示，从短跳转指令的机器码组成可知，其中只有 11 位用于表示目标地址，即 $a_0 \sim a_{10}$，其余 5 位作为操作码，短跳转指令的操作码为 00001，16 位的组成如下所示：

$a_{10}a_9a_8 00001 a_7 a_6 a_5 a_4 a_3 a_2 a_1 a_0$

例 3-28 用一条短跳转指令，使程序能从地址 2780H 跳转到 2300H。

分析 这条指令助记符与机器码如下：

指令助记符　　AJMP　2300H

指令机器码　　61 00

2300H 写成二进制为 0010001100000000

求出指令机器码为 0110000100000000

由于短跳转指令的机器码只有目标地址的低 11 位,所以跳转不能超过当前指令所在区域 2KB 范围。这条指令是为与 MCS-48 兼容而保留的指令,现在一般较少使用。

例 3-29 若在 ROM 中的 07FDH 和 07FEH 两地址单元处有一条 AJMP 指令,试问它向高地址方向跳转有无余地?

分析 AJMP 指令执行过程中,要求 PC 值的高 5 位不能发生变化。但是在执行本例的 AJMP 指令时,PC 内容已经等于 07FFH,若向高地址跳转就到 0800H 以后了,这样高 5 位地址就要发生变化,这是不允许的。换言之,07FFH 是第 0 个 2KB 页面中的最后一个字节,因此从这里往高地址方向再无 AJMP 跳转的余地了。

例 3-29 表明,笼统地说 AJMP 的跳转范围为 2KB 是不确切的。应当说,AJMP 跳转的目的地址必须与 AJMP 后面一条指令位于同一个 2KB 页面范围之内。

2)长转移指令

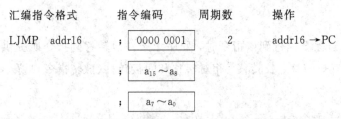

汇编指令格式　　　　指令编码　　　　周期数　　　　操作

LJMP　addr16　　;　0000 0001　　　2　　　addr16→PC

　　　　　　　　;　$a_{15} \sim a_8$

　　　　　　　　;　$a_7 \sim a_0$

长跳转指令的目标地址是 16 位的直接地址,指令由 3 字节组成,将指令的第二、第三字节地址码分别装入 PC 的高 8 位和低 8 位中,程序无条件转向指定的目标地址去执行。该指令可以在 64 KB 范围内跳转,所以称为长跳转。长跳转指令中的地址值一目了然,比较直观,便于阅读和书写,例如 LJMP 2500H 就表示程序要转移到 2500H 单元去。它的不足之处是,指令机器码需占用 3 字节空间,而且在修改程序时,插入或删除一条指令,都会造成指令位置的挪动,使得所有长跳转指令的目标地址都要做相应修改。为此编写程序时应尽量采用符号地址,例如 LJMP NEXT,这样尽管 NEXT 所代表的地址数值改变了,但只要符号本身不改变,也就不需修改相应的指令了。它的执行不影响任何标志位。

例 3-30 设标号 NEXT 的地址为 3010H,执行下面指令:

　　LJMP　NEXT

分析 不管这条长跳转指令存放在程序存储器地址空间的什么位置,执行这条指令后都会使程序跳转到 3010H 地址处执行。

3)相对(短)转移指令

汇编指令格式　　　指令编码　　　周期数　　　操作

SJMP rel　　;　1000 0000　　　2　　　(PC)+2→PC,(PC)+ rel →PC

　　　　　　;　rel

相对跳转指令也是一条 2 字节的指令,与长跳转指令相比,因为机器码短,所以占用程序空间少，而且它的目标地址是以偏移量表示，在修改程序时，只要目标地址与当前地址的相对位置不变，偏移量也不用改变，可以减少修改的工作量。但相对跳转指令的转移范围比短跳转指令还小，指令操作数的相对地址 rel 是一个带符号的偏移字节数（2 的补码），其范围是 −128～+127（00H～7FH 对应表示 0～+127，80H～FFH 对应表示 −128～−1），所以，跳转范围也不能超过 1 个字节带符号补码所表示数值，即 +127～−128 这个范围。如果目标地址离当前地址超过这个范围，显然就不能使用这条指令了。例如要转移的目标地址为 2300H，当前地址为 2400H，目标与当前的距离超过规定范围，因而不能使用相对跳转指令 SJMP　2300H，而应该改用 LJMP　2300H 或者 AJMP　2300H。

相对跳转指令要写成机器码，则第一字节固定为操作码，即 80H，第二字节为操作数 rel，rel 称为偏移量。由于执行本条指令时，程序计数器值已指向下一条指令的地址，所以偏移量补码的计算公式可简化为

$$rel = (目标地址 - 下一条指令地址)_{低8位} \qquad (3-1)$$

或采用下式计算目标地址：

$$目标地址 = PC(当前值) + 2 + rel$$

如果程序从当前地址往后跳，即目标地址大于当前地址，则 rel 为正；相反，若程序从当前地址往前跳，即目标地址小于当前地址，则 rel 为负。为此规定相对跳转指令的偏移量 rel 必须用带符号二进制数，并要求用补码形式，以区别正负。

例 3-31　设下一条指令地址为 2352H，欲转移的目标地址为 2370H，试求出相对跳转指令的偏移量 rel 和指令的机器码。

$$rel = 70H - 52H = 1EH$$

相对跳转指令的机器码为 80、1E。

注意：

(1) 如果程序要用机器码汇编，那么相对跳转指令的助记符可以用目标地址，也可以用标号，但不要用偏移量 rel。（汇编程序在汇编过程中自动计算偏移地址并填入指令代码中。）例如从 SJMP 下一条地址 2010H 转移到 2018H，且设 2018H 的标号为 NEXT，助记符可以写成 SJMP　2018H，也可以写成 SJMP　NEXT。按式 (3-1) 也可算出 rel=08H，但不要写成 SJMP　08H，如果写成 SJMP　08H，汇编程序会误认为目标地址是 0008H，虽然指令表上相对跳转指令标明为 SJMP　rel，但助记符不要用 rel。

(2) 相对地址 rel=FEH 的 SJMP 指令是一条单指令的无限循环。因为 FEH 是补码，真值是 −2，所以目的地址=PC+2−2=PC，结果转向自己，导致无限循环。常用来诊断硬件故障或缺陷。

4) 间接转移指令

汇编指令格式	指令编码	周期数	操作
JMP　@A+DPTR　;	0111 0011	2	(A)+(DPTR)→PC

间接转移指令 JMP @A+DPTR 的功能是把累加器 A 中的 8 位无符号数，与数据指针 DPTR 中的 16 位数相加，其结果送入 PC 寄存器，作为下一条要执行的指令地址。执行 JMP 指令后 A 和 DPTR 和标志位内容不变。

这条指令可代替众多的判别跳转指令，具有散转功能，所以又称为散转指令。它可以

根据累加器 A 的值，使程序转移到不同的地址，因此可用于查表程序。

例 3-32 根据累加器 A 中命令键键值（设为 0～3），设计命令键操作程序入口跳转表。

```
DK: MOV R2, A
    RL A
    ADD A, R2          ;（A）×3→PC
    MOV DPTR, #DKTAB   ;命令键跳转表首地址
    JMP @A+DPTR        ;散转至命令键入口
DKTAB: LJMP PK0        ;转向命令 0 处理程序
    LJMP PK1           ;转向命令 1 处理程序
    LJMP PK2           ;转向命令 2 处理程序
    LJMP PK3           ;转向命令 3 处理程序
```

从程序中可以看出，当（A）=00H 时，散转到 PK0；当（A）=01H 时，散转到 PK1……由于 LJMP 是 3 字节指令，所以散转前 A 中键值应先乘 3。

注意：散转处理时根据跳转指令"LJMP"或"AJMP"字节数计算累加器 A 的值。

2. 条件转移指令

条件转移指令附有规定的转移条件，只有在规定条件满足时，才允许程序转移到目标地址（目标地址是以下一条指令的起始地址为中心的-128～+127 共 256 个字节范围），如果条件不满足，仍然要按顺序执行下一条指令。

根据所规定的条件不同，条件转移指令可分为以下三类。

1）零条件转移指令

所谓零条件，在 MCS-51 指令系统中，是规定累加器 A 的内容是零还是非零，从而决定是否转移。如果被判别对象不是 A 则不能使用。

汇编指令格式	指令编码	周期数	操作
JZ rel ;	0110 0000	2	若（A）=0，（PC）+2+ rel→PC
;	rel		若（A）≠0，（PC）+2→PC
JNZ rel ;	0111 0000	2	若（A）≠0，（PC）+2+ rel→PC
;	rel		若（A）=0，（PC）+2→PC

JZ 和 JNZ 指令分别对累加器 A 的内容为零还是非零进行检测并以此来决定程序的执行方向。当各自条件满足时，则程序转向指定的目标地址，相当于一条相对转移指令；当不满足各自的条件时，程序继续往下执行。零条件转移也属于相对转移指令，它的偏移量 rel 计算以及助记符书写方法与无条件相对转移指令相同。指令不改变累加器 A 的内容，也不影响任何标志位。

2）比较转移指令

比较条件转移指令共有 4 条，它们的功能是对指定的目的字节和源字节两个操作数作比较，两者不相等则转移，否则顺序执行。转移的目的地址为当前的 PC 值加 3 后，再加指令的第三字节偏移量(rel)。

汇编指令格式		指令编码	周期数	操作
CJNE　A, direct, rel	;	1011 0101	2	若 $(A) \neq direct$，$(PC)+3+ rel \rightarrow PC$
	;	direct		若 $(A) = direct$，$(PC)+3 \rightarrow PC$
	;	rel		
CJNE　A, #data, rel	;	1011 0100	2	若 $(A) \neq \#data$，$(PC)+3+ rel \rightarrow PC$
	;	#data		若 $(A) = \#data$，$(PC)+3 \rightarrow PC$
	;	rel		
CJNE　Rn, #data, rel	;	1011 1rrr	2	若 $(Rn) \neq \#data$，$(PC)+3+ rel \rightarrow PC$
	;	direct		若 $(Rn) = \#data$，$(PC)+3 \rightarrow PC$
	;	rel		
CJNE　@Ri, #data, rel	;	1011 011i	2	若 $((Ri)) \neq \#data$，$(PC)+3+ rel \rightarrow PC$
	;	#data		若 $((Ri)) = \#data$，$(PC)+3 \rightarrow PC$
	;	rel		

以上 4 条指令都执行以下操作：

若目的操作数＝源操作数，则 PC+3→PC

若目的操作数＞源操作数，则 Cy=0，PC+3+rel→PC

若目的操作数＜源操作数，则 Cy=1，PC+3+rel→PC

指令执行后不影响任何操作数。

8051 指令系统中没有单独的比较指令，但可以用比较条件转移指令来弥补这一不足。比较操作实际就是减法操作，只是不保存差值，而将结果反映在标志位来判断是否转移。若两个比较的操作数都是无符号数，则可以直接根据比较后产生的 Cy 值来判别大小；若 Cy=0 则 A＞B(目的操作数大于源操作数)，若 Cy=1 则 A＜B。

若是两个有符号数进行比较，则仅依据 Cy 是无法判断大小的。例如一个负数与一个正数相比使 Cy=0，就不能说明负数大于正数。在这种情况下若要正确判断，可以有若干种方法。一种方法是先判断操作数的正负，然后再使用比较条件转移指令产生的 Cy 信息。

若 A 为正数，当 B 为负数时，A＞B；否则，若比较后 Cy=0 则 A＞B，若 Cy=1 则A＜B。

若 A 为负数，当 B 为正数时，A＜B；否则，若比较后 Cy=0 则 A＞B，若 Cy=1 则A＜B。

注意：因为是 3 字节指令，所以下条指令的地址为 PC+3，程序的转移范围为从(PC)+3 起始地址的+127～-128 共 256 个字节单元地址。

3）循环转移指令

汇编指令格式		指令编码	周期数	操作
DJNZ　Rn, rel	;	1101 1rrr	2	$(Rn)-1 \rightarrow Rn$
	;	rel		若 $(Rn) \neq 0$，$(PC)+2+ rel \rightarrow PC$

	;			若(Rn)=0，(PC)+2→PC
DJNZ direct,rel	;	`1101 0101`	2	(direct)−1→direct
	;	`direct`		若(direct)≠0，(PC)+3+rel→PC
	;	`rel`		若(direct)=0，(PC)+3→PC

这组指令的操作是先将第一操作数的字节变量减 1，并保存结果，若减 1 以后第一操作数不为 0，则转移到指定的地址单元；若减 1 以后操作数为 0，则继续向下运行。

这组指令对构成循环程序十分有用，可以指定任何一个工作寄存器或者内部 RAM 单元为计数器。对计数器赋以初值以后，就可以利用上述指令，若对计数器进行减 1 后不为 0 就进行循环操作，从而构成循环程序。

另外，rel 为相对于 DJNZ 指令的下一条指令地址的相对偏移量，是一个带符号的 8 位数。所以循环转移的目标地址是 DJNZ 指令的下条指令地址和偏移量之和。

第一条指令是两字节指令，第二条指令是三字节指令，都不影响 PSW。

例 3 - 33 将内部 RAM 中从 data1 单元开始的 10 个无符号数相加，结果送内部 RAM 的 SUM1 单元，设相加结果不超过十进制数 255。

```
        MOV   R0,#data1    ;数据块首地址送 R0
        MOV   R3,#0AH      ;计数器初值
LAB0：  ADD   A,@R0        ;累加一次
        INC   R0           ;地址指针加 1，指向下一个数
        DJNZ  R3,LAB0      ;R3 减 1，判循环是否结束
        MOV   SUM1,A       ;存和
```

3. 子程序调用及返回指令

在程序设计中，有时因操作要求需要反复执行某段程序，为了使程序的结构清楚并减少重复指令所占的存储器空间，在汇编语言程序中可以使用子程序，使该段程序能够公用，故需要有子程序调用和返回指令来完成控制使用该段程序的功能。子程序调用要中断原有的指令执行顺序，转移到子程序的入口地址去执行子程序。但和转移指令有一点重大的区别，即子程序执行完毕后，要返回到原有程序中断的位置，继续往下运行。因此子程序调用指令还必须将程序中断位置的地址保存起来，一般放在堆栈中保存，堆栈的先入后出的存取方式正好适合于存放断点地址的要求，特别适合于子程序嵌套时的断点地址存放。子程序调用指令要完成两个功能：

(1) 将断点地址推入堆栈保护。断点地址是子程序调用指令的下一条指令的地址，取决于调用指令的字节数，它可以是 PC+2 或 PC+3，这里 PC 指调用指令所在地址。

(2) 将所调用子程序的入口地址送到程序计数器 PC，以便实现子程序调用。

1) 短调用指令

汇编指令格式		指令编码	周期数	操作
ACALL addr11	;	$a_{10}a_9a_8 1\ 0001$	2	(PC)+2→PC，(SP)+1→SP
	;	$addr_{7-0}$		(PC$_{7-0}$)→SP，(SP)+1→SP
	;			(PC$_{15-8}$)→SP，$addr_{10-0}$→PC$_{10-0}$

这是一条绝对调用指令，其操作数部分的 addr11 表示被调用子程序首地址的低 11 位由指令给出。该指令在执行过程中，将 PC 值两次增 1，使之指向其后一条指令的地址。然后把此 PC 值压入堆栈(先压入低字节)保存，入栈过程中，SP 值递增两次，共压入两字节，压栈操作隐含在指令中。目的地址的高 5 位取自当前 PC，低 11 位为操作码中的高 3 位与指令第二字节的有序组合。显然被调用子程序的首地址与 ACALL 的后一指令必须位于同一 2KB 页面范围内，此指令不影响任何标志。

例 3-34　子程序 SUBRT 入口地址为 0345H，ACALL　SUBRT 指令位于 0123H 和 0124H 单元，SP 值等于 2FH。该指令的机器码形成情况及执行过程如图 3-8 所示。

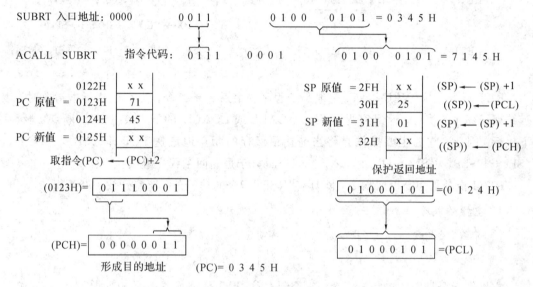

图 3-8　ACALL 指令的执行过程示例

2) 长调用指令

汇编指令格式	指令编码	周期数	操作
LCALL　addr16	; 0001 0010	2	$(PC)+3 \to PC$，$(SP)+1 \to SP$
	; $addr_{15-8}$		$(PC_{7-0}) \to SP$，$(SP)+1 \to SP$
	; $addr_{7-0}$		$(PC_{15-8}) \to SP$，$addr_{15-0} \to PC_{15-0}$

这是一条长调用指令，含三个字节，其后两个字节为所调用于程序的入口地址，可寻址 64KB 范围内任一子程序。此指令在执行过程中使 PC 值加 3，以指向下一条指令。随后此 PC 值被压入堆栈(低字节先入栈)保存，SP 值增 2，共压入两字节，压栈操作隐含在指令中。最后 PC 值之高低字节分别被 LCALL 指令码中的第二和第三个字节所取代，于是控制 PC 转到子程序。此指令不影响任何标志。

例 3-35　设 (SP)=60H，标号 THISL 的地址为 1000H，标号 NEXT 的地址为 3010H，则执行程序：

　　　　THISL: LCALL　NEXT

会使程序从当前位置(PC=1000H+3)跳转到标号为 NEXT 的地址(3010H)处执行子程

序。执行过程为：

(1) (PC)=(PC)+3=1000H+3=1003H；

(2) (SP)=60H+1=61H，(61H)=03H；

(3) (SP)=61H+1=62H，(62H)=10H；

(4) (PC)=3010H。

3) 返回指令

汇编指令格式	指令编码	周期数	操作
RET	; 0010 0010	2	$((SP))\rightarrow PC_{15-8}$，$(SP)-1\rightarrow SP$
	;		$((SP))\rightarrow PC_{7-0}$，$(SP)-1\rightarrow SP$
RETI	; 0011 0010	2	$((SP))\rightarrow PC_{15-8}$，$(SP)-1\rightarrow SP$
	;		$((SP))\rightarrow PC_{7-0}$，$(SP)-1\rightarrow SP$

RET 指令是从子程序返回。一般是子程序的最后一条指令。当程序执行本指令时，表示结束子程序的执行，返回到调用指令（ACALL 或 LCALL）的下一条指令处（断点）继续往下执行。因此，它的主要操作是将当前栈顶保存的断点地址送 PC，即 $((SP))\rightarrow PC_{15-8}$，$(SP)-1\rightarrow SP$，$((SP))\rightarrow PC_{7-0}$，$(SP)-1\rightarrow SP$，于是返回主程序继续执行。

RETI 指令是中断返回指令，除具有"RET"指令的功能外，还将开放中断逻辑。

4) 空操作指令

汇编指令格式	指令编码	周期数	操作
NOP	; 0000 0000	1	$(PC)+1\rightarrow PC$

空操作指令是一条单字节指令，它控制 CPU 不作任何操作，除 PC 加 1 外，不影响其它寄存器和标志位，只消耗这条指令执行所需的机器周期。这条指令常用于等待或延迟。

3.2.5 位操作（布尔操作）类指令

布尔变量就是开关变量，它以"位"作为单位进行运算和操作。由于 MCS-51 面向控制应用的需要，所以具有较强的布尔变量处理能力。8051 系列单片机内部有个按位操作的布尔处理机，它的操作对象不是一个字节或者一个字，而是一位。因为有的控制是按位进行的，有了位操作指令，使用起来便更加方便，在 MCS-51 指令系统中属于位操作的指令有17 条，其中 5 条属于控制转移类，其余 12 条用于传送或运算。

MCS-51 的布尔处理器实际上是个一位的微处理机，因此也称位处理机，它有自己相应的累加器 C（即进位标志位 Cy），有自己的存储器空间（内部 RAM 地址 20H～2FH 单元的 128 位位寻址区的各位和地址为 8 的倍数的特殊功能寄存器 SFR 中可位寻址的寄存器中的各位）作为操作数，进行位变量的传送、位状态控制、修改和位逻辑操作等操作。在MCS-51汇编语言中，位地址的表达方式有以下四种：

(1) 直接用位地址表示：如 D4H。

(2) 操作符号方式（SFR 名）：如 PSW.4、(D0H).4。

(3) 位名称方式：如 RS1

(4) 用户使用伪指令事先定义过的符号地址：如用伪指令 bit 定义 GZ1 bit RS1，经定义后，允许指令中用 GZ1 来代替 RS1。

上面四种方式都可以用来表达 D0H 地址中的位 4，它的位地址是 D4H，名称为 RS1，也是 SFR 中 PSW 的 PSW.4 及用户定义的位地址符号 GZ1。

1. 位数据传送指令

位数据传送指令完成可位寻址各位与位累加器 Cy 之间互相传送内容的功能。位传送指令共有两条：

汇编指令格式		指令编码	周期数	操作
MOV　C, bit	;	1010 0010	1	(bit)→C
	;	bit		
MOV　bit, C	;	1001 0010	2	(C)→bit
	;	bit		

上面指令把源操作数指定的位变量传送到目的操作数指定的位单元中。因为两个可位寻址地址之间没有直接的传送指令，若要完成这种传送，要通过 Cy 作为中间媒介来进行。所以，指令中一个操作数为位地址（bit），另一个必定为布尔累加器 Cy。在指令中 Cy 直接用 C 表示，以便于书写。指令操作不影响其它寄存器或标志位。

例 3－36　将位地址 2AH 的内容传送到位地址 2BH。

```
MOV　F0, C    ;暂存 Cy 内容
MOV　C, 2AH   ;(2AH)→Cy
MOV　2BH, C   ;(Cy)→2BH
MOV　C, F0    ;恢复 Cy 内容
```

这里的 F0 是程序状态字 PSW 的用户标志位（PSW.5）。

注意：

(1) 片内 RAM 20H～2FH 单元中的 128 位位地址为 00H～7FH。与字节操作写法相同，由指令区分。

(2) ACC（位地址 E0H～E7H）、B（位地址 F0H～F7H）和片内 RAM 中 128 位都可以作软件标志或存储位变量。

2. 位变量修改指令

1）位清 0 指令

汇编指令格式		指令编码	周期数	操作
CLR　C	;	1100 0011	1	0→C
CLR　bit	;	1100 0010	1	0→bit
	;	bit 位地址		

以上指令完成对指定位地址单元内容清 0 的操作。当直接位地址为 I/O 端口中某一位时，具有"读—改—写"功能。指令执行不影响其它标志位。

2) 位置 1 指令

汇编指令格式		指令编码	周期数	操作
SETB C	;	1101 0011	1	1→C
SETB bit	;	1101 0010	1	1→bit
	;	bit		

以上指令完成对指定位地址单元内容置 1 的操作。当直接位地址为 I/O 端口中某一位时，具有"读—改—写"功能。指令执行不影响其它标志位。

3) 位取反指令

汇编指令格式		指令编码	周期数	操作
CPL C	;	1011 0011	1	$(\overline{C})$→C
CPL bit	;	1011 0010	1	$(\overline{bit})$→bit
	;	bit		

以上指令完成对指定位地址单元内容取反的操作。当直接位地址为 I/O 端口中某一位时，具有"读—改—写"功能。指令执行不影响其它标志位。

3. 位逻辑运算指令

位运算都是逻辑运算，有"与"、"或"两种运算。进行"与"、"或"运算时以位累加器 Cy 为目的操作数，直接位地址的内容为源操作数，逻辑运算的结果仍送回 Cy。

汇编指令格式		指令编码	周期数	操作
ANL C, bit	;	1000 0010	2	(C)∧(bit)→C
	;	bit		
ANL C, $\overline{bit}$	;	1011 0000	2	(C)∧$(\overline{bit})$→C
	;	bit		
ORL C, bit	;	0111 0010	2	(C)∨(bit)→C
	;	bit		
ORL C, $\overline{bit}$	;	1010 0000	2	(C)∨$(\overline{bit})$→C
	;	bit		

以上指令中，"—"表示对该位取反后再进行运算，但不改变原来的数值。

4. 位条件转移类指令

这组指令的功能是对条件进行判别，只有在规定条件满足时，才允许程序转移到目标地址(目标地址是以下一条指令的起始地址为中心的－128～＋127 共 256 个字节范围)，如果条件不满足，仍然要按顺序执行下一条指令。根据所规定的条件不同可分为以下三种。

1) 判布尔累加器 C 转移指令

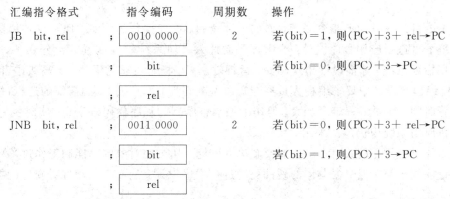

汇编指令格式		指令编码	周期数	操作
JC rel	;	0100 0000	2	若(C)=1，则(PC)+2+ rel→PC
	;	rel		若(C)=0，则(PC)+2→PC
JNC rel	;	0101 0000	2	若(C)=0，则(PC)+2+ rel→PC
	;	rel		若(C)=1，则(PC)+2→PC

上面两条指令分别对进位标志位 Cy 进行检测，根据 Cy 的值来确定程序是跳转还是顺序执行。跳转目标地址是 PC=(PC)+2+ rel(rel 是带符号的相对地址)。

注意：两条指令判别条件 0 和 1。

2) 判位变量转移指令

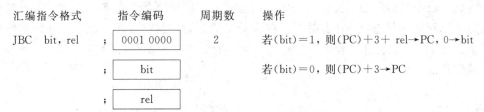

汇编指令格式		指令编码	周期数	操作
JB bit, rel	;	0010 0000	2	若(bit)=1，则(PC)+3+ rel→PC
	;	bit		若(bit)=0，则(PC)+3→PC
	;	rel		
JNB bit, rel	;	0011 0000	2	若(bit)=0，则(PC)+3+ rel→PC
	;	bit		若(bit)=1，则(PC)+3→PC
	;	rel		

上面两条指令分别对指定位(指令码第 2 字节指示的)内容进行检测，根据指定位地址的值来确定程序是跳转还是顺序执行。跳转目标地址是 PC=(PC)+3+ rel(rel 是带符号的相对地址)。

注意：这里 bit 代表位地址。

3) 判位变量并清 0 转移指令

汇编指令格式		指令编码	周期数	操作
JBC bit, rel	;	0001 0000	2	若(bit)=1，则(PC)+3+ rel→PC, 0→bit
	;	bit		若(bit)=0，则(PC)+3→PC
	;	rel		

这条指令对指定位(指令码第 2 字节指示的)内容进行检测，若指定位地址的值为 1，则程序跳到目标地址去执行，跳转目标地址是 PC=(PC)+3+ rel(rel 是带符号的相对地址)。并且对该位清 0。若指定位地址的值为 0，则程序顺序执行。这条指令若是对 I/O 口某一位进行操作，也具有"读—改—写"功能。

注意：无论位地址的值是 1 还是 0，检测后即清 0。

MCS-51 指令系统完善的位操作指令，充分反映了它是一台面向控制的功能很强的单片机。

指令系统是熟悉单片机功能、开发和应用单片机的基础。掌握指令系统必须与单片机的 CPU 结构、存储空间的分布、I/O 端口的分布、工作过程和 SFR 的功能等结合起来，真正理解汇编语言的操作含义，结合例题、习题和实际问题多做程序分析和程序设计，才能达到好的效果。

3.3　汇编语言程序设计

不论是利用单片机进行数值运算，还是进行实时控制或数据处理，首先总是要把所要解决的问题编成程序，然后计算机才能根据所编的程序进行操作，所以编制程序是应用单片机的重要条件。随着实际问题复杂性增加，程序量越来越大。由于汇编语言运行效率高，可以直接控制单片机的硬件结构，所以在开发单片机应用程序时，特别是在一些实时控制应用场合，基于汇编语言的程序设计是目前国内单片机开发人员常用、基本的手段。

汇编语言是一种面向指令系统、面向内部资源、面向操作过程、面向硬件环境的语言。采用汇编语言进行应用程序设计，要求程序设计人员对系统硬件和资源十分熟悉，掌握并灵活运用指令系统，才能设计出代码少、运行效率高、稳定可靠的程序。与高级语言设计相比，在汇编程序设计中要求编程人员参与资源调配管理，而且要考虑 CPU 的运行过程和指令的执行时间，使得编程难度加大。但用汇编语言编制的程序代码效率高，实时性好，所以在单片机应用系统中仍广泛采用。

在单片机应用系统设计时，根据要解决的问题，如被控对象的功能和工作过程要求等，首先设计硬件电路，再根据具体的硬件环境进行程序设计，从而实现软件对硬件的控制。

3.3.1　汇编语言程序

1. 汇编语言程序设计步骤

用汇编语言编写程序，一般可分为以下几个步骤。

1）建立数学模型

建立数学模型即根据要解决的实际问题，反复研究分析并抽象出数学模型。数学模型是对实际问题的理想化。它更关注要解决的主要问题，忽略次要问题。只有把要解决的问题抽象出来，计算机才能像人一样做出判断，采取相应的动作控制整个系统正确地工作并完成要求的任务。

2）确定算法

算法就是如何将一个实际问题转化成程序模块来处理。解决一个问题，往往有多种不同的方法，要从诸多算法中确定一种合适的方法是至关重要的。一个复杂的过程可以分解为若干个工作模块，但程序量、正确性和执行效率等都是要仔细考虑的。

3）制定程序流程图

程序流程图是使用各种图形、符号、有向线段等来说明程序设计的一种直观的表示。算法是程序设计的依据，程序流程图则是解决问题的思路和算法的步骤。特别是复杂的系统，一定要画程序流程图。这样，通过程序流程图，人们可以抓住程序的基本线索，对全局有完整的了解，而且通过分析容易找出设计思想中的错误和矛盾，也便于找出解决问题的途径。

4）确定数据结构

确定数据结构即根据硬件电路资源和程序要求，合理地选择和分配内存单元以及工作寄存器。

5）写出源程序

根据程序流程图，精心选择合适的指令和寻址方式来编制源程序。如果程序流程图比较详细，实际上这部分很容易实现。

6）上机调试程序

将编好的源程序进行汇编，并执行目标程序，检查和修改程序中的错误并进行分析，直至正确为止。

7）仿真

通过仿真系统将编好的源程序在实际系统运行，看是否满足设计要求。最后再通过编程器把程序写到系统中实际运行检验。

可以说，仿真系统的采用使程序的编写、查错、检验等非常方便。所以，采用仿真系统设计开发单片机应用系统是一个有力的手段。

如果所编的程序比较复杂，那么流程图编制就显得比较重要，因为复杂的程序可能有较多的循环与分支，因而有较多的环节及相应的出口与入口；每个分支和循环应该从什么地方出口，什么地方入口，每个出、入口分别连接到什么地方。没有流程图就很难理出头绪，就可能出现逻辑错误。当然，如果程序比较简单，思路不太复杂，不一定非画出流程图不可，但作为一种操作习惯，初学者最好能先从流程图入手。

2. 汇编语言语句格式和伪指令

汇编语言是面向机器的程序设计语言，对于不同 CPU 的计算机，其汇编语言一般是不同的，但是，它们之间所采用的语言规则有很多相似之处。

1）汇编语言格式

汇编语言源程序是由汇编语句（指令语句）构成的。汇编语句由四个部分构成，每一部分称为一个字段，汇编程序能够识别它们。MCS-51 的汇编语言标准格式如下：

［标号：］指令助记符 ［操作数］；［注释］

每个字段之间要用分隔符分离，而每个字段内部不能使用分隔符。可以作为分隔符的符号有空格、冒号、逗号、分号等。

例 3-37

LOOP：MOV A，#01H ；立即数 01H→A

这四个字段的含义为：

（1）标号：是用户设定的语句地址的标记符号，表示存放指令或数据的存储单元的地址，用于引导对该语句的访问。标号由以字母开始的 1~8 个字母或数字串组成，以冒号结尾。不能用指令助记符、伪指令或寄存器名来作标号。标号是任选的，并不是每条指令或数据存储单元都要有标号，只在需要时才设标号，转移指令所要访问的存储单元前面一般要设置标号。同一标号在一个独立的程序中只能定义一次，不能重复定义。

（2）指令助记符：是指令或伪指令的助记符，用来表示指令的性质。对于一条汇编语言指令，这个字段是必不可少的。

（3）操作数：给出的是参加运算（或其它操作）的数据或数据的地址。操作数可以表示为工作寄存器名、特殊功能寄存器名、标号名、常数、表达式等。这一字段可能有也可能没有。若有两个操作数，操作数应以逗号分开。

（4）注释：注释字段不是汇编语言的功能部分，仅用于对语句的说明，增加程序的可读性。良好的注释是汇编语言程序编写中的重要组成部分。注释用"；"表示，内容长度不限。换行时，开头部分还要标注"；"符号。

2）伪指令（Pseudo-Instruction）

在汇编语言源程序中，用 MCS-51 指令助记符编写的程序一般都可以一一对应地产生目标程序，但还有一些指令不是 CPU 能执行的指令，只是提供汇编控制信息，以便在汇编时执行一些特殊的操作，称为伪指令。伪指令不是真正的指令，没有对应的机器码，汇编时也不产生目标程序。标准的 MCS-51 汇编程序定义的伪指令有如下几种：

（1）设置起始地址命令 ORG（Origin）：

    ORG   *nn*

其中，ORG 是该伪指令的操作码助记符，操作数 *nn* 是 16 位二进制数，表示为后续源程序经汇编后的目标程序安排存放的起始地址值。

ORG 伪指令总是出现在每段源程序或数据块的开始，可以把程序、子程序或数据块存放在存储器的任何位置。若在源程序开始不放 ORG 指令，则汇编将从 0000H 单元开始编排目标程序。

例 3-38

    ORG 2000H
    MOV A,20H
    ⋮

上例表示后续目标程序（MOV A,20H …）从 2000H 单元开始存放。

注意：在一个源程序中，可以多次使用 ORG 指令，以规定不同程序段的起始地址，但所规定的地址应是从小到大，不允许有重叠。

（2）定义字节命令 DB（Define Byte）：

    ＜标号：＞DB＜项或项表＞

其中，项或项表是指一个字节、数、字符串或以单引号（''）括起来的 ASCII 码字符串（一个字符用 ASCII 码表示，就相当于一个字节）。

该指令的功能是把项或项表的数值存入从标号开始的连续单元中。表中的数据用"，"分开，换行时，应再以 DB 开头。

注意：作为操作数部分的项或项表，若为数值，其取值范围应为 00～FFH；若为字符串，其长度应限制在 80 个字符内。

（3）定义字命令 DW（Define Word）：

    ＜标号：＞DW＜项或项表＞

DW 的基本含义与 DB 相同，不同的是 DW 定义 16 位数据，高 8 位先存放，低 8 位后存放，与其它指令中 16 位数的存放方式相同。常用来建立地址表。

例 3 – 39

    2000：DW　1234H，08H

则

    (2000H)＝12H

    (2001H)＝34H

    (2002H)＝00H

    (2003H)＝08H

（4）定义存储区命令 DS(Define Storage)：

    ＜标号：＞DS＜表达式＞

该指令的功能是由标号指定单元开始，定义一个存储区，以备源程序使用，汇编时，对这些单元不赋值。存储区内预留的存储单元数由表达式的值决定。

例 3 – 40

    ORG 3000H

    SEG：DS　08H

        DB　30H，40H

上例表示从 3000H 单元开始，连续预留 8 个存储单元不赋值，然后从 3008H 单元开始按 DB 命令给内存单元赋值，即 (3008H)＝30H，(3009H)＝40H。

注意：以上 DB、DW 和 DS 伪指令都只对程序存储器起作用，不能对数据存储器进行初始化。

（5）赋值命令 EQU(Equate)：

    ＜字符名称＞ EQU ＜数或汇编符号＞

该命令的功能是将操作数段中的地址或数据赋予标号字段的字符名称，故又称为等值指令。用 EQU 赋过值的符号名可以用作数据地址、代码地址、位地址或是一个立即数，可以是 8 位的，也可以是 16 位的。

注意：

（1）这里的字符名称不等于标号（其后没有冒号）。

（2）使用 EQU 指令时，标号或字符串名一旦用 EQU 指令赋值，就不能在同一源程序的其它位置再对其赋另外的值。

例 3 – 41

    SG　EQU R0　　　；SG 与 R0 等值

    DE　EQU 40H　　；DE 与 40H 等值

    MOV　A，SG　　　；(R0)→(A)

    MOV　R7，DE　　；40H→(R7)

（6）数据地址赋值命令 DATA：

    ＜字符名称＞DATA ＜数或表达式＞

DATA 命令的功能和 EQU 类似，但有以下差别：

① 用 DATA 定义的标识符汇编时作为标号登记在符号表中，所以，可以先使用后定义，而 EQU 定义的标识符必须先定义后使用。

② 用 EQU 可以把一个汇编符号赋给字符名，而 DATA 只能把数据赋给字符名。

③ DATA 可以把一个表达式赋给字符名，只要表达式是可求值的。

DATA 常在程序中用来定义数据地址。

注意：DATA 指令定义的字符名，不能在同一个源程序中多次定义不同的值。

例 3 - 42

    MAIN DATA 2000H

汇编后 MAIN 的值为 2000H。

(7) 位地址符号命令 BIT：

    <字符名>BIT<位地址>

该命令的功能是把位地址赋予字符名称。

例 3 - 43

    MN BIT P1.7

    G5 BIT 02H

汇编后，位地址 P1.7、02H 分别赋给变量 MN 和 G5。

(8) 源程序结束命令 END：

    END

END 命令通知汇编程序结束汇编。在 END 之后，所有的汇编语言指令均不予以处理。

注意：一个源程序必须而且只能有一个 END 指令，放在程序的末尾。

3. 汇编语言源程序编写与调试

现在，单片机的程序设计通常是在微机上完成的，即在微型计算机上使用编辑软件编写源程序，使用交叉汇编程序对源程序进行汇编，然后将得到的目标程序进行调试和运行。

1) 汇编语言源程序的编辑

应用程序设计是在微型计算机上首先完成对源程序的编写，采用一般的文本编辑器即可以。文件包括汇编指令、伪指令和注释，完成后以扩展名为 .ASM 存为文本文件。

例 3 - 44 在文本区编写源程序：

    ORG   0030

    MOVX @DPTR，A

    MOV A，♯41H

    END

存储文件名为 TEST.ASM。

2) 汇编语言源程序的汇编

直接用 MCS-51 型单片机指令编写的程序称为汇编语言源程序。汇编语言源程序不能在计算机上直接执行，必须经过"翻译"，将其变换为机器语言，即目标程序，才能被执行。汇编是指将汇编语言源程序翻译成机器能识别和执行的目标程序的过程。通常，汇编语言源程序可以输入计算机后用汇编程序编译成机器码，在条件不具备时，也可由人工查找指令表并翻译成机器码程序。无论哪种汇编，都离不开提供汇编信息的伪指令。

(1) 手工汇编。手工汇编是根据汇编语言源程序的每条指令，分别去查指令代码表，将其"翻译"成对应的机器码的过程，有时也称为程序的人工"代真"。

(2) 机器汇编。对于一些较长的程序，如果仍然采用手工汇编的方式，则显得十分麻烦、低效。这时，通常采用计算机来完成汇编工作。机器汇编是指在计算机上通过汇编程序将汇编语言源程序汇编成目标程序的过程。编程人员将汇编程序输入计算机后，由汇编程序译成机器码。汇编后对机器码进行运行调试，程序员对程序进行修改十分容易，可以根本就不知道机器码是什么，就能将源程序调试好。

由于 MCS-51 型单片机无法实现自身汇编，因此通常是在 PC 机上完成汇编过程的。我们把这种借助于一种计算机而为另一种计算机产生目标代码的汇编方式称为交叉汇编。显然，采用交叉汇编的方式也需要指示汇编程序如何完成上述工作。而这一切都不是由 MCS-51 型单片机的可执行指令实现的，而是由伪指令完成的。其工作流程如图 3-9 所示。

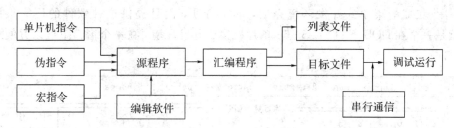

图 3-9　汇编处理流程

机器汇编先将汇编语言源程序输入计算机，再利用汇编程序将其翻译成二进制代码的目标文件(.OBJ)和列表文件(.LST)。用机器汇编，方便快捷，并能在汇编过程中发现语法错误，但要求源程序一定按规定书写，如：标号的命名、标点符号的要求、伪指令的格式等，如果不按规定书写，将会造成不必要的错误，从而影响目标文件的生成。

其实，交叉汇编的原理和人工汇编类似，为了实现源程序的汇编，在汇编程序中通常存入了两张表。一张是 MCS-51 型单片机的指令代码表，另一张是伪指令表。汇编程序通过两次扫描生成目标程序。第一次扫描查找源程序中每条指令对应的机器代码，第二次扫描完成对地址偏移量的计算，并最终生成目标文件和列表文件。

汇编时若发现语法错误，则显示错误个数以及最后一个错误所在行的行号。比如，下面的信息就表示在源程序的第 7 行发现了一个错误。

　　ASSEMBLY　COMPLETE，1　ERROR FOUND(7)

汇编程序只能发现语法错误，对于程序中存在的逻辑错误是无法检查的。因此上机仿真调试是绝对必要的，尤其是中大型程序更是如此。

实际上，目前大多数的汇编程序，是集汇编语言源程序的编辑、汇编、与单片机仿真器的通信、程序调试于一体的软件包，如 Keil，可对 C 语言、汇编语言等源程序处理，用户界面友好，使用方便。这方面软件的应用过程包括：

（1）利用软件包提供的编辑器或其它编辑器，输入汇编语言源程序，以 .ASM 文件存盘。

（2）编译生成列表文件(.LST)，若有语法错误将不能生成列表文件。

（3）进一步编译生成目标文件(.OBJ)，若没有列表文件将不能生成目标文件。

（4）利用软件包的通信功能，将目标文件加载到单片机应用系统。

（5）利用软件包的程序调试功能，进行程序调试运行。

有的软件包将(2)、(3)两步合在一起，汇编自动生成. LST 文件和 . OBJ 文件及出错信息文件。

3.3.2 汇编语言编辑调试

1. DOS 系统下的编辑调试环境

现在程序的编写和调试等都在计算机上完成。一般来说，汇编程序从编写到最后形成单片机能够执行的目标程序，除通用的文本编辑器外，主要有 A51(输出 OBJ 和 LIST 文件)、L51(连接程序)、OH51(输出十六进制文件)等程序。早期是在 DOS 环境下分别执行这些程序来完成从汇编源程序到写入 ROM 目标代码的任务。现在即使在 DOS 下使用也可以通过一个集成的菜单式开发环境完成，非常方便，而且提供这种软件的厂家很多。图3-10就是一个在 DOS 下的 MCS-51 单片机集成开发环境，在一个窗口下可以方便地完成全部任务。

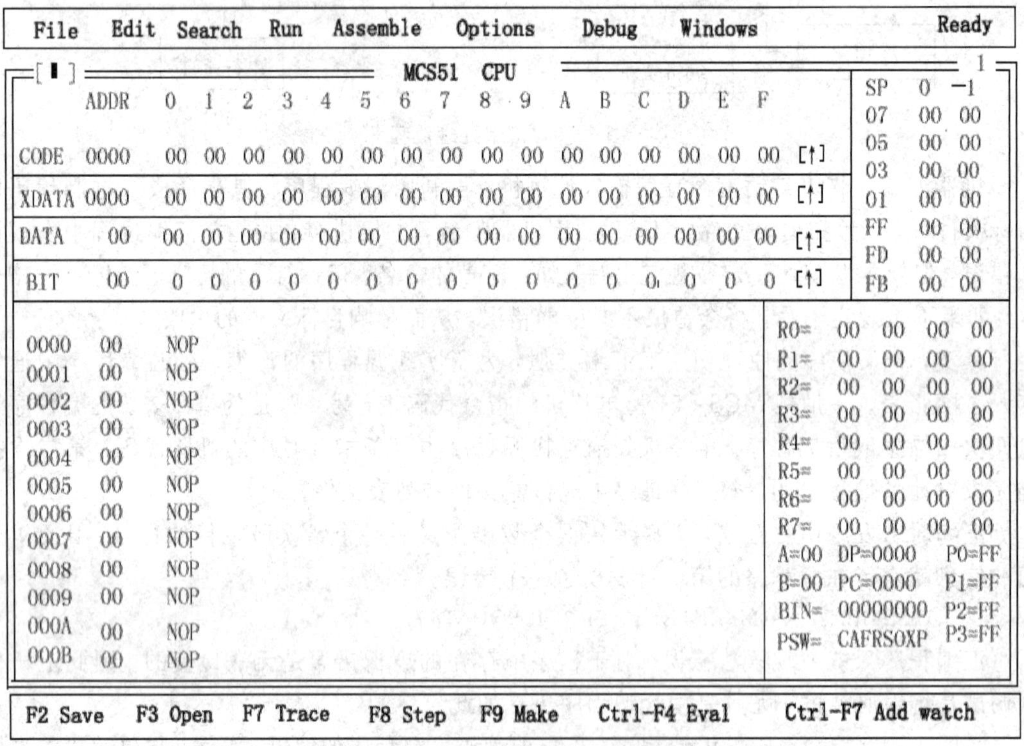

图 3-10 MCS-51 系列的集成编辑环境

2. Windows 系统下的编辑调试环境

现在计算机操作系统大部分采用 Windows。虽然 DOS 有代码少，对硬件要求低和运行效率高等特点，但由于现在 PC 机已很少用 DOS，相应的单片机的编译仿真也要转移，现在也主要在 Windows 下进行。国内、国外提供这方面软件的厂商很多，如国外的 Keil 等。他们充分利用了 Windows 操作系统的特点，把整个项目从程序编写、编辑、调试、仿真、代码转换等集成在一个环境下，甚至在网络环境下由多人同时设计完成同一项目，更加方便了用户的应用，如图 3-11 所示。

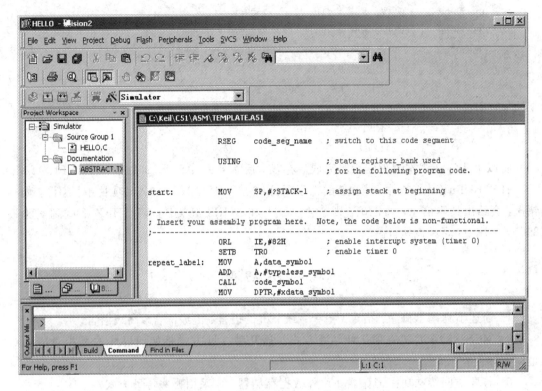

图 3-11 Windows 下 MCS-51 集成开发环境

可以看到，Windows 下功能更丰富，使用更方便。

3. 应用实例

采用汇编语言设计 8051 单片机应用系统，通过 P2.0 管脚(低电平有效)和 P0 口控制 8 个 LED 发光二极管以 1 Hz 的频率闪烁发光(亮 0.5 s，灭 0.5 s)，晶振频率为 12 MHz。(可参考附录图 D-7。)

例 3-45

```
            ORG      0000H
            AJMP     0100H              ;起始执行，跳转


            ORG      0100H
LIGHT: SETB  P2.0                       ;灭 0.5s
            MOV    P0,#0FFH
            CALL   time500ms
            CLR   P2.0                   ;亮 0.5s
            MOV    P0,#00H
            CALL   time500ms
            AJMP   LIGHT

;* * * * * * * * * * * * * * * * * * * * * * * * * * * * * *
;延时 500 ms  子程序
;* * * * * * * * * * * * * * * * * * * * * * * * * * * * * *
```

```
time500ms:      MOV   R5,#04H           ;500ms
time500ms_1:    MOV   R6,#0F9H          ;125ms
time500ms_2:    MOV   R7,#0F9H          ;500us(249 * 2+2)
                DJNZ  R7,$
                DJNZ  R6,time500ms_2
                DJNZ  R5,time500ms_1
                RET
                END
```

将以上程序在文本编辑器编辑完成后存盘,后缀名为.ASM,如命名为 TEST1.ASM。

打开 Keil uVision 软件,建立新的工程项目,把 TEST1.ASM 加入到项目中。编译,如有错误,会给出具体信息;如正确,则产生.LST 和 .HEX 等文件。将 .HEX 下载到实验板 89C51 芯片中,可控制执行。

思考练习题

1. 简述下列基本概念:指令、指令系统、机器语言、汇编语言、高级语言。

2. MCS-51 单片机有哪几种寻址方式? 这几种寻址方式是如何寻址的及相对应的寻址空间如何?

3. 若要访问特殊功能寄存器和片外数据存储器,应采用哪些寻址方式?

4. 在 80C51 片内 RAM 中,已知(30H)=38H,(38H)=40H,(40H)=48H,(48H)=90H,试分析下段程序中各条指令的作用,说出按顺序执行完指令后的结果:

```
MOV   A.40H
MOV   R1,A
MOV   P1,#0FOH
M0V   @R1,30H
MOV   DPTR,#1234H
MOV   40H,38H
MOV   R1,30H
MOV   90H,R1
MOV   48H,#30H
MOV   A,@R1
MOV   P2,P1
```

5. 试编程将片外 RAM 中 30H 和 31H 单元中内容相乘,结果存放在 32H 和 33H 单元中,高位存放在 32H 单元中。

6. 对 80C51 内部 RAM 128～256 字节的地址空间寻址要注意什么?

7. DA A 指令有什么作用? 怎样使用?

8. 试编程将片外数据存储器 80H 单元的内容送到片内 RAM 的 2BH 单元。

9. 试编程将片外 RAM 40H 单元的内容与 R0 的内容交换。

10. 试编程将片内 RAM 20H 单元中的两个 BCD 数拆开,并变成相应的 ASCII 码存入片内 RAM 21H 和 22H 单元。

11. 设在寄存器 R3 的低 4 位中存有数码 0～F 中的一个数，试将其转换成 ASCII 码，并存入片外 RAM 的 2000H 单元。

12. 试分析以下两段程序中各条指令的作用，程序执行完后转向何处？

（1）

```
    MOV   P1，＃0CAH
    MOV   A，＃56H
    JB    P1.2，L1
    JNB   ACC.3，L2
L1：…
L2：…
```

（2）

```
    MOV   A，＃43H
    JBC   ACC.2，L2
    JBC   ACC.6，L2
L1：…
L2：…
```

13. 试说明下段程序中每条指令的作用，当指令执行完后，R0 中的内容是什么？

```
    MOV   R0，＃0AFH
    XCH   A，R0
    SWAP  A
    XCH   A，R0
```

14. 设置 SP＝60H，将 20H～23H 单元的内容依序压入堆栈。

15. 指出下列指令是否有错，错在什么地方，并改正之。

```
    ADD   20H，＃10H
    INC   @R3
    DEC   DPTR
    ADDC  ＃30H，A
```

16. 检查 P1.0 是否为 1，若为 1 则将 P1.3 置 1，若为 0 则将 P1.3 置 0。

17. 将字节地址 30H～3FH 单元的内容逐一取出，如果取出的内容不为 0，则减 1，再放回原处，如果取出的内容为 0，则不要减 1，仍将 0 放回原处。

18. 分析下列程序执行后，(SP)的值。

```
    MOV   SP，＃2FH
    MOV   DPTR，＃2000H
    MOV   R7，＃50H
NEXT：MOVX  A，@DPTR
    PUSH  A
    DJNZ  R7，NEXT
```

19. 试编写程序，查找在 30～50H 单元中是否有 66H 这个数据，若有则将 F0 置 1，否则将 F0 清 0。

20. 如何计算相对转移的偏移量？

21. 用布尔指令求解下列逻辑方程：

$$PSW.5 = P1.3 \wedge ACC.2 \vee B.5 \wedge P1.1$$

22. 若晶振频率为 6 MHz，则下面一段延时子程序可延时多长时间？

```
DELAY: MOV   R7, #248
       NOP
       DJNZ  R7, $
       RET
```

第四章　C51 程序设计

由硬件和软件组成的计算机系统要按人的要求完成工作任务，根据任务要求设计一个工作可靠的系统，要做两方面工作：一方面是硬件；一方面是软件。硬件完成后一般改动不方便，而软件却可以根据任务要求很容易地修改，而且完成同一任务不同的人采用的算法和编写的程序也不同。所以在计算机应用系统中，编写程序占有很重要的位置。也可以说，一个计算机应用系统的好坏与程序的质量密切相关。在单片机应用系统开发中，应用程序设计是整个系统设计的重要工作。特别是在现代单片机应用中，系统集成度越来越高，越来越多的功能由软件来实现。所以，程序设计既主要影响单片机应用系统的开发周期，又关乎系统的功能实现和运行的可靠性等。可以说，软件设计是单片机系统设计的主要任务。早期单片机应用系统都比较简单，直接操控系统的硬件资源，大都采用汇编语言进行程序设计。但是，采用汇编语言进行复杂的程序设计比较困难，而且可读性差，给程序设计人员修改功能等带来了很大的难度。采用高级语言编程可以不必考虑具体单片机的硬件特性和接口结构，这使得复杂的程序设计变得更容易。通过编译器优化，高级语言编写的程序运行效率已经可以和汇编语言相媲美，现代单片机开发应用采用高级语言编程已经成为大势所趋。C 语言作为一种高级语言，在单片机程序设计中获得了广泛应用。

4.1　程　序　设　计

所谓程序设计，也就是人们用计算机所能够接受的语言，将需要解决的问题的步骤描述出来。程序设计时要考虑两个方面：其一是采用哪一种语言进行程序设计；其二是解决问题的方法和步骤。

对于同一个问题，可以选择高级语言（如 C、C++、BASIC 等）来进行设计，同样也可选择汇编语言和机器语言来进行程序设计。对于同一个问题，往往有多种不同的解决方法。这种为解决问题而采用的方法和步骤称为"算法"。

程序设计是编程人员按要完成的任务要求确定解决问题的算法并编制具体的程序实现。设计人员不同，所采用的方法和实现的程序也不一样，但掌握程序设计的基本方法和要求对快速、高效地完成程序设计任务是非常有好处的。

1. 程序设计语言

用于编制计算机程序的语言称为程序设计语言，它可以分为三种：机器语言、汇编语言、高级语言。

1）机器语言

机器语言是用二进制代码 0 和 1 表示指令和数据的最原始的程序设计语言。机器语言直接取决于计算机的结构，计算机能直接识别和执行机器语言，响应速度最快，但人们一般不用机器语言编写程序，原因在于机器语言程序难认、难记、易错、可读性差。

2) 汇编语言

汇编语言是一种面向机器的符号语言，指令用助记符表示，其特点如下：

（1）汇编语言指令与机器语言指令一一对应，比机器语言容易理解记忆，但它必须通过人工或汇编程序翻译成机器语言，才能被机器执行；

（2）指令直接访问 CPU 的寄存器、存储单元和 I/O 端口，响应速度快，程序的存储空间利用率高；

（3）汇编语言是面向机器的语言，因此使用者必须对机器的硬件结构和指令系统比较熟悉，掌握起来不太容易。

3) 高级语言

高级语言是以接近人的常用语言形式编写程序的语言总称，它是一种独立于机器的通用语言。用高级语言编写程序与人们通常的解题步骤接近，而且不依赖于计算机的结构，程序的可读性、通用性都比汇编语言程序好。用高级语言编写程序，必须经编译程序或解释程序进行翻译生成目标程序，计算机才能执行。

综上所述，三种语言各有特点，采用何种语言取决于机器的使用场合和条件。在早期单片机应用中，功能比较简单单一，一般使用汇编语言编写程序居多。目前一些软件公司基于汇编语言的不足而相继推出专用于某种单片机的高级语言，如 C51，其语法规定、程序结构及程序设计方法都与标准的 C 语言程序设计相同。但在编写单片机的应用程序时，对数据类型与变量的定义，必须与相应的存储结构相关联，否则编译器不能正确地映射定位，所以，扩展为 C51。当前单片机功能日趋复杂，采用 C 语言进行程序设计已经是一种趋势。

2. 程序设计要求

在单片机应用系统中，有些功能可以用硬件实现，也可以用软件解决。同样，解决某一问题、实现某一功能的程序也不是唯一的。程序有简有繁，占用的内存单元有多有少，执行的时间有长有短，因而编制的程序也不同，如何来评价程序的质量呢？通常要考虑以下几个方面：

（1）程序的执行时间；

（2）程序所占用的内存字节数；

（3）程序的逻辑性、可读性；

（4）程序的兼容性、可扩展性；

（5）程序的可靠性。

一般来说，一个程序的执行时间越短，占用的内存单元越少，其质量也就越高。这就是程序设计中的"时间"和"空间"的概念。程序设计的逻辑性强弱、层次分明程度、数据结构合理性、便于阅读性也是衡量程序优劣的重要标准；同时还要保证程序在任何实际的工作条件下，都能正常运行，也就是要有很强的抗干扰能力。另外，在较复杂的程序设计中，必须充分考虑程序的可读性和可靠性。而且，程序的可扩展性、兼容性以及容错性等也都是衡量与评价程序优劣的重要标准。

随着要解决问题的复杂性加大，现代很多单片机系统已不只是完成简单的功能，而是功能强大的复杂系统，这就可能要求多人协同工作共同编制程序。为提高工作效率和可靠性，要求程序具有模块化和测试功能，可以使多人的工作有机地结合为一个整体，这已不是一个简单地写程序的问题。而且，检测程序和自测试程序在程序中的比重逐渐增大，可以占到 30%，甚至更多。

对于同样一个问题，不同的人可以采用不同的方法来解决，但程序的质量是有区别的。有经验的编程人员和初学者在编程速度、编程质量等方面都有区别。初学者只要多分析，多练习，掌握合适的方法也能很快提高自己的编程水平。

3. 采用 C 语言的优点

在现代单片机应用系统设计中，一般使用 C 语言编写程序，而且经过 Keil/Franklin、Archmeades、IAR、BSO/Tasking 等公司艰苦不懈的努力，终于于 20 世纪 90 年代开始趋于成熟，成为专业化的 MCU 高级语言。过去长期困扰人们的"高级语言产生代码太长，运行速度太慢，因此不适合单片机使用"的致命缺点已被大幅度地克服。目前，8051 上的 C 语言的代码长度，已经做到了汇编水平的 1.2～1.5 倍。当程序量比较大时，如 2K 字节以上，C 语言的优势更能得到发挥。至于执行速度的问题，只要有好的仿真器的帮助，找出关键代码，进一步用人工优化，就可很简单地达到十分美满的程度。在开发速度、软件质量、结构严谨、程序坚固等方面，C 语言的完美绝非汇编语言编程所能比拟。

8051 单片机 C 语言(C51)的优点：

（1）不懂得单片机的指令集，也能够编写完美的单片机程序；

（2）无须懂得单片机的具体硬件，也能够编出符合硬件实际的专业水平的程序；

（3）不同函数的数据实行覆盖，有效利用片上有限的 RAM 空间；

（4）程序具有坚固性，数据被破坏是导致程序运行异常的重要因素，C 语言对数据进行了许多专业性的处理，避免了运行中的破坏；

（5）C 语言提供复杂的数据类型(数组、结构、联合、枚举、指针等)，极大地增强了程序处理能力和灵活性；

（6）提供 auto、static、const 等存储类型和专门针对 8051 单片机的 data、idata、pdata、xdata、code 等存储类型，自动为变量合理地分配地址；

（7）提供 small、compact、large 等编译模式，以适应片上存储器的大小；

（8）中断服务程序的现场保护和恢复，中断向量表的填写等都由 C 编译器代办完成；

（9）提供常用的标准函数库，以供用户直接使用；

（10）头文件中定义宏、说明复杂数据类型和函数原型，有利于程序的移植和支持单片机的系列化产品的开发；

（11）有严格的句法检查，错误可容易地在高级语言的水平上迅速地被排掉；

（12）可方便地接受多种实用程序的服务，如片上资源的初始化有专门的实用程序自动生成，有实时多任务操作系统可调度多道任务，简化用户编程，提高运行的安全性等。

4.2　C51 语言程序设计

基于 C51 的单片机程序设计已经是当前程序设计的主要手段。一般工科大学生都具有 C 语言编程的基础，而用 C 语言设计单片机应用程序可以不必过多地考虑单片机内部硬件电路结构和具体的内部资源的直接控制，也为学生快速掌握单片机程序设计提供了一个有效的途径。C51 是对标准 ANSI C 的扩展，大多数扩展功能都是直接针对 8051 系列 CPU 硬件的，也是学习 C51 的关键之一，主要包括以下部分：

- 8051 存储类型及存储区域；
- 存储模式；
- 存储器类型声明；
- 变量类型声明；
- 位变量与位寻址；
- 特殊功能寄存器(SFR)；
- C51 指针；
- 函数属性。

4.2.1 C51 的扩展

1. C51 标识符和关键字

C 语言的标识符用来标识源程序中某个对象的名字，这些对象可以是语句、数据类型、函数、变量、数组等。C 语言是大小写敏感的一种高级语言，如果要定义一个定时器 1，可以写作"Timer1"，如果程序中有"TIMER1"，那么这两个是定义完全不同的标识符。标识符由字符串、数字和下划线等组成，注意的是第一个字符必须是字母或下划线，如"1Timer"是错误的，编译时便会有错误提示。有些编译系统专用的标识符是以下划线开头的，所以一般不要以下划线开头命名标识符。标识符应当简单，含义清晰，这样有助于阅读理解程序。在 C51 编译器中，只支持标识符的前 32 位为有效标识，一般情况下也足够用了。

关键字是编程语言保留的特殊标识符，它们具有固定名称和含义，在程序编写中不允许标识符与关键字相同。在 Keil 中的关键字除了有 ANSI C 标准的 32 个关键字外，还根据 51 单片机的特点扩展了相关的关键字。Keil C51 V4.0 版本有以下扩展关键字(共 19 个)：

_at_	idata	sfr16	alien	interrupt	small
bdata	large	_task_	Code	bit	pdata
using	reentrant	xdata	compact	sbit	data	sfr

其实在 Keil uVision2 的文本编辑器中编写 C 程序，系统可以把保留字以不同颜色显示，缺省颜色为天蓝色。

2. 51 单片机 C 语言数据类型

单片机的程序设计离不开对数据的处理。数据在单片机内存中的存放情况由数据结构决定。C 语言的数据结构是以数据类型出现的。数据类型可分为基本数据类型和复杂数据类型。复杂数据类型由基本数据类型构造而成。Keil C51 编译器所支持的数据类型对 ANSI C 进行了扩展。

表 4-1 中列出了 Keil uVision2 C51 编译器所支持的数据类型。在标准 C 语言中基本的数据类型为 char、int、short、long、float 和 double，而在 C51 编译器中，int 和 short 相同，float 和 double 相同。

表 4 - 1　Keil uVision2 C51 编译器所支持的数据类型

数据类型	长度	值域
unsigned char	单字节	0~255
signed char	单字节	−128~+127
unsigned int	双字节	0~65 535
signed int	双字节	−32 768~+32 767
unsigned long	四字节	0~4 294 967 295
signed long	四字节	−2 147 483 648~+2 147 483 647
float	四字节	±1.175494E−38~±3.402823E+38
*	1~3 字节	对象的地址
bit	位	0 或 1
sfr	单字节	0~255
sfr16	双字节	0~65535
sbit	位	0 或 1

1）char 字符类型

char 类型的长度是一个字节，通常用于定义处理字符数据的变量或常量，分无符号字符类型 unsigned char 和有符号字符类型 signed char，默认值为 signed char 类型。unsigned char 类型用字节中所有的位来表示数值，可以表达的数值范围是 0~255。signed char 类型用字节中最高位字节表示数据的符号，"0"表示正数，"1"表示负数，负数用补码表示。所能表示的数值范围是 −128~+127。unsigned char 常用于处理 ASCII 字符或用于处理小于或等于 255 的整型数。

正数的补码与原码相同，负数的补码等于它的绝对值按位取反后加 1。

2）int 整型

int 整型长度为两个字节，用于存放一个双字节数据，分有符号整型数 signed int 和无符号整型数 unsigned int，默认值为 signed int 类型。signed int 表示的数值范围是 −32768~+32767，字节中最高位表示数据的符号，"0"表示正数，"1"表示负数。unsigned int 表示的数值范围是 0~65 535。

当定义一个变量为特定的数据类型时，程序使用该变量时不应使它的值超过数据类型的值域。如变量 b 为 unsigned char，不能赋超出 0~255 的值。如 for（b=0；b<255；b++）改为 for（b=0；b<256；b++），编译是可以通过的，但运行时就会出现问题，就是说 b 的值永远都是小于 256 的，所以无法跳出循环执行下一语句，从而造成死循环。同理如 a 为 unsigned int，其值不应超出 0~65535。可以烧片看看实验的运行结果，同样的软件仿真也可以看到结果。

3) long 长整型

long 长整型长度为四个字节，用于存放一个四字节数据。分有符号长整型 signed long 和无符号长整型 unsigned long，默认值为 signed long 类型。signed long 表示的数值范围是 $-2\ 147\ 483\ 648 \sim +2\ 147\ 483\ 647$，字节中最高位表示数据的符号，"0"表示正数，"1"表示负数。unsigned long 表示的数值范围是 $0 \sim 4\ 294\ 967\ 295$。

4) float 浮点型

float 浮点型在十进制中具有 7 位有效数字，是符合 IEEE-754 标准的单精度浮点型数据，占用四个字节。

5) 指针型

指针型本身就是一个变量，在这个变量中存放的是指向另一个数据的地址。这个指针变量要占据一定的内存单元，对不同的处理器长度也不尽相同，在 C51 中它的长度一般为 $1 \sim 3$ 个字节。指针变量也具有类型。

6) bit 位标量

bit 位标量是 C51 编译器的一种扩充数据类型，利用它可定义一个位标量，但不能定义位指针，也不能定义位数组。它的值是一个二进制位，不是 0 就是 1，类似一些高级语言中的 Boolean 类型中的 True 和 False。

7) sfr 特殊功能寄存器

sfr 也是一种扩充数据类型，占用一个内存单元，值域为 $0 \sim 255$。利用它可以访问 51 单片机内部的所有特殊功能寄存器。如用 sfr P1=0x90 这一语句定义 P1 为 P1 端口在片内的寄存器，在后面的语句中可以用 P1=255(对 P1 端口的所有引脚置高电平)之类的语句来操作特殊功能寄存器。

8) sfr16 16 位特殊功能寄存器

sfr16 占用两个内存单元，值域为 $0 \sim 65\ 535$。sfr16 和 sfr 一样用于操作特殊功能寄存器，所不同的是它用于操作占两个字节的寄存器。

9) sbit 可寻址位

sbit 位是 C51 中的一种扩充数据类型，利用它可以访问芯片内部 RAM 中的可寻址位或特殊功能寄存器中的可寻址位。如先前我们定义了：

```
sfr P1=0x90;        //因 P1 端口的寄存器是可位寻址的，所以可以定义
sbit P1_1=P1^1;     //P1_1 为 P1 中的 P1.1 引脚
                    //同样我们可以用 P1.1 的地址定义，如 sbit P1_1=0x91;
```

这样在以后的程序语句中就可以用 P1_1 来对 P1.1 引脚进行读写操作了。通常这些可以直接使用系统提供的预处理文件，里面已定义好各特殊功能寄存器的简单名字，直接引用可以省去一点时间。当然也可以自己写自己的定义文件，用自己认为好记的名字。

简单 sfr、sfr16、sbit 定义变量的方法如下：

sfr 和 sfr16 可以直接对 51 单片机的特殊功能寄存器进行定义，定义方法如下：

sfr 特殊功能寄存器名=特殊功能寄存器地址常数；

sfr16 特殊功能寄存器名=特殊功能寄存器地址常数；

例如，可以这样定义 AT89C51 的 P1 口：

  sfr P1＝0x90； //定义 P1 I/O 口，其地址为 90H

sfr 关键字后面是一个要定义的特殊功能寄存器名，可任意选取，但要符合标识符的命名规则，名字最好有一定的含义，如 P1 口可以用 P1 为名，这样程序会易读易懂。等号后面必须是常数，不允许有带运算符的表达式，而且该常数必须在特殊功能寄存器的地址范围之内(80H～FFH)，具体可查看相关表。sfr 是定义 8 位的特殊功能寄存器，而 sfr16 则是用来定义 16 位特殊功能寄存器，如 8052 的 T2 定时器，可以定义为

  sfr16 T2＝0xCC； //这里定义 8052 定时器 2，地址为 T2L＝CCH，T2H＝CDH

用 sfr16 定义 16 位特殊功能寄存器时，等号后面是它的低位地址。注意不能用于定时器 0 和 1 的定义。

sbit 定义可位寻址对象。如访问特殊功能寄存器中的某位。这种应用是经常使用的。如要访问 P1 口中的第 2 个引脚 P1.1，可以按照以下的几种方法定义：

(1) sbit 位变量名＝位地址。

  sbit P1_1 ＝ Ox91；

这里是把位的绝对地址赋给位变量。同 sfr 一样，sbit 的位地址必须位于 80H～FFH 之间。

(2) sbit 位变量名＝特殊功能寄存器名˄位位置。

  sft P1 ＝ 0x90；

  sbit P1_1 ＝ P1˄1；

先定义一个特殊功能寄存器名，再指定位变量名所在的位置，当可寻址位位于特殊功能寄存器中时可采用这种方法。

(3) sbit 位变量名＝字节地址˄位位置。

  sbit P1_1 ＝ 0x90˄1；

这种方法其实和(2)是一样的，只是把特殊功能寄存器的位地址直接用常数表示。

3. 常量

常量是在程序运行过程中不能改变值的量，而变量是可以在程序运行过程中不断变化的量。变量的定义可以使用所有 C51 编译器支持的数据类型，而常量的数据类型只有整型、浮点型、字符型、字符串型和位标量。

常量数据类型说明：

(1) 整型常量可以表示为十进制，如 123、0、－89 等。十六进制则以 0x 开头，如 0x34、－0x3B 等。长整型就在数字后面加字母 L，如 104L、034L、0xF340(4 个字节，按长整型算)等。

(2) 浮点型常量可分为十进制和指数表示形式。十进制由数字和小数点组成，如 0.888、3345.345、0.0 等，整数或小数部分为 0，可以省略但必须有小数点。指数表示形式为[±]数字[. 数字]e[±]数字，[]中的内容为可选项，其中内容根据具体情况可有可无，但其余部分必须有，如 125e3、7e9、－3.0e－3。

(3) 字符型常量是单引号内的字符，如′a′、′d′等，不可以显示的控制字符，可以在该字符前面加一个反斜杠"\"组成专用转义字符。常用转义字符表请看表 4－2。

(4) 字符串型常量由双引号内的字符组成，如"test"、"OK"等。当引号内没有字符时，

为空字符串。在使用特殊字符时同样要使用转义字符，如双引号。在 C 中字符串常量是作为字符类型数组来处理的，在存储字符串时系统会在字符串尾部加上\o 转义字符作为该字符串的结束符。字符串常量"A"和字符常量'A'是不同的，前者在存储时多占用一个字节.

（5）位标量的值是一个二进制数。

表 4 - 2　常用转义字符表

转义字符	含义	ASCII 码（十六/十进制）
\o	空字符（NULL）	00H/0
\n	换行符（LF）	0AH/10
\r	回车符（CR）	0DH/13
\t	水平制表符（HT）	09H/9
\b	退格符（BS）	08H/8
\f	换页符（FF）	0CH/12
\'	单引号	27H/39
\"	双引号	22H/34
\\	反斜杠	5CH/92

常量可用在不必改变值的场合，如固定的数据表、字库等。常量的定义方式有下面几种：

＃define False 0x0；　//用预定义语句可以定义常量

＃define True 0x1；　//这里定义 False 为 0，True 为 1

　　　　　　　　　　//在程序中用到 False 编译时自动用 0 替换，同理 True 替换为 1

unsigned int code a＝100；　　//这一句用 code 把 a 定义在程序存储器中并赋值

const unsigned int c＝100；　　//用 const 定义 c 为无符号 int 常量并赋值

后两句它们的值都保存在程序存储器中，而程序存储器在运行中是不允许被修改的，所以如果在这两句后面用了类似 a＝110，a＋＋这样的赋值语句，编译时将会出错。

4. 变量及存储类型

变量是一种在程序执行过程中其值能不断变化的量。要在程序中使用变量必须先用标识符作为变量名，并指出所用的数据类型和存储模式，这样编译系统才能为变量分配相应的存储空间。定义一个变量的格式如下：

　　　　［存储种类］　数据类型　［存储器类型］　变量名表

在定义格式中除了数据类型和变量名表是必要的，其它都是可选项。存储种类有四种：自动（auto）、外部（extern）、静态（static）和寄存器（register），缺省类型为自动（auto）。

说明了一个变量的数据类型后，还可选择说明该变量的存储器类型。存储器类型的说明就是指定该变量在 C51 硬件系统中所使用的存储区域，并在编译时准确地定位。表 4 - 3 中是 Keil uVision2 能识别的存储器类型。应注意的是，在 AT 89C51 芯片中 RAM 只有低 128 字节，位于 80H 到 FFH 的高 128 字节则在 52 芯片中才有用，并和特殊寄存器地址重叠。

表 4 - 3　存储器类型

存储器类型	说　　明
data	直接访问内部数据存储器(128 字节)，访问速度最快
bdata	位寻址内部数据存储器(16 字节)，允许位与字节混合访问
idata	间接访问内部数据存储器(256 字节)，允许访问全部内部地址
pdata	分页访问外部数据存储器(256 字节)，用 MOVX　@Ri 指令访问
xdata	外部数据存储器(64KB)，用 MOVX　@DPTR 指令访问
code	程序存储器(64KB)，用 MOVC　@A＋DPTR 指令访问

如果省略存储器类型，则系统会按编译模式 SMALL，COMPACT 或 LARGE 所规定的默认存储器类型去指定变量的存储区域。无论什么存储模式，都可以声明变量在任何的 8051 存储区范围，然而把最常用的命令，如循环计数器和队列索引放在内部数据区，这样可以显著地提高系统性能。有必要指出的就是变量的存储种类与存储器类型是完全无关的。

SMALL 存储模式把所有函数变量和局部数据段放在 8051 系统的内部数据存储区，访问数据非常快，但 SMALL 存储模式的地址空间受限。一般小型应用程序把变量和数据放在内部数据存储器，可以提高访问速度。较大的应用程序 data 区最好只存放小的变量、数据或常用的变量(如循环计数、数据索引)，而大的数据则放置在别的存储区域。

COMPACT 存储模式把所有的函数、程序变量和局部数据段定位在 8051 系统的外部数据存储区。外部数据存储区可有最多 256 字节(一页)，通过@R0/R1 访问。

LARGE 存储模式把所有函数、过程的变量和局部数据段都定位在 8051 系统的外部数据区。外部数据区最多可有 64KB，使用 DPTR 数据指针访问数据。

在 C51 存储器类型中提供有一个 bdata 的存储器类型，是指可位寻址的数据存储器，位于单片机的可位寻址区中，可以将要求可位寻址的数据定义为 bdata，如：

```
unsigned char bdata ib;  //在可位寻址区定义 unsigned char 类型的变量 ib
int bdata ab[2];         //在可位寻址区定义数组 ab[2]，也称为可寻址位对象
sbit ib7＝ib^7           //用关键字 sbit 定义位变量来独立访问可寻址位对象的其中一位
sbit ab12＝ab[1]^12;
```

操作符"^"后面的位位置的最大值取决于指定的基址类型，$char_{0-7}$、int_{0-15}、$long_{0-31}$。

从变量的作用范围来看，有全局变量和局部变量之分。全局变量是指在程序开始处或各个功能函数的外面所定义的变量。在程序开始处定义的全局变量在整个程序中有效，可供程序中所有的函数共同使用。而在各功能函数外面定义的全局变量只对从定义处开始往后的各个函数有效。只有从定义处往后的各个功能函数可以使用该变量，定义处前面的函数则不能使用它。局部变量是指在函数内部或以花括号{}围起来的功能块内部所定义的变量。局部变量只在定义它的函数或功能块以内有效，在该函数或功能块以外则不能使用它。因此局部变量可以与全局变量同名。但在这种情况下局部变量的优先级较高，而同名的全局变量在该功能块内被暂时屏蔽。

从变量的存在时间来看又可分为静态存储变量和动态存储变量。静态存储变量是指在程序运行期间其存储空间固定不变的变量。动态存储变量是指该变量的存储空间不确定，

在程序运行期间根据需要动态地为该变量分配存储空间的变量。一般来说全局变量为静态存储变量，局部变量为动态存储变量。

在进行程序设计的时候经常需要给一些变量赋以初值。C语言允许在定义变量的同时给变量赋初值。例如：

```
unsigned char data val=5;
int xdata y=10000;
```

5. 重定义数据类型

上面介绍了常量和变量，再补充一个用以重新定义数据类型的语句。这个语句就是typedef，这是个很好用的语句。typedef的语法是：

typedef 已有的数据类型 新的数据类型名

通常定义变量的数据类型时都是使用标准的关键字，这样别人可以很方便地研读你的程序。如果你是个DELPHI编程爱好者或是程序员，对变量的定义也许习惯了DELPHI的关键字，如int类型常会用关键字integer来定义，在用C51时你还想用这个的话，可以这样写：

```
typedef int integer;
integer a，b；
```

这两句在编译时，其实是先把integer定义为int，在以后的语句中遇到integer就用int置换，integer就等于int，所以a、b也就被定义为int。typedef不能直接用来定义变量，它只是对已有的数据类型作一个名字上的置换，并不是产生一个新的数据类型。下面两句就是一个错误的例子：

```
typedef int integer;
integer = 100;
```

使用typedef可以方便程序的移植和简化较长的数据类型定义。用typedef还可以定义结构类型，这一点在后面详细解说结构类型时将一并说明。

6. 运算符和表达式

运算符就是完成某种特定运算的符号。运算符按其表达式中与运算符的关系可分为单目运算符、双目运算符和三目运算符。单目指需要有一个运算对象，双目就要求有两个运算对象，三目则要求有三个运算对象。表达式则是由运算及运算对象所组成的具有特定含义的式子。C是一种表达式语言，表达式后面加";"号就构成了一个表达式语句。

1）赋值运算符

对于"="这个符号大家并不陌生，在C中它的功能是给变量赋值，称之为赋值运算符。它的作用就是把数据赋给变量。如，"x=10"这一利用赋值运算符将一个变量与一个表达式连接起来的式子为赋值表达式，在表达式后面加";"便构成了赋值语句。使用"="的赋值语句格式如下：

变量=表达式；

示例如下：

```
a=0xFF;        //将常数十六进制数 FF 赋予变量 a
b=c=33;        //同时赋值给变量 b，c
d=e;           //将变量 e 的值赋予变量 d
f=a+b;         //将变量 a+b 的值赋予变量 f
```

由上面的例子可以知道赋值语句的意义就是先计算出"＝"右边的表达式的值，然后将得到的值赋给左边的变量，而且右边的表达式可以是一个赋值表达式。

2）算术，增减量运算符

对于 a＋b、a/b 这样的表达式大家都很熟悉，用在 C 语言中，"＋"、"/"就是算术运算符。C51 中的算术运算符有如下几个，其中只有取正值和取负值运算符是单目运算符，其它则都是双目运算符：

＋　加或取正值运算符；

－　减或取负值运算符；

＊　乘运算符；

/　除运算符；

％　取余运算符。

算术表达式的形式为

表达式 1 算术运算符 表达式 2

如 a＋b＊(10－a)、(x＋9)/(y－a)等。

除法运算符和一般的算术运算规则有所不同，如是两浮点数相除，其结果为浮点数，如 10.0/20.0 所得值为 0.5，而两个整数相除时，所得值就是整数，如 7/3，值为 2。像别的语言一样，C 语言的运算符有优先级和结合性，同样可以用括号"()"来改变优先级。这些与数学几乎是一样的。

4.2.2　C51 编辑处理

1. C 语言的编辑处理

C 语言是一种高级程序设计语言，它提供了十分完备的规范化流程控制结构。采用 C51 设计单片机应用系统程序时，要尽可能采用结构化的程序设计方法，可使整个应用系统程序结构清楚，易于调试和维护。对于一个较大的程序，可将整个程序按功能分成若干个模块，不同的模块完成不同的功能。对于不同的功能模块，分别指定相应的入口参数和出口参数，而经常使用的一些程序最好编成函数，这样既不会引起整个程序的混乱，还可增强可读性，移植性也好。

在程序设计过程中，要充分利用 C51 语言的预处理命令。对于一些常用的常数，如 TRUE、FALSE、PI 以及各种特殊功能寄存器，或程序中一些重要的依据外界条件可变的常量，可采用宏定义"♯define"集中起来放在一个头文件中进行定义，再采用文件包含命令"♯include"将其加入到程序中去。这样当需要修改某个参量时，只需修改相应的包含文件或宏定义，而不必对使用它们的每个程序文件都作修改，从而有利于文件的维护和更新。

C 语言完成功能设计一般由函数来实现，或作为目标模块。目标模块可以集中放在一个库中，以后通过连接器使用。库工具使用 create 生成一个新库，add 或 replace 把目标模块放到库中，delete 删除模块，list 可显示当前库中的模块。C51 编译器的运行库中包含有丰富的库函数，使用库函数可大大简化用户的程序设计工作，提高编程效率。

连接器/定位器是模块化编程的核心，可将不同程序模块组合为一个模块，并自动从库中挑选模块嵌入目标文件，产生绝对目标格式的可执行程序，同时生成编译连接信息。

例 4-1 C 语言程序设计示例：第 1 个发光二极管闪烁（电路参照附录 D 中的图 D-1）。

```
#include <AT89X51.h>              //预处理命令
void main(void)                   //主函数名
{
        unsigned int a;           //定义变量 a 为 int 类型
        P2_0 = 0;                 //设 P2.0 口为低电平，LED 供电
        do{                       //do while 组成循环
        for (a=0; a<50000; a++);  //这是一个循环
        P0_0 = 0;                 //设 P0.0 口为低电平，点亮 LED
        for (a=0; a<50000; a++);  //这是一个循环，延时，灯亮时间
        P0_0 = 1;                 //设 P0.0 口为高电平，熄灭 LED
        }
        while(1);
}
```

2. 80C51 常用头文件

所谓"文件包含"，是指在一个文件内将另外一个文件的内容全部包含进来。因为被包含的文件中的一些定义和命令使用的频率很高，几乎每个程序中都可能要用到，为了提高编程效率，减少编程人员的重复劳动，将这些定义和命令单独组成一个文件，如 reg51.h，然后用 #include<reg51.h> 包含进来就可以了，这个就相当于工业上的标准零件，拿来直接用就可以了。Keil 软件在 INC 文件夹包含一些常用的头文件，也可以自己编写或修改添加到文件夹中。

80C51 常用头文件：reg51.h、absacc.h、math.h、ctype.h、stdio.h、stdlib.h、intrins.h。

1) reg51.h(reg52.h)

该文件定义 51 系列单片机特殊功能寄存器和特殊位，主要是一些特殊功能寄存器的地址声明。包含此头文件，C51 可以通过特殊寄存器名称对单片机内部资源进行访问和控制。

2) absacc.h

该文件为访问绝对地址头文件。当用绝对地址访问内部 RAM(data)、外部 RAM 的一页(pdata)、整个外部 RAM(xdata)和 ROM(code)时，需要包含此文件。

3) math.h

该文件为数学运算函数，如求绝对值、平方根、指数、正弦等。

4) ctype.h

该文件包含两类函数：字符测试函数和字符大小转换函数，用于判断一个整型变量是数字、字母、换行符、控制符等。

5) stdio.h

该文件为标准输入输出函数头文件，用于从标准设备读取字符、数字，或者向标准输出设备输出字符、字符串等。

6）stdlib. h

该文件为标准库头文件。该文件说明了用于数值转换、内存分配以及具有其它相似任务的函数，如求绝对值、字符转换为整型、长整型等。

7）intrins. h

该文件为字符型、整型和长整型数字的左、右循环移位函数。如_cror_、_crol_、_iror_、_irol_分别表示字符型整数右循环、字符型整数左循环和整型数字的右循环、左循环。

例如：

　　cror（a，2）；　　　//对变量 a 循环右移 2 位

此处的循环移位和按位操作的左移（＜＜）和右移（＞＞）实现的功能是不同的。

3. C 语言和汇编语言混合编程设计

在单片机应用系统设计中，过去主要采用汇编语言开发程序。汇编语言编写的程序对单片机硬件操作很方便，编写的程序代码短，效率高，但系统设计的周期长，可读性和可移植性都很差。C 语言程序开发是近年来单片机系统开发应用所采用的主要开发方式之一，C 语言功能丰富、表达能力强、使用灵活方便、开发周期短、可读性强、可移植性好。但是，采用 C 语言编程还是存在对硬件没有汇编方便、效率没有汇编高、编写延时程序精确度不高等缺点，因而现在单片机系统开发中经常用到 C 语言与汇编语言混合编程技术。混合编程技术可以把 C 语言和汇编语言的优点结合起来，编写出性能优良的程序。单片机混合编程技术通常是，程序的框架或主体部分用 C 语言编写，对那些使用频率高、要求执行效率高、延时精确的部分用汇编语言编写，这样既保证了整个程序的可读性，又保证了单片机应用系统的性能。在这种混合编程中，关键是参数的传递和函数的返回值。它们必须有完整的约定，否则数据的交换就可能出错。

1）混合编程的基本方式

C 语言与汇编语言混合编程通常有两种基本方法：在 C 语言中嵌入汇编程序和在 C 语言中调用汇编程序。

（1）在 C51 中嵌入汇编程序。主要用于实现延时或中断处理，以便生成精练的代码，减少运行时间。嵌入式汇编通常用在当汇编函数不大，且内部没有复杂的跳转的时候。在单片机 C 语言程序中嵌入汇编程序是通过 C51 中的预处理指令 ＃pragma asm/endasm 语句实现的，格式如下：

　　　　＃pragma asm

　　　　；汇编程序代码

　　　　＃pragma endasm

通过 ＃pragma asm 和 ＃pragma endasm 告诉 C51 编译器它们之间的语句不用编译成汇编程序代码。

（2）在 C51 中调用汇编程序。在 C51 中调用汇编程序的方法应用较多，C 模块与汇编模块的接口较简单，分别用 C51 与 A51 源程序进行编译，然后用 L51 将 obj 文件连接即可，关键问题在于 C 函数与汇编函数之间的参数传递和得到正确返回值，以保证模块间的数据交换。

2）C51 与汇编程序的参数传递

在 C51 中嵌入汇编程序或调用汇编程序，其参数传递的过程是不一样的。

（1）在 C51 中嵌入汇编程序的参数传递。对于在 C 语言程序中通过 ♯pragma asm 和 ♯pragma endasm 嵌入的汇编程序，C51 编译器在编译时只是将其中的汇编程序不编译，不做其它任何处理，因此不存在函数调用时的参数传递和返回值问题。如果要在 C 程序中和汇编程序中实现数据传递，可以通过变量或特殊功能寄存器来实现。例如，在 C 程序的变量定义部分定义 Z 变量，在 C 语言程序和汇编程序中共同访问 Z 变量，在 C 和汇编混合编程的时候，存在 C 语言和汇编语言的变量以及函数的接口问题。在 C 程序中定义的变量，编译为.asm 文件后，都被放进了.bss 区（汇编器输出产生的目标文件中至少具有 3 个区，分别被称为正文 text、数据 data 和 bss 区；bss 区用于存储局部公共变量），而且变量名的前面都带了一个下划线。在 C 程序中定义的函数，编译后在函数名前也带了一个下划线。例如：

extern int num 变成 .bss _num，1

extern float nums[5]变成.bss _nums，5

extern void func（ ）变成 _func

（2）汇编和 C 的相互调用可以分以下几种情况：

① 汇编程序中访问 C 程序中的变量和函数。在汇编程序中，用_XX 就可以访问 C 中的变量 XX 了。访问数组时，可以用_XX＋偏移量来访问，如_XX＋3 访问了数组中的 XX[3]。

在汇编程序调用 C 函数时，如果没有参数传递，直接用_funcname 就可以了。如果有参数传递，则函数中最左边的一个参数由寄存器 A 给出，其它的参数按顺序由堆栈给出。返回值是返回到 A 寄存器或者由 A 寄存器给出的地址。同时注意，为了让汇编语言能访问到 C 语言中定义的变量和函数，它们必须声明为外部变量，即加 extern 前缀。

② C 程序中访问汇编程序中的变量。如果需要在 C 程序中访问汇编程序中的变量，则汇编程序中的变量名必须以下划线为首字符，并用 global 使之成为全局变量。

如果需要在 C 程序中调用汇编程序中的过程，则过程名必须以下划线为首字符，并且，要根据 C 程序编译时使用的模式是 stack-based model 还是 register argument model 来正确地编写该过程，使之能正确地取得调用参数。

③ 在线汇编。在 C 程序中直接插入 asm（" ＊＊＊ "），内嵌汇编语句，需要注意的是这种用法要慎用，在线汇编提供了能直接读写硬件的能力，如读写中断控制允许寄存器等，但编译器并不检查和分析在线汇编语言，插入在线汇编语言会改变汇编环境或可能改变 C 变量的值，这可能导致严重的错误。

4. Keil C51 指针

C51 支持一般指针（Generic Pointer）和存储器指针（Memory_Specific Pointer）。

1）一般指针

一般指针的声明和使用均与标准 C 相同，不过同时还可以说明指针的存储类型。例如：

long ＊ state ；为一个指向 long 型整数的指针，而 state 本身则依存储模式存放

char ＊ xdata ptr ；ptr 为一个指向 char 数据的指针，而 ptr 本身放于外部 RAM 区

以上的 long、char 等指针指向的数据可存放于任何存储器中。

一般指针本身用 3 个字节存放，分别为存储器类型、高位偏移量、低位偏移量。

2）存储器指针

基于存储器的指针说明时即指定了存储类型。例如：

　　char data ＊ str　　；str 指向 data 区中 char 型数据；

　　int xdata ＊ pow　　；pow 指向外部 RAM 的 int 型整数

这种指针存放时，只需 1 个字节或 2 个字节就够了，因为只需存放偏移量。

3）指针转换

指针转换即指针在上两种类型之间转化：

① 当基于存储器的指针作为一个实参传递给需要一般指针的函数时，指针自动转化。

② 如果不说明外部函数原形，基于存储器的指针会自动转化为一般指针，导致错误，因而需用"＃include"说明所有函数原形。

③ 可以强行改变指针类型。

4.3　单片机开发环境简介

单片机程序开发的最终要求是在单片机的程序存储器中存入切实可行、正确无误的程序软件。所以，单片机程序开发要解决的三个问题是：

（1）如何保证应用程序能满足实际要求。

（2）如何获得应用程序的机器码。

（3）怎样把机器码存入程序存储器。

解决第一个问题的办法是在程序编制好后，结合硬件系统，利用开发工具进行模拟运行，经调试、修改直至确认正确为止。

解决第二个问题的办法是将用汇编语言或 C 语言编写的源程序，翻译成单片机能直接执行的机器码（目标程序），这个过程称为编译。

解决第三个问题的办法是利用开发机或其它带有固化工具的计算机系统，把调试好的目标程序固化到单片机程序存储器内。

综上所述，单片机开发的方法，就是要圆满地解决上述三个问题，其实质就是如何把用户的应用程序固化到程序存储器中。

现在的单片机开发应用基本上是借助于计算机和仿真器实现的。在程序设计中，主要是在计算机上通过通用的文本编辑软件编写源程序，然后使用交叉汇编程序对源程序进行汇编，在计算机上进行仿真调试后，再把汇编得到的目标程序传送到单片机进行程序调试和运行。而且现在厂家提供的仿真系统基本上都是把仿真器和程序的编辑调试环境集成在一起，以更方便用户的使用。

51 单片机的编程语言常用的有两种：一种是汇编语言；一种是 C 语言。汇编语言的机器代码生成效率很高但可读性不强，复杂一点的程序就更是难读懂。而 C 语言在大多数情况下其机器代码生成效率和汇编语言相当，但可读性和可移植性却远远超过汇编语言，而且 C 语言还可以嵌入汇编来解决高时效性的代码编写问题。对于开发周期来说，中大型的软件编写用 C 语言的开发周期通常要小于汇编语言很多。

Keil uVision2 是众多单片机应用开发软件中优秀的软件之一，它支持众多不同公司的 MCS－51 架构的芯片，集编辑、编译、仿真等于一体，同时还支持 PLM、汇编和 C 语言的程序设计。它的界面和常用的微软 VC++ 的界面相似，界面友好，易学易用，在调试程序、软件仿真方面也有很强大的功能，应用广泛。

Keil 51 是一个商业软件，可以下载，能编译 2 KB 的 DEMO 版软件，基本可以满足一般的个人学习和小型应用的开发。

在单片机 C 语言开发中普遍采用 Keil C51 编译器。Keil C51 标准 C 编译器为 8051 微控制器的软件开发提供了 C 语言环境，同时保留了汇编代码高效、快速的特点。C51 编译器的功能不断增强，可以更加贴近 CPU 本身，C51 已被完全集成到 uVision2 的集成开发环境中，这个集成开发环境包含：编译器、汇编器、实时操作系统、项目管理器、调试器。uVision2 IDE(集成开发环境)可为它们提供单一而灵活的开发环境，用户使用更加方便。随着技术的发展，版本 3、版本 4 和版本 5 已经推出，且功能更加强大。

4.3.1　Keil uVision2 IDE(集成开发环境)主要功能

Keil uVision2 的 IDE 如图 4-1 所示。

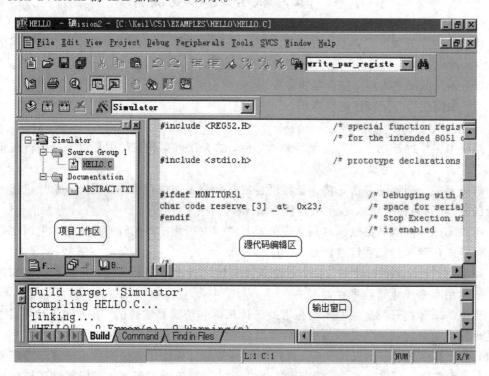

图 4-1　Keil C51 工作界面

在 Keil 开发环境中，有菜单栏、可以快速选择命令按钮的工具栏、源代码编辑窗口、项目文件窗口和输出显示窗口等。用户可以在一个统一的环境下完成从项目管理到仿真直至输出源代码的操作。

1. 文件(File)菜单

该菜单完成对所有开发过程中产生的各种文件的创建、保存和打印等管理功能，主要包括 New、Open、Close、Save、Save all、Save as······ Device Database、Print Setup······Print、Print Preview、最近工作的文件 1-9、Exit 等操作命令。

2．编辑（Edit）

该菜单主要完成在当前工作窗口中各种编辑操作，包括光标移动、剪切、复制查找等操作，实现了在集成开发环境下对工作文件的各种直接操作，更加方便用户使用。

3．视图（View）菜单

该菜单控制对各个工作窗口的显示、隐藏等操作。使用该菜单命令可以根据工作要求方便地控制项目、输出、反汇编、堆栈、存储器、代码报告、性能分析、字符变量、串口通信和各个工具菜单条等的显示和隐藏。

4．项目（Project）菜单

为方便开发管理工作，在 Keil 中把开发工作定义为项目（或工程，Project），这样，可以对项目开发工作产生的各种文件进行统一管理，各个文件之间通过集成开发环境关联，在开发过程中直接完成全部文件的修改和生成。

5．调试（Debug）菜单

Keil 具有在线和离线的仿真调试功能，可以单步、设置断点和连续运行等多种方式对程序运行并通过性能分析等窗口分析程序运行结果，是程序开发中的一个重要工具。

6．闪存（Flash）窗口

该窗口可以直接完成对具有 Flash 芯片的程序写入。

7．外围器件（Peripherals）窗口

该窗口实现对使用的外围器件选择管理，并观察运行结果。

8．工具（Tools）菜单

利用工具菜单，可以配置和运行 GIMPEL PC - Lint、Siemens Easy - Case 和用户程序。通过 Customize Tools Menu 菜单，可以添加开发工作中需要添加的程序。

9．软件版本控制（SVCS）菜单

该菜单为配置和添加软件版本控制系统的命令。

10．视窗（Window）菜单

该菜单对显示窗口进行管理，具有重叠、水平、垂直、分割和激活等多种文件窗口显示控制方式。

11．帮助（Help）菜单

该菜单提供在线帮助和版本信息等。

可以看到，Keil uVision2 的集成开发环境功能很多，但使用方法符合 Windows 应用界面使用习惯，在开发过程中可以灵活使用菜单、工具条、快捷键、活动菜单等，而且掌握一些主要用法，就可以开发应用程序。

4.3.2　建立一个 C 项目

使用 C 语言肯定要使用到 C 编译器，以便把写好的 C 程序编译为机器码，这样单片机才能执行编写好的程序。

首先是运行 Keil C51 软件，如图 4 - 2 所示。

图 4-2　Keil 软件启动屏幕

接着按下面的步骤建立第一个项目：

（1）点击 Project 菜单，选择弹出的下拉式菜单中的 New Project，如图 4-3 所示。接着弹出一个标准 Windows 文件对话窗口，如图 4-4 所示。在"文件名"中输入第一个 C 程序项目名称，这里用"test"。"保存"后的文件扩展名为 uv2，这是 Keil uVision2 项目文件扩展名，以后可以直接点击此文件打开先前做的项目。

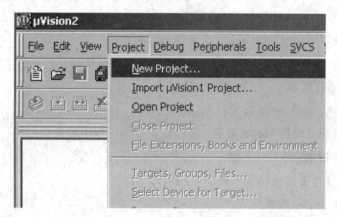

图 4-3　New Project 菜单

图 4-4　文件窗口

（2）选择所要使用的单片机，如 Atmel 公司的 AT89C51。此时屏幕如图 4-5 所示。完成上面步骤后，就可以进行程序的编写了。

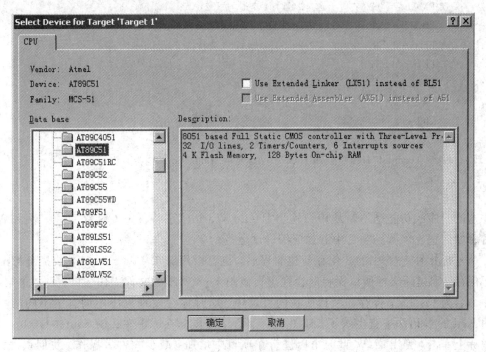

图 4-5 选取芯片

（3）可以在项目中创建新的程序文件或加入旧程序文件。如果你没有现成的程序，那么就要新建一个程序文件。在 Keil 中有一些程序的 Demo，在这里还是以一个 C 程序为例介绍如何新建一个 C 程序和如何加到第一个项目中。点击图 4-6 中 1 的新建文件的快捷按钮，在 2 中出现一个新的文字编辑窗口，这个操作也可以通过菜单 File→New 或快捷键 Ctrl＋N 来实现。现在可以编写程序了，光标已出现在文本编辑窗口中，等待输入。

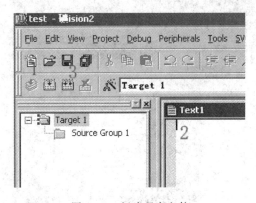

图 4-6 新建程序文件

例 4-2 输入如下文件：

```
#include <AT89X51.H>
#include <stdio.h>
void main(void)
```

```
        {
            SCON =0x50;         //串口方式 1，允许接收
            TMOD = 0x20;        //定时器 T1 定时方式 2
            TCON =0x40;         //设定时器 T1 开始计数
            TH1 =0xE8;          //11.0592MHz 1200 波特率
            TL1 =0xE8;
            TI =1;
            TR1 =1;             //启动定时器
            while(1)
            {
                printf ("Hello World! \n");   //显示 Hello World!
            }
        }
```

这段程序的功能是不断从串口输出"Hello World!"字符。先不管程序的语法和意思，先看看如何把它加入到项目中和如何编译试运行。

(4) 点击图 4-6 中的 3 保存新建的程序，也可以用菜单 File→Save 或快捷键 Ctrl+S 进行保存。因是新文件所以保存时会弹出类似图 4-4 所示的文件操作窗口。我们把第一个程序命名为 test1.c，保存在项目所在的目录中。这时你会发现程序单词有了不同的颜色，说明 Keil 的 C 语法检查生效了。如图 4-7 所示，用鼠标在屏幕左边的 Source Group1 文件夹图标上右击，弹出菜单，此时可以进行在项目中增加、减少文件等操作。我们点击"Add File to Group 'Source Group 1'"，弹出文件窗口，选择刚刚保存的文件，按 ADD 按钮，关闭文件窗。此时程序文件已加到项目中了。这时在 Source Group1 文件夹图标左边出现了一个"+"号，这说明文件组中有了文件，点击它可以展开查看。

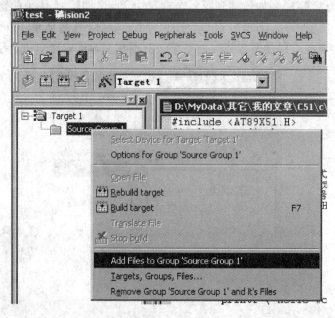

图 4-7   把文件加入到项目文件组中

(5) C 程序文件已被加到了项目中，下面就可以编译运行了。这个项目只是用做学习

新建程序项目和编译运行仿真的基本方法，所以使用软件默认的编译设置，不生成用于芯片烧写的 HEX 文件。要设置生成 HEX 文件，要在"Project"菜单中的"Options for Target"中选择设定输出产生 .hex 文件。图 4－8 中，1、2、3 都是编译按钮，不同的是 1 用于编译单个文件；2 用于编译当前项目，如果先前编译过一次之后文件没有做编辑改动，这时再点击是不会再次重新编译的；3 用于重新编译，每点击一次均会再次编译链接一次，不管程序是否有改动。在 3 右边的是停止编译按钮，只有点击了前三个中的任一个，停止按钮才会生效。这个项目只有一个文件，按 1、2、3 中的任一个都可以编译。在 4 中可以看到编译的错误信息和使用的系统资源情况等。6 是一个小放大镜的按钮，这就是开启\关闭调试模式的按钮，它也存在于菜单 Debug→Start\Stop Debug Session 中，快捷键为 Ctrl＋F5。

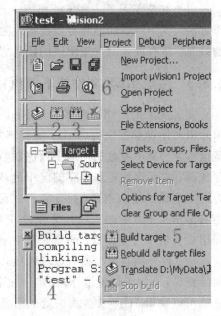

图 4－8　编译程序

　　（6）进入调试模式，软件窗口样式大致如图 4－9 所示。图中 1 为运行，当程序处于停止状态时才有效；2 为停止，程序处于运行状态时才有效；3 是复位，模拟芯片的复位，程序回到最开头处执行；按 4 可以打开 5 中的串行调试窗口，这个窗口可以看到从 51 芯片的串行口输入输出的字符，这里的第一个项目也正是在这里看运行结果的。这些在菜单中也有。首先按 4 打开串行调试窗口，再按运行键，这时就可以看到串行调试窗口中不断地显示"Hello World!"。这样就完成了第一个 C 项目。最后要停止程序运行回到文件编辑模式中，就要先按停止按钮再按开启\关闭调试模式按钮。然后就可以进行关闭 Keil 等的相关操作了。

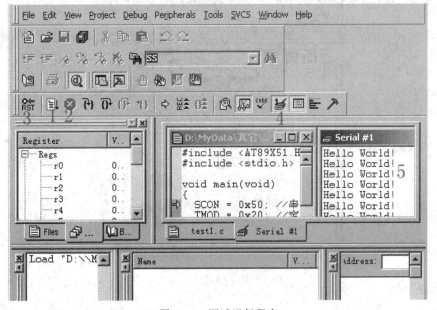

图 4－9　调试运行程序

以上初步学习了一些 Keil uVision2 的项目文件创建、编译、运行和软件仿真的基本操作方法。其中一些功能具有快捷键，在实际的开发应用中快捷键的运用可以大大提高工作的效率。还有就是对这里所讲的操作方法要举一反三用于类似的操作中。

4.3.3 生成 HEX 文件并下载执行

调试完成的 C 语言程序要用 Keil uVision2 编译生成用于烧写芯片的 HEX 文件下载到单片机程序存储器执行。HEX 文件格式是 Intel 公司提出的按地址排列的数据信息，数据宽度为字节，所有数据使用十六进制数字表示，常用来保存单片机或其它处理器的目标程序代码。它保存物理程序存储区中的目标代码映像，一般的编程器都支持这种格式。首先打开上节做的第一项目，打开它所在目录，找到 test. uv2 文件并双击打开先前的项目。然后右击图 4-10 中的 1 项目文件夹，弹出项目功能菜单，选 Options for Target 'Target1'，弹出项目选项设置窗口，同样先选中项目文件夹图标，这时在 Project 菜单中也有一样的菜单可选。打开项目选项窗口，转到 Output 选项页如图 4-11 所示，图中 1 用于选择编译输出的路径，2 用于设置编译输出生成的文件名，3 则用于决定是否要创建 HEX 文件，选中它就可以输出 HEX 文件到指定的路径中。选好了，再将它重新编译一次，很快在编译信息窗口中就显示 HEX 文件创建到指定的路径中了，如图 4-12 所示。这样就可用自己的编程器所附带的软件去读取并烧到芯片了，再用实验板看结果。

（技巧：① 在图 4-2 中的 1 里的项目文件树形目录中，先选中对象，再单击它就可对它进行重命名操作，双击文件图标便可打开文件。② 在 Project 下拉菜单的最下方有最近编辑过的项目路径保存，在这里可以快速打开最近在编辑的项目。）

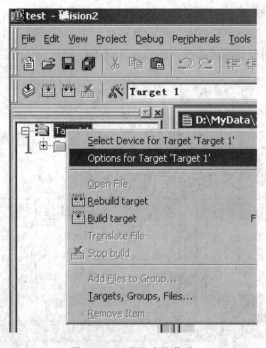

图 4-10 项目功能菜单

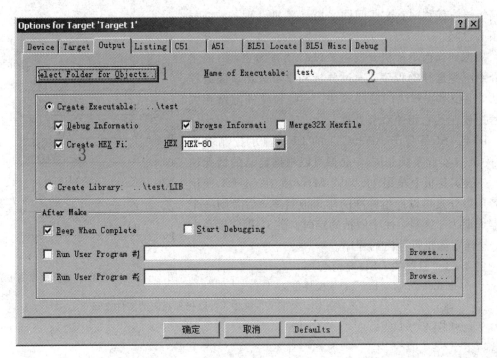

图 4-11　项目选项窗口

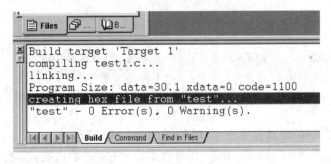

图 4-12　编译信息窗口

可通过编程器或 ISP 将例 4-2 程序编译完成后的目标文件下载到芯片中（根据具体应用系统和单片机型号，可按厂家下载要求完成）。通过带串口输出元件的学习实验板，可以把串口和 PC 机串口相连，用串口调试软件或 Windows 的超级终端，将其波特率设为1200，就可以看到不停输出的"Hello World!"字样。

4.4　程序设计应用示例

单片机应用系统的设计主要包括两方面的内容，一部分是硬件设计，另一部分是软件设计。用汇编语言进行程序设计的过程与用高级语言进行程序设计很相似。对于比较复杂的问题，可以先根据题目的要求画出流程图，再根据流程图来编写程序。对于比较简单的问题，则可不作流程图而直接编程。当然，两者的差别还是很大的。一个很重要的区别就在于用汇编语言编程，数据的存放位置以及工作单元的安排等都要由编程者自己来安排。而用高级语言编程时，这些问题是由计算机处理的，编程者不必过问。

考虑到当前单片机开发主要以 C 语言为主，下面主要介绍一些这样的程序，通过分析和学习，既掌握编程方法，也要掌握解决问题的算法。一些和硬件电路相关的程序放在其它相关章节处理。

图 4 - 13 是基于 AT89C51 的 LED 显示控制电路（与附录 D 实验系统相同），晶振可以根据自己的情况使用，一般实验板上是用 11.0592 MHz 或 12 MHz，使用前者的好处是可以产生标准的串口波特率，后者则一个机器周期为 1 微秒，便于做精确定时。在 31 脚要接高电平，这样才能执行片内的程序。

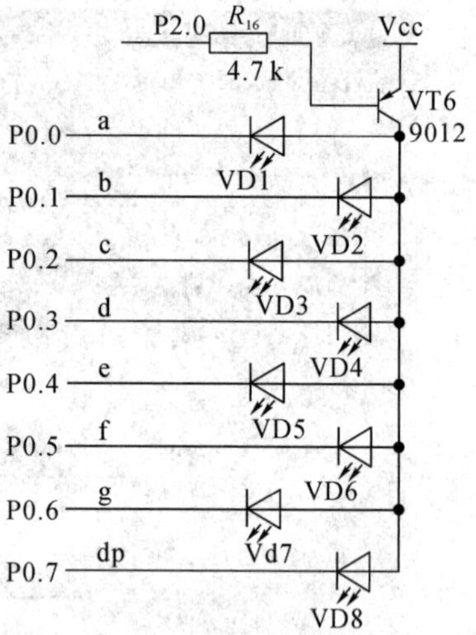

例 4 - 3 简单的 LED 亮灯程序。

```
#include<reg51.h>    //头文件定义
                     //在 Keil 安装文件夹中，可以找到相应的文件查阅
sbit P0_0 = P0^0;    //定义管脚
sbit P2_0 = P2^0;    //定义管脚
void main (void)
{
    while(1)
    {
        P2_0 = 0;    //低电平有效，VT6 管导通，LED 接通电源
        P0_0 = 0;    //低电平有效，第一个 LED 导通，亮灯
    }
}
```

图 4 - 13　LED 显示和键盘控制电路

将上面程序在 Keil 编辑并生成 .HEX 文件，下载运行，就把接在单片机 P1.0 上的 LED 灯点亮了。如图 4 - 13 所示，LED 灯负极是低电平，才能点亮。因为 LED 灯的正极通过 VT6 接至 Vcc。

"P0_0 = 0;"类似于 C 语言中的赋值语句，即把 0 赋给单片机的 P0.0 引脚，让它输出相应的电平。

while(1)语句只是让单片机工作在死循环状态，即一直输出低电平。如果要试着点亮其它的 LED 灯，用类似语句即可。

例 4 - 4 轮流点亮 8 个 LED 灯的程序。

```
#include<reg51.h>
sbit P2_0 = P2^0;               //定义管脚
sbit P0_0 = P0^0;
sbit P0_1 = P0^1;
sbit P0_2 = P0^2;
sbit P0_3 = P0^3;
sbit P0_4 = P0^4;
sbit P0_5 = P0^5;
```

```
sbit P0_6 = P0 ˆ 6;
sbit P0_7 = P0 ˆ 7;

void Delay(unsigned char a)        //延时函数
{
    unsigned char i;
    while(－－a ! = 0)
    {
        for(i = 0;i＜125;i＋＋);//一个；表示空语句,CPU 空运行
    }                            //i 从 0 加到 125,CPU 大概耗时 1 毫秒
}
void main(void)
{
    P2_0 = 0;                    //LED 供电
    while(1)
    {
        P0_0 = 0;                //第 1 个 LED 灯亮
        Delay(250);
        P0_0 = 1;                //第 1 个 LED 灯灭
        P0_1 = 0;                //第 2 个 LED 灯亮
        Delay(250);
        P0_1 = 1;                //第 2 个 LED 灯灭

        P0_2 = 0;                //第 3 个 LED 灯亮
        Delay(250);
        P0_2 = 1;                //第 3 个 LED 灯灭

        P0_3 = 0;                //第 4 个 LED 灯亮
        Delay(250);
        P0_3 = 1;                //第 4 个 LED 灯灭

        P0_4 = 0;                //第 5 个 LED 灯亮
        Delay(250);
        P0_4 = 1;                //第 5 个 LED 灯灭

        P0_5 = 0;                //第 6 个 LED 灯亮
        Delay(250);
        P0_5 = 1;                //第 6 个 LED 灯灭

        P0_6 = 0;                //第 7 个 LED 灯亮
        Delay(250);
        P0_6 = 1;                //第 7 个 LED 灯灭
```

```
    P0_7 = 0;                        //第 8 个 LED 灯亮
    Delay(250);
    P0_7 = 1;                        //第 8 个 LED 灯灭
  }
}
```

sbit 定义位变量，unsigned char a 定义无符字符型变量 a，以节省单片机内部资源，其有效值为 0～255。main 函数调用 Delay()函数。

Delay 函数使单片机空运行，LED 灯持续点亮后，再灭，下一个 LED 灯亮。while(1)产生循环。

上例程序可以使 LED 灯流动亮灭，但是写得太冗长了！可以使用一些算法控制程序流程，使程序效率更高。

例 4 - 5 简单的跑马灯。项目名为 RunLED2。程序如下：

```
//这里没有使用预定义文件，而是自己定义特殊寄存器，之前使用的预定义文件其实就是这个作用
    sfr P2 = 0xA0;
    sbit P2_0 = P2^0;
    sfr P0 = 0x80;                   //这里分别定义 P0 端口和 P0.0、P0.1 和 P0.7 引脚
    sbit P0_0 = P0^0;                // 三种位定义方法
    sbit P0_7 = 0x80^7;
    sbit P0_1 = 0x81;
    void main(void)
    {
    unsigned int a;
    unsigned char b;
    P2_0=0;                          // LED 供电
    P0=0xFF;
    do{
      for (a=0;a<50000;a++)
      P0_0 = 0;                      //点亮 P0_0
      for (a=0;a<50000;a++)
      P0_7 = 0;                      //点亮 P0_7
      for (b=0;b<255;b++)
      {
          for (a=0;a<10000;a++)
          P0 = b;                    //用 b 的值来做跑马灯的花样
      }
      P0 = 255;                      //熄灭 P0 上的 LED 灯
      for (b=0;b<255;b++)
      {
          for (a=0;a<10000;a++)/P0_1 闪烁
          P0_1 = 0;
          for (a=0;a<10000;a++)
          P0_1 = 1;
```

```
    }
    }while(1);
    }
```

Keil C 编译器所支持的注释语句，一种是以"//"符号开始的语句，符号之后的语句都被视为注释，直到有回车换行。另一种是在"＊"符号之内的为注释。注释不会被 C 编译器所编译。一个 C 应用程序中应有一个 main 主函数，main 函数可以调用别的功能函数，但其它功能函数不允许调用 main 函数。不论 main 函数放在程序中的那个位置，总是先被执行。用以前介绍的知识编译写好的 RunLED2 程序，并把它"烧"到刚做好的最小化系统中。上电，刚开始时 LED 灯是不亮的（因为上电复位后所有的 I/O 口都置 1 引脚为高电平），然后延时一段时间（for（a＝0；a＜50000；a＋＋）这句在运行），LED 灯亮，再延时，LED 灯熄灭，然后交替亮灭。这样，可以根据自己的要求，控制跑马灯程序运行的效果。

算术运算是计算机最基本的运算。即使像单片机这样面向控制的计算机，也要有大量的算术运算工作。如对工业现场检测数据的处理，输出显示及控制数据的处理等，都经常涉及算术运算。这里介绍几个基本的运算功能的程序。

例 4-6　数制转换程序。将 Data 中的两位十六进制数转换成七段显示代码存放在 Data1、Data2 中。

```
int Data1, Data2;
int COD_TAB[]=                  //七段显示段码表
{
  0x40, 0x79, 0x24, 0x30, 0x19, 0x12, 0x02, 0x78,
  0x00, 0x18, 0x08, 0x03, 0x46, 0x21, 0x06, 0x0e
};
main()
{
  S_DATA = Data&0x0f;           //处理低 4 位
  DATA1=COD_TAB[S_DATA];  //查表
  S_DATA = Data&0xf0;           //处理高 4 位
  DATA2=COD_TAB[S_DATA];  //查表
}
```

在单片机系统的信号中，常含有各种噪声和干扰，影响信号的真实性。因此，应采取适当的方法消除噪声和干扰，数字滤波就是一种有效的方法。常用的数字滤波方法有算术平均值法、滑动平均值法等。算术平均值法就是通过求 n 个数据信号的算术平均值的方法进行滤波。

例 4-7　将存放在 get_data 中的 16 个字节数据信号用算术平均值法滤波，结果存放在 result 中。

```
//＊＊＊＊＊＊＊＊＊＊＊子程序入口参数＊＊＊＊＊＊＊＊＊＊＊＊＊＊//
//get_data[]=存放 16 字节数据
//result=滤波后数据存放地址
//N 为数值个数
//＊＊＊＊＊＊＊＊＊＊＊＊＊＊＊＊＊＊＊＊＊＊＊＊＊＊＊＊＊＊＊//
#define N 16                    // 字节数为 16
```

```
        int get_data[]={16 个字节数据信号 };      //待滤波数据
        int result；
        char filter()                            //滤波处理
        {
            int  sum = 0；
            for ( count=0；count<N；count++)
            {
                sum + = get_data[count]；         //数据求和
                delay()；                         //延时
            }
            result=(sum/N)；                      //求平均数,把结果存入 result 中
        }
        main()
        {
            char filter()
        }
```

应当注意,任何一种题目,不同编程者编出来的程序都可能不一样,只要能实现题目的要求,就应该认为所编程序是正确的。但其质量有优劣之分,标准是程序是否简洁、明了,是否易于阅读、理解,所占内存长度是否最少,可以用分支或循环的地方是否用了,程序执行时间是否最短,等等。

通常把用 C 语言编写的程序称为 C 语言源程序,而把可在计算机上直接运行的机器语言程序称为目标程序,由 C 语言源程序"翻译"为机器语言目标程序的过程称为"编译"。本章主要介绍 MCS-51 单片机一些常用的 C 程序设计方法,列举一些简单的 C 语言程序实例,读者通过对程序的设计、调试和完成,可以加深对 C51 的了解和掌握,又可以在一定程度上提高单片机的应用水平。

思考练习题

1. C51 编程与标准 C 语言编程主要有什么区别?

2. 用单片机和内部定时器产生矩形波,要求频率为 100 kHz,占空比为 2∶1(高电平时间长)。设单片机时钟频率为 12 MHz,试设计程序。

3. 用查表法编写控制 P0 口线控制的 8 个指示灯分别左移、右移、中间向两端移、两端向中间移的程序。

第五章 80C51 定时器/计数器原理与应用

在单片机应用技术中，往往需要定时检测某个参数，或按一定的时间间隔来进行某种控制，特别是在工业自动化应用领域，更为普遍。这种定时作用的获得，固然可以利用延时程序来实现，但这样做是以降低 CPU 的工作效率为代价的。另外，还有一些控制是依据对某种事件的计数结果来进行的。如果能通过一个可编程的计数器来实现定时和计数，就不会影响 CPU 的效率。因此，几乎所有单片机内部都提供了这样的定时器/计数器。80C51系列单片机中的定时器/计数器（Timer/Counter）电路即是满足此类需求的工作单元。

MCS-51 系列单片机典型产品 80C51 有两个 16 位定时器/计数器 T0 和 T1，8052 等单片机还有第三个定时器 T2，它们都可以编程设定为内部定时器或外部事件计数器。若是对内部时钟计数，则作为定时器使用；若是对从外部输入的脉冲信号计数，则作为计数器使用。不管是工作在定时器方式还是工作在计数器方式，80C51 定时器/计数器在对内部时钟或外部事件计数时，均不占用 CPU 时间，除非定时器/计数器溢出，才可能中断 CPU 当前操作。可见定时器/计数器的引入对减轻 CPU 的负担和简化外围电路有很大的好处，给单片机带来了更高的效率和灵活的操作。

5.1 80C51 定时器/计数器的结构组成

80C51 单片机内部有两个 16 位定时器/计数器 T0 和 T1，它们都具有定时和计数功能，可用于定时或延时控制、对外部事件检测、计数等，其内部逻辑结构如图 5-1 所示。

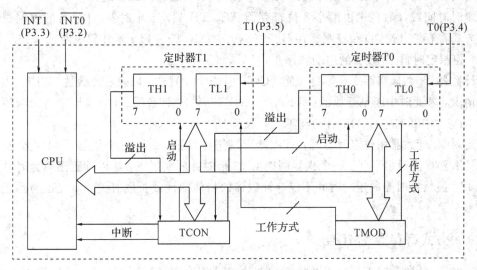

图 5-1 80C51 定时器/计数器逻辑结构图

定时器/计数器 T0 由两个特殊功能寄存器 TH0 和 TL0 构成，定时器/计数器 T1 由 TH1 和 TL1 构成。定时器/计数器方式寄存器 TMOD 用于设置定时器/计数器的工作方式，定时器/计数器控制寄存器 TCON 用于启动和停止定时器/计数器的计数，并控制定时器/计数器的状态。定时器/计数器的内部结构实质上是一个可程控的加法计数器，由编程来设置它工作在定时状态或计数状态。

5.2 80C51 定时器/计数器的工作原理

定时器/计数器 $Ti(i=0,1)$ 的工作原理如图 5-2 所示。

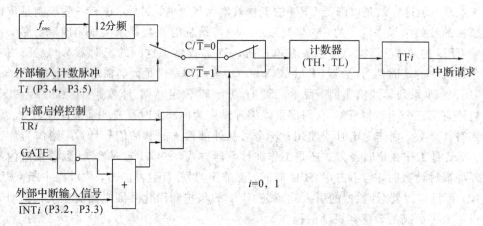

图 5-2 80C51 定时器/计数器工作原理图

80C51 定时器/计数器的工作状态由 SFR 中专用于定时器/计数器管理的方式寄存器 TMOD 和控制寄存器 TCON 控制。由定时方式寄存器 TMOD 中的定时/计数选择位 $C/\overline{T}$ 选择工作于定时或计数工作状态。$C/\overline{T}=0$，选择对振荡频率 f_{osc} 的 12 分频脉冲计数，实现定时器功能；$C/\overline{T}=1$，工作在计数器状态，对外部引脚的输入脉冲进行计数。

定时时间或计数范围由两个 8 位寄存器 TL、TH 确定。定时器/计数器的控制逻辑由内部方式寄存器 TMOD 和控制寄存器 TCON 中的 GATE、TRi 及外部中断输入信号 $\overline{INTi}$ 组成，控制定时器/计数器的启动和停止。

计数器 Ti 在计满回 0 时能自动使 TCON 中的 TFi 置位，以表示计数器 Ti 产生了溢出中断请求，若此时中断是开放的（即 EA=1 和 ETi=1），计数器 Ti 的溢出中断请求便可被 CPU 响应。中断响应后 TFi 自动清零。

定时器/计数器用作定时器时，对机器周期进行计数，每过一个机器周期计数器加 1，直到计数器计满溢出。由于一个机器周期由 12 个时钟周期组成，所以计数频率为时钟频率的 1/12。显然定时器的定时时间不仅与计数器的初值即计数长度有关，而且还与系统的时钟频率有关。

5.2.1 方式寄存器 TMOD

定时器/计数器的工作状态及控制模式由方式寄存器 TMOD 设定。TMOD 的 SFR 地址为 89H，不可位寻址，其格式如图 5-3 所示。

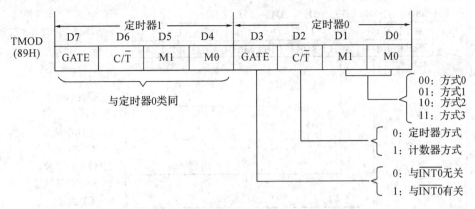

图 5-3　方式寄存器 TMOD 结构

TMOD 的高 4 位与低 4 位具有相同的格式,分别用于控制 T0 和 T1,其中 M1M0 作为方式位,用于确定定时器/计数器的 4 种工作方式,见表 5-1。

表 5-1　方式选择位意义

M1　M0	工作方式	功能说明
0　　0	方式 0	13 位计数器
0　　1	方式 1	16 位计数器
1　　0	方式 2	自动重装 8 位计数器
1　　1	方式 3	定时器 0:分成两个 8 位计数器 定时器 1:停止计数

$C/\overline{T}$ 用于确定工作状态。$C/\overline{T}=1$ 为外部事件计数状态,这种状态采用外部引脚(T0 为 P3.4,T1 为 P3.5)上的输入脉冲作为计数脉冲。内部硬件在每个机器周期的 S5P2 时刻采样外部引脚的状态,当一个机器周期采样到高电平,接着的下一个机器周期采样到低电平时计数器加 1,也就是外部输入电平发生负跳变时加 1。$C/\overline{T}=0$ 时,工作于定时状态,通过对振荡时钟的 12 分频脉冲计数实现定时。

由图 5-2 中还可见到,定时器/计数器 Ti 是否工作还和 TRi、GATE 和 $\overline{INT}i$ 有关。GATE 是门控位,用于确定 $\overline{INT}i$ 是否需要参与对计数器 T0 的控制:若 GATE=0,则定时器/计数器 Ti 只受 TRi 控制,$\overline{INT}i$ 仍作为中断请求输入线用,只要通过软件使 TRi 置 1,就启动了定时器/计数器;若 GATE=1,则 $\overline{INT}i$ 线可作为计数器 Ti 的辅助控制线,不再用作中断请求输入线。在 GATE=1 时,由 TRi 和外部引脚 $\overline{INT}i$ 控制启/停,若 $\overline{INT}i$=0,则 TRi 对计数器 Ti 的控制作用被禁止;若 $\overline{INT}i$=1,则允许 TRi 控制计数器 Ti 的启动或停止。

5.2.2　控制寄存器 TCON

定时器/计数器的控制寄存器 TCON 占用了 SFR 的 88H 字节。这里只利用了高 4 位,其低 4 位为中断控制位,将在下一章讲述。TCON 除可字节寻址外,还可位寻址。如图 5-4 所示,TCON 用于控制定时器/计数器的启停和计数溢出标志设置。

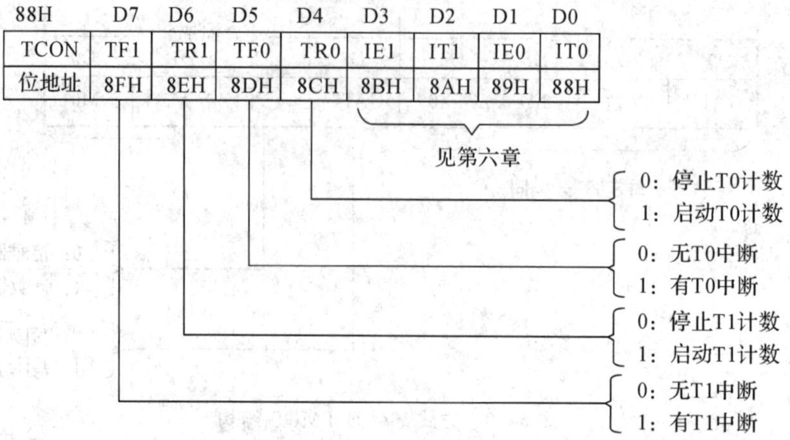

图 5-4 控制寄存器 TCON 结构

TCON.7——TF1(8FH)：计数器 T1 的溢出标志。计数器 T1 溢出时，由硬件自动使中断触发器 TF1 置 1，并向 CPU 请求中断。当 CPU 进入中断响应后，由硬件自动将 TF1 清零。TF1 可以由程序查寻，也可由软件清零。

TCON.6——TR1(8EH)：计数器 T1 运行控制位。由软件置 1 或置 0 来启动或关闭定时器 T1。

TCON.5——TF0(8DH)：计数器 T0 溢出标志。其功能及操作情况同 TF1。

TCON.4——TR0(8CH)：计数器 T0 运行控制位。其功能及操作情况同 TR1。

TCON.3——IE1(8BH)：外部触发中断 T1 请求标志。当检测到 $\overline{INT1}$ 引脚上有由 1 到 0 的电平跳变，且 IT1＝1 时，由硬件将此位置位，以请求中断。进入中断服务程序后，由硬件自动清 0。

TCON.2——IT1(8AH)：外中断 T1 触发方式选择位。IT1＝0，为低电平触发；IT1＝1，为下降沿触发，由软件来置位或复位。

TCON.1——IE0(89H)：外部触发中断 T0 请求标志。其功能及操作方法同 IE1。

TCON.0——IT0(88H)：外中断 T0 触发方式选择位。其功能及操作方法同 IT1。

5.3　80C51 定时器/计数器的工作方式

80C51 的定时器/计数器是加 1 计数的，定时器实际上也是工作在计数方式下，只不过是对固定频率的脉冲计数，由于脉冲周期固定，可以由计数值推算出时间，实现定时功能。定时器/计数器按计数值的不同，分为 4 种工作方式：

方式 0：13 位计数方式，相当于有 5 位预分频的 8 位计数方式。

方式 1：16 位计数方式。

方式 2：计数常数可自动重装的 8 位计数方式。

方式 3：两个 8 位计数器与波特率发生器的工作方式。

定时器/计数器的方式设定、启停控制等，都通过对特殊功能寄存器 SFR 的 TMOD 和 TCON 的设定来完成。由于 TMOD 不可位寻址，对 TMOD 的设定需通过直接寻址的字节操作来实现。例如，设定 T0 按方式 1 进行计数操作，并由内部 TR0 位来进行启停控制，此时 GATE 应置 0，所以控制字应为 xxxx0101B＝05H，设 T1 为复位状态，可用这样的指令完成设定：

  MOV 89H，♯05H

或

  MOV TMOD，♯05H

或用 C 语言直接赋值。

5.3.1　方式 0 工作状态

当 M1、M0 两位为 00 时，定时器/计数器被设定为工作方式 0，计数器结构保留了 80C51 前身 MCS‐48 单片机 32 分频的 8 位计数方式。在这种方式下，16 位寄存器(THi 和 TLi)只用 13 位，由 THi 的 8 位和 TLi 的低 5 位构成，其逻辑结构如图 5‐5 所示。

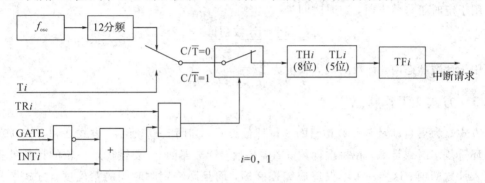

图 5‐5　方式 0 的定时器/计数器结构

TLi 的高 3 位是无效的，可以不必理会。因此方式 0 是一个 13 位的定时器/计数器。当 TLi 的低 5 位计数溢出时即向 THi 进位，而 THi 计数溢出时向中断标志位 TFi 进位(称硬件置位 TFi)，并请求中断。因此，可通过查询 TFi 是否置位或查看中断是否发生(通过 CPU 响应)来判断定时器/计数器 Ti 的计数操作溢出与否。

在图 5‐5 中，当 C/$\overline{T}$＝0 时，多路开关接到振荡器的 12 分频器输出，对机器周期计数，这就是定时器工作状态。其定时时间为

$$T=(2^{13}-计数初值)\times 时钟周期 \times 12$$

当 C/$\overline{T}$＝1 时，多路开关与引脚 Ti(P3.4、P3.5)接通，计数器对来自外部引脚 Ti 的输入脉冲计数，即实现计数功能。当外部信号发生负跳变时，计数器加 1。

GATE 控制定时器/计数器的运行条件取决于 TRi 这一位的控制，或取决于 TRi 和 $\overline{INT i}$ 这两位的控制。当 GATE＝0 或门输出恒为 1 时，外部中断输入引脚 $\overline{INT i}$ 信号失效，同时又打开与门，由 TRi 控制定时器/计数器的开启和关断：若 TRi＝1，则接通控制开关，启动定时器/计数器；若 TRi＝0，则断开控制开关，停止计数。当 GATE＝1 时，与门的输出由 $\overline{INT i}$ 的输入电平和 TRi 位的状态来确定。若 TRi＝1，则打开与门，外部信号电平通过 $\overline{INT i}$ 引脚直接开启或关断定时器/计数器。当 $\overline{INT i}$ 为高电平时，允许计数，否则停止计数。这种工作方式可用来测量外部信号的脉冲宽度等。

5.3.2　方式 1 工作状态

方式 1 为 16 位计数方式，其结构与操作同方式 0 基本一样，唯一的区别在于方式 1 寄

存器 THi、TLi 以全 16 位计数，如图 5-6 所示。

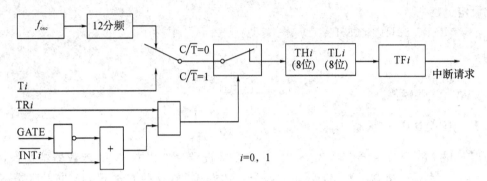

图 5-6 方式 1 的定时器/计数器结构

用于定时工作状态时，定时时间为

$$T = \frac{(2^{16} - \text{计数初值}) \times 12}{f_{osc}}$$

用于计数状态时，计数的最大长度为 $2^{16} = 65536$ 个外部脉冲。

5.3.3 方式 2 工作状态

方式 2 为可自动重装计数初值的 8 位计数方式，如图 5-7 所示。方式 0 和方式 1 若用于循环重复定时或计数，在每次计数满、溢出后，计数器回 0，要进行新一轮的计数就得重新装入计数初值。这样一来不仅造成编程麻烦，而且影响定时时间的精确度。方式 2 具有初值自动装入的功能，避免了上述问题。

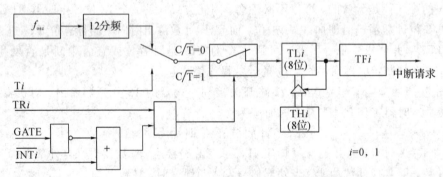

图 5-7 方式 2 的定时器/计数器结构

在方式 2 中，16 位寄存器被拆成两个部分：TLi 用作 8 位计数器，THi 用来保存计数初值。当 8 位计数器 TLi 计数溢出后，会自动启动 THi 重新向 TLi 装入计数初值，从而进入新一轮的计数，如此重复不止。这种工作方式可以避免因重新装入初值而对定时精度的影响，适用于需要产生精度高的定时时间的应用场合。

用于定时器工作状态时，其定时时间（TF 溢出周期）为

$$T = \frac{(2^8 - \text{TH 的初值}) \times 12}{f_{osc}}$$

用于计数器工作状态时，最大计数长度为 $2^8 = 256$ 个外部脉冲。

在程序初始化时，可对 TLi、THi 赋予相同的初值，一旦 TLi 计数溢出，置位 TFi，硬件

就会将 THi 中的初值自动装入 TLi，继续计数，如此循环往复。这种工作方式可省去用软件重装计数常数的程序，并可产生相当精度的定时时间，特别适于作串行口波特率发生器。

5.3.4 方式 3 工作状态

在方式 3 下，T0 和 T1 的工作方式有较大的不同，见图 5-8。

若将 T0 设置为方式 3，TL0 和 TH0 被分为两个独立的 8 位计数器，其中 TL0 用原 T0 的各控制位、引脚和中断源，可工作于定时器或计数器状态，除了用 8 位寄存器作计数器外，其功能和操作与方式 0 或方式 1 相同。TH0 占用了原 T1 的控制位 TR1 和中断标志位 TF1，它被固定为定时器工作状态，其启动和停止仅受 TR1 控制。TR1＝1 时，控制开关接通，TH0 对 12 分频的时钟信号计数；TR1＝0 时，控制开关断开，TH0 停止计数。由此可见，在方式 3 下，TH0 只能用作简单的内部定时，不能用作对外部脉冲进行计数，是定时器 T0 附加的一个 8 位定时器。

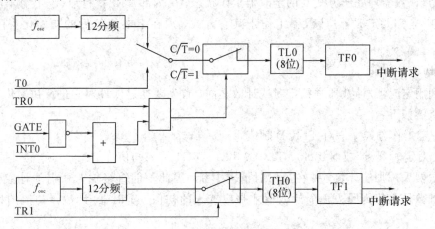

图 5-8 方式 3 的定时器/计数器结构

在 T0 工作于方式 3 时，T1 仍可设置为方式 0～方式 2，但由于 TR1、TF1 已被定时器 TH0 占用，其计数开关一直处于导通状态，此时仅由 T1 的控制位 C/$\overline{T}$ 切换使其处于定时器或计数器工作状态。寄存器溢出时，只能将输出送入串行口或用于不需要中断的场合。若要停止计数操作，可送入一个设置 T1 为方式 3 的方式字，其效果与置 TR1＝0 相同，即关闭定时器 T1。

方式 3 的作用比较特殊，只适用于定时器 T0。在一般情况下，当 T1 用作串行口波特率发生器时，T0 才设置为工作方式 3，以便多获得一路 8 位定时器。此时，常把 T1 设置为方式 2，如图 5-9 所示。

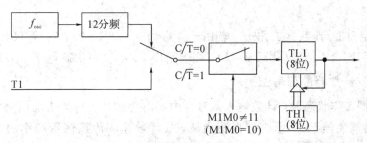

图 5-9 T0 为方式 3 时，T1 用作内部串口时钟

5.4 应用指导及实例

定时器/计数器功能在单片机设计中很常用，但其使用比较规范，遵循实例，理解原理，可以很好地掌握其应用。

5.4.1 应用指导

定时器/计数器是单片机设计中常用的功能部件，应用中应根据系统设计要求，处理好相关的特殊功能寄存器，并注意以下部分。

1. 定时器/计数器的复位状态

根据 SFR 的复位状态，TMOD、TCON 复位后的有效位均为 0，故单片机复位后，两个定时器/计数器均处于方式 0 的定时器工作状态，由内部 TRi 执行启、停控制，溢出中断标志为 0。若需要定时器/计数器工作于其它方式，须在上电复位后的初始化程序中进行设定。

2. 初始化设定

在利用定时器/计数器进行定时或计数之前，首先要通过软件对它进行初始化。初始化的大致步骤如下：

（1）定工作方式——对 TMOD 赋值。

（2）对定时器/计数器 TH0、TL0 或 TL1、TH1 写入初值。

计数器采用加法计数，并在溢出时请求中断，因此不能直接输入所需的计数模值，而是要从计数最大值倒回去一个计数值才是应置入的初值。定时器/计数器初值的计算方法如下。

设置入的初值为 x，计数器的最大值为 M，则在不同工作方式下，最大计数值为

工作方式 0： $M = 2^{13} = 8192$

工作方式 1： $M = 2^{16} = 65536$

工作方式 2： $M = 2^8 = 256$

工作方式 3：   定时器 T0 分为两个 8 位计数器，M 均为 256

计数状态时，$x = M -$ 计数模值。

定时状态时，因为 $(M-x) \times T =$ 定时值，所以 $x = M -$（定时值$/T$）。其中，T 为计数周期，它是单片机时钟周期的 12 倍。

（3）根据需要开放定时器/计数器的中断——直接对中断允许控制寄存器 IE 的位赋值。

（4）启动定时器/计数器工作——若用软件启动（GATE＝0），则对 TR0 或 TR1 置 1；若由外部中断引脚电平启动（GATE＝1），则需给 $\overline{\text{INT0}}$ 或 $\overline{\text{INT1}}$ 加高电平。

3. 定时器/计数器的信号源

选择定时器工作状态时，计数输入信号是内部时钟脉冲，每个机器周期使寄存器的值加 1。每个机器周期等于 12 个时钟振荡周期，故计数速率为振荡器频率的 1/12。当采用 12 MHz晶体时，计数速率为 1 MHz。

选择计数器工作状态时，计数脉冲来自相应的外部输入引脚 T0 或 T1。在每个机器周期的 S5P2 期间，对外部输入进行采样。若在前一机器周期中的采样值为 1，在下一个机器周期中的采样值为 0，则在紧跟着的再下一个机器周期的 S3P1 期间，计数值就增 1。也就是说，当输入信号产生由 1 至 0 的跳变时，计数寄存器(TH0、TL0 或

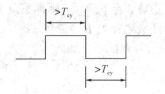

图 5 - 10　计数脉冲基本要求

TH1、TL1)的值加 1。由于确认一次下跳变要用两个机器周期，即 24 个时钟振荡周期，因此外部输入计数脉冲的最高频率为时钟频率的 1/24。外部输入信号的占空比没有限制，但为了确保某一给定的电平在变化之前至少被采样一次，因此这一电平至少要保持一个机器周期。对输入信号的基本要求如图 5 - 10 所示，图中 T_{cy} 为机器周期。

4. 方式 0 的计数器特点

80C51 定时器/计数器的方式 0 状态沿袭了 MCS - 51 的前身 MCS - 48 中的计数器结构，其 13 位计数器是按 5 位预分频定标器、8 位计数器设置的。在 80C51 THi、TLi 两个 8 位计数器构成的 13 位计数器中，低 5 位为 TLi，高 8 位为 THi，这种计数器的配置使得其计数初值不是按 13 位减法所得的数据值，计数初值设置不直观。例如，要实现 m 的定时要求，系统时钟为 f_{osc}，定时器计数脉冲周期为 $T = 12/f_{osc}$，设计数初值为 x，则

$$m = \frac{(2^{13} - x) \times 12}{f_{osc}}$$

按 13 位减法，13 位加计数器的计数初值 m 为

$$x = 2^{13} - \frac{m \cdot f_{osc}}{12}$$

设 $m = 1$ ms，$f_{osc} = 12$ MHz，则

$$x = 2^{13} - \frac{12 \times 10^6 \times 1 \times 10^{-3}}{12} = 7192 = 1C18H$$

上述 x 是按 13 位计数(高 5 位，低 8 位)的减法求得的计数器初值，而 80C51 定时器方式 0 的 13 位计数器是按高 8 位、低 5 位安排的，即要把 x 按高 8 位、低 5 位组合成计数初值：

$$1C18H = \underline{11100000}\ \underline{11000}B = E018H$$

即实际的计数初值应为 E018H。

5. 当定时器 T0 用于模式 3 时，定时器 T1 的启停控制

当定时器 T0 设为模式 3 时，T1 的开启是不能使用 TR1 控制的，因为此时 TR1 控制的是 T0 的高 8 位定时器。这种情况下的 T1 将在计数初值写入指令之后自动启动。T1 本无模式 3，但若故意将 T1 设为模式 3，那就表示关闭 T1，所以可借用 ORL TMOD，♯00110000B指令作为 T1 的关闭命令。

6. 计数器的"飞读"

80C51 计数器不具有捕获功能，不能在计数器计数瞬间捕捉住 THi、TLi 的计数值。

在计数器计数期间，如果读第一个 8 位计数器，第二个计数器还在计数，恰逢溢出，再读第二个 8 位计数器时，就会呈现很大的计数误差。这就要通过计数器的"飞读"来解决。即先读 THi 值，后读 TLi 值，然后再重复读取 THi 值。若两次 THi 值相同，则读得的内

容正确；若不相同，则再重复上述过程。下面是对 T0 计数器的"飞读"子程序 RDT0。读取的计数值存入 R0、R1。

```
RDT0：  MOV     A，TH0           ;读 TH0 入 A
        MOV     R1，TL0          ;读 TL0 入 R1
        CJNE    A，TH0，RDT0      ;比较两次读得的 TH0，不同时再读一次
        MOV     R0，A
        RET
```

5.4.2 应用举例

定时器/计数器 T0 和 T1 不仅可以使单片机方便地用于定时控制，而且可作为分频器和事件记录来用。定时器模式下的定时时间或计数器模式下的计数值均可由 CPU 通过执行程序设定，但都不能超过各自的最大值。最大定时时间或最大计数值和定时器/计数器位数的设定有关，而位数设定又取决于工作方式的设定。

例 5-1 设晶振 $f_{osc}=12\,\mathrm{MHz}$，利用 T0 产生周期为 $400\,\mu s$ 的方波，由 P1.0 输出，如图 5-11 所示。

解 根据题意，只要使 P1.0 每隔 $0.2\,\mathrm{ms}$ 取一次反，即可得到 $0.4\,\mathrm{ms}$ 的方波。定时时间为 $0.2\,\mathrm{ms}$(时间不长)，选方式 2；定时状态，$C/\overline{T}=0$；在此用软件启动 T0 工作，即置 GATE=0。T1 不用，可任意。

下面计算定时值为 $0.2\,\mathrm{ms}$ 时，T0 的初值。

机器周期：

5-11 例 5-1 的接口电路

$$T=\frac{12}{f_{osc}}=1\,\mu s$$

则 T0 的初值为

$$x=2^8-200=56=38H$$

因为做 8 位计数器使用，自动重装，所以

$$(TH0)=38H,(TL0)=38H$$

程序编写如下：

```
#include<reg51.h>
sbit p10=P1^0;                      //定义 p10 为 P1.0 口
main()
{       TMOD=0x02;                  //设置定时器 T0 的工作方式为方式 2
        TH0=0x38;                   //给 TH0 赋初值
        TL0=0x38;                   //给 TL0 赋初值
        ET0=1;                      //定时器 T0 中断允许
        EA=1;                       //CPU 开中断
        TF0=0;                      //定时器 T0 溢出标志置零
        TR0=1;                      //启动定时器 T0
        p10=0;
        while(1);
}
```

```
void Timer0( ) interrupt 1 using 0        //定时器 T0 溢出中断函数
{
    p10=～p10;                            //取反，产生方波
}
```

例 5-2　设晶振 $f_{osc}=12$ MHz，利用 T0 定时使 P0.0 端电平每隔 10 s 取反一次，由 P0.0 输出。

解　在方式 1 下，最大的计数值为 $M=2^{16}=65536$，而晶振为 12 MHz 的机器周期为 1 μs，所以最大定时时间 $T_{max}=65536\ \mu s=65.36$ ms，不能满足本题定时要求，需另设软件计数器。设 T0 的定时时间为 50 ms，则初始值 x 为

$$x=65536-50000=15536=3CB0H$$

则

$$(TL0)=0B0H,\ (TH0)=3CH$$

程序如下：

```
#include<reg51.h>
sbit p00=P0^0;                           //定义 p00 为 P0.0 口
int nCounter=0;
main( )
{
    TMOD=0x01;                           //置定时器 T0 为方式 1
    TH0=0x3c;                            //定时 50 ms
    TL0=0xb0;
    ET0=1;                               //定时器 T0 中断允许
    EA=1;                                //CPU 开中断
    TF0=0;                               //定时器 T0 溢出标志置零
    TR0=1;                               //启动定时器 T0
    p00=1;                               //产生方波高电平
    while(1);
}
void Timer0( ) interrupt 1 using 0  //定时器 T0 溢出中断函数
{
    TH0=0x3c;                            //重装计数初值
    TL0=0xb0;
    nCounter++;                          //计数次数加 1
    if(nCounter==200)                    //10 s 定时完成，循环变量 nCounter 清零，电平取反
    {
        nCounter=0;
        p00=～p00;
    }
}
```

例 5-3　当 GATE=1、TR0=1，只有 $\overline{INT0}$ 引脚上出现高电平时，T0 才能允许计数，如图 5-12 所示。试利用这一功能测试 $\overline{INT0}$ 引脚上正脉冲的宽度（机器周期数）。

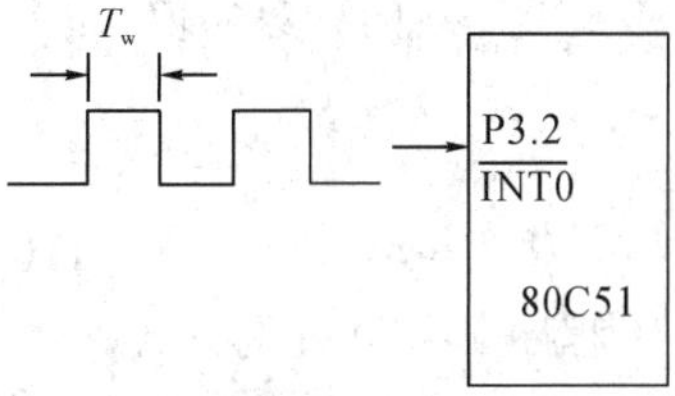

图 5-12　例 5-3 的接口电路

解 外部待测脉冲由$\overline{INT0}$(P3.2)输入，T0 为工作方式 1，设置为定时状态，GATE 置为"1"。测试时，在$\overline{INT0}$端为"0"时置 TR0 为"1"，当$\overline{INT0}$端变为 1 时启动计数，$\overline{INT0}$端再次变为"0"时停止计数。此时的计数值就是被测正脉冲的宽度。nvar1、nvar2 用来存放计数值。

程序如下：

```
#include<reg51.h>
sbit p32=P3^2;
int nvar1，nvar2；
main( )
{
    TMOD=0x09；          //设置 T0 工作方式 1，启停与 INT0 有关
    TH0=0x00；           //T0 清零
    TL0=0x00；
    ET0=1；              //T0 中断允许
    EA=1；               //CPU 开中断
    TF0=0；              //T0 溢出标志置零
    while(INT0==1)；     //等待 P3.2 变低
    TR0=1；              //由 INT0 启动计数器
    while (INT0==0)；    //等待 P3.2 变高后启动 T0
    while(INT0==1)；     //等待 P3.2 再变低
    TR0=0；              //T0 停止计数
    nvar1=TH0；          //存放计数值
    nvar2=TL0；
    while(1)；
}
```

例 5-4 用两个定时器/计数器来测量脉冲信号的频率。

解 外部脉冲信号由引脚 T1 输入，采用定时闸门计数方法测量脉冲频率。设定时器/计数器 T0 为定时状态，提供 100 ms 的基准闸门时间 T_r。在 $10T_r$(1 s)期间，定时器/计数器 T1 对外部脉冲进行计数，所获得的计数值 m 即为被测脉冲信号的频率(注意 T1 计数频率不超过 65 535 Hz)。如果被测脉冲信号的频率比较低，为保证测试精度，可以采用更长的基准闸门时间。

定时器/计数器参数设定：设定时器/计数器 T0 用来提供 100 ms 闸门时间，单片机时钟振荡频率为 6 MHz，定时器/计数器 T1 用来对外部脉冲计数。定时器/计数器 T0 采用方式 1、定时器状态，由内部 TR0 控制启停，因此 TMOD=01010001B=51H。

确定 T0 的计数初值 x：

$$x=2^{16}-\frac{T_r \cdot f_{osc}}{12}=2^{16}-\frac{6\times10^6\times100\times10^{-3}}{12}$$
$$=15536=3CB0H$$

程序 1：T0 查询方式。

```
#include<reg51.h>
sbit p35=P3^5;
```

```
    int nvar1，nvar2，nCounter＝0；
    main()
    {
        TMOD＝0x51；              //设置 T0、T1 控制字
        TH0＝0x3c；               //T0 装入计数初值
        TL0＝0xb0；
        TH1＝0x00；               //T1 清零
        TL1＝0x00；
        ET0＝1；                  //T0 中断允许，可取消
        EA＝1；                   //开中断，可取消
        TF0＝0；                  //溢出标志位清零
        p35＝1；                  //置 T1 引脚为输入方式
        while(p35＝＝0)；          //等待 P3.5 变高
        while(p35＝＝1)；          //等待 P3.5 变低
        TR0＝1；                  //启动 T0 计数
        TR1＝1；                  //启动 T1 计数
        for(nCounter＝0；nCounter＜10；nCounter＋＋)      //1s 定时
        {
            while(TF0＝＝0)；       //等待 T0 溢出
            TH0＝0x3c；            //T0 重新装入计数初值
            TL0＝0xb0；
            TF0＝0；               //软件查询方式，要清除标志
        }
        TR1＝0；                  //停止 T1 计数
        TR0＝0；                  //停止 T0 计数
        nvar1＝TH1；              //保存 T1 计数值，即为测试频率
        nvar2＝TL1；
        while(1)；
    }
```

程序 2：T0 中断方式。

```
    #include＜reg51.h＞
    sbit p35＝P3^5；
    int nvar1，nvar2，nCounter＝0；
    main()
    {
        TMOD＝0x51；               //设置 T0、T1 控制字
        TH0＝0x3c；                //T0 装入计数初值
        TL0＝0xb0；
        TH1＝0x00；                //T1 清零
        TL1＝0x00；
        ET0＝1；                   //T0 中断允许
        EA＝1；                    //开中断
        TF0＝0；                   //溢出标志位清零
```

```
        p35＝1；                          //置 T1 引脚为输入方式
        while(p35＝＝0)；                  //等待 P3.5 变高
        while(p35＝＝1)；                  //等待 P3.5 变低
        TR0＝1；                          //启动 T0 计数
        TR1＝1；                          //启动 T1 计数
        while(1)；
    }
    void Timer0( ) interrupt 1 using 0      //T0 溢出中断函数
    {
        TH0＝0x3c；                       //重装计数初值
        TL0＝0xb0；
        nCounter＋＋；                    //计数次数加 1
        if(nCounter＝＝10)                 //10 s 定时
        {
          TR1＝0；                        //停止 T1 计数
          TR0＝0；                        //停止 T0 计数
          nvar1＝TH1；                    //保存 T1 计数值，即为测试频率
          nvar2＝TL1；
        }
    }
```

思考练习题

1. 不用定时器/计数器电路，单片机能否实现定时/计数功能？为什么要有定时器/计数器电路？

2. 举例说明定时器/计数器的内部启停和外部启停控制的特点和应用。

3. 计数器的计数值与计数初值是一回事吗？定时器的定时时间与计数初值又是什么关系？

4. 例 5-3 中，如果要测量脉冲信号的周期，应如何做？

5. 试分析例 5-4 中频率测量方法的量程范围。

6. 定时器/计数器 T0 的计数初值已预置为 FFFFH，并选定用于方式 1 的计数状态，问此时定时器/计数器 T0 的实际用途是什么？

7. 定时器/计数器 T0 如用于下列定时，晶振频率为 12MHz，试为定时器/计数器 T0 编制初始化程序。

(1) 50ms；

(2) 25ms。

8. 设 80C51 单片机的 f_{osc}＝12 MHz，要求用 T0 定时 15 μs，分别计算采用定时方式 0、定时方式 1 和定时方式 2 时的定时初值。

9. 设 89C51 单片机的 f_{osc}＝6 MHz，则定时器处于不同工作方式时，最大定时时间分别是多少？

10. 定时器/计数器 T0 计数初值已预置为 156，且选定工作于状态 2 的计数状态，现在

T0 引脚输入周期为 1 ms 的脉冲，问：

（1）此时定时器/计数器 T0 的实际用途是什么？

（2）在什么情况下，定时器/计数器 T0 溢出？

11. 定时器/计数器计数"溢出"标志是什么？有几种途径可以及时得知"计数已满"？

12. 设定时器/计数器只需完成一次计时或计数，将定时器/计数器不重复装入初值与不再启动定时器是否是一回事？

13. 89C51 系统中两个定时器/计数器能否实现硬件直接级联？

第六章　80C51 中断系统

本章主要介绍 80C51 中断系统的结构与工作原理、中断的类型、中断的响应时间、优先级、中断源的扩展方法等。本章最后给出中断系统应用实例。

6.1　80C51 中断系统的结构及工作原理

6.1.1　中断系统的结构

80C51 系列单片机有 5 个中断源，52 子系列单片机有 6 个中断源，两者均可分为两个中断优先级，即高优先级和低优先级；每个中断源的优先级都可以由程序来设定。

80C51 的中断系统如图 6-1 所示，它由与中断有关的特殊功能寄存器和中断顺序查询逻辑等组成。

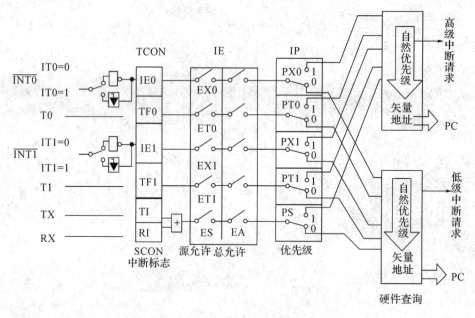

图 6-1　80C51 中断系统

中断顺序查询逻辑亦称硬件查询逻辑，80C51 的 5 个中断源的中断请求是否会得到响应，要受中断允许寄存器 IE 各位的控制，它们的优先级分别由 IP 各位来确定；同一优先级内的各中断源同时请求中断时，就由内部的硬件查询逻辑来确定响应次序；不同的中断源有不同的中断矢量，中断矢量地址如表 6-1 所示。52 子系列的中断系统与 51 的类同，只不过增加了一个 T2 中断源。

表 6 - 1　80C51 中断源的矢量地址

中断源	矢量地址	自然优先级
$\overline{INT0}$外部中断 0 中断	0003H	最高
T0 定时器 0 中断	000BH	
$\overline{INT1}$外部中断 1 中断	0013H	
T1 定时器 1 中断	001BH	
RI 或 TI 串行口中断	0023H	最低

　　由图 6-1 可知,80C51 的 5 个中断源为:2 个外部输入中断源$\overline{INT0}$(P3.2)和$\overline{INT1}$ (P3.3);3 个内部中断源 T0 和 T1 的溢出中断源及串行口发送、接收中断源。其中断请求信号的产生如下:

　　(1) $\overline{INT0}$和$\overline{INT1}$:外部中断 0 和外部中断 1,其中断请求信号分别由 P3.2、P3.3 引脚输入。请求信号的有效电平由 TCON 中的 IT0 和 IT1 设置,一旦输入信号有效,就将 TCON 中的 IE0 或 IE1 标志位置 1,可向 CPU 申请中断。

　　(2) TF0 和 TF1:定时器 0 和定时器 1 的溢出中断。当 T0 或 T1 计数器加 1 计数产生溢出时,将 TCON 中的 TF0 或 TF1 置位,向 CPU 申请中断。

　　(3) RI 和 TI:串行口的接收和发送中断。当串行口接收或发送完一帧数据时,将 SCON 中的 RI 或 TI 置位,向 CPU 申请中断。

　　当某中断源的中断请求被 CPU 响应之后,CPU 将自动把此中断源的入口地址装入 PC,中断服务程序从此地址开始执行。由于相邻中断源的入口地址之间只有 8 个字节,因此一般在中断源的入口地址处存放一条绝对跳转指令,可以跳转到用户安排的中断服务程序的入口处。

6.1.2　中断控制的功能

　　51 系列单片机中断控制部分由 4 个专用寄存器组成,它们的功能分述如下。

1. 中断请求标志

　　5 个中断源的外部中断和定时器中断请求标志位设置在定时器控制寄存器 TCON 中,其各位的定义在前面已提到过,在此仅说明一下 TCON 中的 IT0 和 IT1 位。IT0 和 IT1 是外部中断的触发方式设置位,决定外部中断的复位方法。外部中断的复位方式为:

　　(1) 当 ITi=0 时,外部中断为电平触发方式,该方式下 CPU 在每个机器周期的 S5P2 期间对$\overline{INTi}$引脚采样,若测得为低电平,则认为有中断请求,随即使 IE 标志位置位;若测得为高电平,认为无中断申请或中断申请已撤除,随即清除 IE 标志位。在电平触发方式中,CPU 响应中断后不能自动清除 IE 标志位,也不能由软件清除 IE 标志,所以在中断返回前必须撤消$\overline{INTi}$引脚上的低电平,否则将再次中断,造成出错。

　　(2) 当 ITi=1 时,外部中断设置为边沿触发方式,CPU 在每个机器周期的 S5P2 期间采样$\overline{INTi}$引脚,若在连续两个机器周期采样到先高后低的电平变化,则将 IE 标志位置"1",此标志一直保持到 CPU 响应中断时,才由硬件自动清除。在边沿触发中,为保证 CPU 在两个机器周期内检测到由高到低的负跳变,输入高电平和低电平的时间起码要分别保持 12

个振荡周期，即要分别保持 1 个机器周期的时间。

串行口的中断请求标志由串行口控制寄存器 SCON 的 D0(98H)和 D1(99H)位来设置。RI 为接收中断标志位；TI 为发送中断标志位。其中断申请的过程如下：

(1) 发送过程：CPU 对发送缓冲器 SBUF 的每次写入操作，都启动发送，每发送完一帧数据，由硬件自动将 TI 置位。但 CPU 响应中断时，并不能清除 TI 位，所以必须由软件清除。

(2) 接收过程：在串行口允许接收时，即可串行接收数据，当一帧数据接收完毕，由硬件自动将 RI 位置位。同样 CPU 响应中断时不能清除 RI 位，必须由软件清除。

2. 中断开放和屏蔽

80C51 系列单片机中设有一个专用寄存器 IE，称为中断允许寄存器，其作用是用来对各中断源进行开放或屏蔽的控制。其各位的定义如下：

IE	AFH	AEH	ADH	ACH	ABH	AAH	A9H	A8H
A8H	EA	—	ET2	ES	ET1	EX1	ET0	EX0

EA：CPU 中断允许位。EA=1，CPU 开放中断，而每个中断源是开放还是屏蔽分别由各自的允许位确定。EA=0，CPU 关中断，禁止一切中断。

ES：串行口的中断允许位。ES=1，允许串行口的接收和发送中断；ES=0，禁止串行口中断。

ET1：定时器 1 中断允许位。ET1=1，允许 T1 中断，否则禁止中断。

EX1：外部中断 1 的中断允许位。EX1=1 允许外部中断 1 中断，否则禁止中断。

ET0：定时器 0 中断允许位。ET0=1，允许 T0 中断，否则禁止中断。

EX0：外部中断 0 的中断允许位。EX0=1，允许外部中断 0 中断，否则禁止中断。

ET2：定时器 2 中断允许位，仅用于 52 子系列单片机中。ET2=1，允许定时器 2 中断，否则禁止中断。

系统复位后，IE 各位都为 0，即禁止所有中断。IE 寄存器可位寻址也可以字节寻址。

3. 中断优先级设定

80C51 单片机的中断分为两个优先级，每个中断源的优先级都可以通过中断优先级寄存器 IP 中的相应位来设定。IP 各位的定义如下：

IP	BFH	BEH	BDH	BCH	BBH	BAH	B9H	B8H
B8H	—	—	PT2	PS	PT1	PX1	PT0	PX0

IP.7 和 IP.6：保留位。

PT2(IP.5)：定时器 2 优先级设定位，仅适用于 52 子系列单片机。PT2=1 时，设定为高优先级，否则为低优先级。

PS(IP.4)：串行口优先级设定位。PS=1 时，串行口设定为高优先级，否则为低优先级。

PT1(IP.3)：定时器 1 优先级设定位。PT1=1 时，定时器 1 设定为高优先级，否则为低优先级。

PX1(IP.2)：外部中断 1 优先级设定位。PX1=1 时，外部中断 1 设定为高优先级，否则为低优先级。

PT0(IP.1)：定时器 0 优先级设定位。PT0＝1 时，定时器 0 设定为高优先级，否则为低优先级。

PX0（IP.0）：外部中断 0 优先级设定位。PX0＝1 时，外部中断 0 设定为高优先级，否则为低优先级。

当系统复位后，IP 各位均为 0，所有中断源设置为低优先级中断。IP 也是可以进行字节寻址和位寻址的特殊功能寄存器。

4. 优先级结构

通过设置 IP 寄存器中的各位把中断源的优先级分为高、低两级，它们遵循两条基本原则：

(1) 低优先级中断可以被高优先级中断所中断，反之不能。

(2) 一种中断（无论是高优先级 还是低优先级）一旦得到响应，与它同级的中断不能再中断它。

为了实现这两条规则，中断系统内部有两个不可寻址的优先级激活触发器，其中一个指示某高优先级的中断正在得到服务，所有后来的中断都被阻断。另一个触发器指示某低优先级的中断正在得到服务，所有同级的中断都被阻断，但不阻断高优先级的中断。

当 CPU 同时收到几个同一优先级的中断请求时，哪一个的请求将得到服务，取决于内部的硬件查询顺序，CPU 将按自然优先级顺序确定应该响应哪个中断请求。其自然优先级由硬件形成，排列如下：

中断源	同级自然优先级
外部中断 0	最高级
定时器 0 中断	
外部中断 1	
定时器 1 中断	
串行口中断	最低级
定时器 2 中断	最低级(52 子系列单片机)

在每个机器周期中，CPU 对所有的中断源都顺序地检查一遍，这样到任一机器周期的 S6 状态，可找到所有已激活的中断请求，并排好了优先权。在下一个机器周期的 S1 状态，只要不受阻断就开始响应其中最高优先级的中断请求。若发生下列情况，中断响应会受到阻断：

(1) 同级或高优先级的中断正在进行中。

(2) 现在的机器周期还不是执行指令的最后一个机器周期，即正在执行的指令还没有执行完前，不响应任何中断。

(3) 正在执行的是中断返回指令 RETI 或是访问特殊功能寄存器 IE 或 IP 的指令，换言之，在 RETI 或者在读写 IE 或 IP 之后，不会马上响应中断请求，至少要在执行其它一条指令之后才会响应。

若存在上述任一种情况，中断查询结果就被取消。否则，在紧接着的下一个机器周期，中断查询结果变为有效。

6.2 80C51 中断处理过程

中断处理过程可分为三个阶段：即中断响应、中断处理和中断返回。各种单片机中断系统的硬件结构不同，中断响应的方式也就有所不同。此处仅说明 80C51 单片机的中断处理过程。

6.2.1 中断响应

1. 中断响应的条件

CPU 响应中断的条件有：

(1) 有中断源发出中断请求；

(2) 中断总允许位 EA＝1，即 CPU 开中断；

(3) 申请中断的中断源的中断允许位为 1，即没有被屏蔽。

以上条件满足，一般 CPU 会响应中断，但在上一节中所述的中断受阻断的情况下，本次的中断请求 CPU 不会响应。

2. 中断响应的过程

如果中断响应条件满足，而且不存在中断受阻的情况下，CPU 将响应中断。在此情况下，CPU 首先使被响应中断的相应优先级激活触发器置位，以阻断同级和低级中断。然后根据中断源的类别，在硬件的控制下内部自动形成长调用指令（LCALL），此指令将自动把断点压入堆栈，但不自动保护 PSW 的内容。最后将对应的中断源的地址装入程序计数器 PC，使程序转向该中断的入口。80C51 的中断入口地址如表 6-1 所示。

3. 中断响应时间

CPU 不是在任何情况下对中断请求都予以响应的，且不同的情况下对中断响应的时间也是不同的。现以外部中断为例，说明中断响应的最短时间。

在每个机器周期的 S5P2 期间，$\overline{INT0}$ 和 $\overline{INT1}$ 引脚的电平被锁存到 TCON 的 IE0 和 IE1 标志位，CPU 在下一个机器周期才会查询这些值。这时如果满足中断响应条件，下一条要执行的指令将是一条硬件长调用指令"LCALL"，使程序转至中断源对应的矢量地址入口。硬件长调用指令本身要花费 2 个机器周期，这样，从外部中断请求有效到开始执行中断服务程序的第一条指令，中间要隔 3 个机器周期，这是最短的响应时间。

如果遇到中断受阻的情况，则中断响应时间会更长一些。例如，一个同级或高优先级的中断正在进行，则附加的等待时间将取决于正在进行的中断服务程序。如果正在执行的一条指令还没有到最后一个机器周期，则附加的等待时间为 1～3 个机器周期，因为一条指令的最长执行时间为 4 个机器周期（MUL 和 DIV 指令）。如果正在执行的是 RETI 指令或者是读写 IE 或 IP 的指令，则附加的时间在 5 个机器周期之内（为完成正在执行的指令，还需要 1 个机器周期，加上为完成下一条指令所需的最长时间为 4 个周期，故最长为 5 个机器周期）。

若系统中只有一个中断源，则响应时间在 3～8 个机器周期之间。

以上为采用汇编语言时的中断响应时间分析，若采用 C51 编程，有可能时间还会加长。

6.2.2 中断处理

CPU 响应中断后即转至中断服务程序入口。从中断服务程序的第一条指令开始到返回指令结束为止，这个过程称为中断处理或称中断服务。不同的中断服务的内容及要求各不相同，其处理过程也就有所区别。一般情况下，中断处理包括两部分内容：一是保护现场；二是中断服务。

现场通常有 PSW、工作寄存器、专用寄存器等。如果在中断服务程序中要用这些寄存器，则在进入中断服务之前应将它们的内容保护起来，称保护现场；同时在中断结束后，RETI 指令之前应恢复现场。

中断服务是针对中断源的具体要求进行处理的。

其次，用户在编写中断服务程序时应注意以下几点：

（1）各中断源的入口矢量地址之间只相隔 8 个单元，一般中断服务程序是容纳不下的，因而最常用的方法是在中断入口矢量地址单元处存放一条无条件转移指令，转到存储器其它的空间去。

（2）若要在执行当前中断程序时禁止更高优先级中断，应用软件关闭 CPU 中断，或屏蔽更高级中断源的中断，在中断返回前再开放中断。

（3）在保护现场和恢复现场时，为了不使现场信息受到破坏或造成混乱，一般情况下，应关 CPU 中断，使 CPU 暂不响应新的中断请求。这样就要求在编写中断服务程序时，应注意在保护现场之前要关中断，在保护现场之后若允许高优先级中断打断它，则应开中断。同样在恢复现场之前应关中断，恢复之后再开中断。中断处理流程见图 6-2。

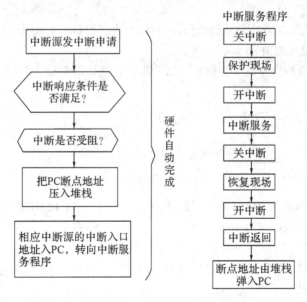

图 6-2　中断处理流程图

采用 C51 编程，只需要编写中断服务程序即可，保护现场等处理由编译环境自动完成。

6.2.3 中断返回

中断处理程序的最后一条指令是中断返回指令 RETI。它的功能是将断点弹出送回 PC

中，使程序能返回到原来被中断的程序处继续进行。

80C51 的 RETI 指令除了弹出断点之外，它还通知中断系统已完成中断处理，并将"优先级激活"触发器清除（该触发器在响应中断时被置位）。这一点，应与子程序区分开来。

6.2.4 中断请求的撤消

CPU 响应中断请求后，在中断返回（RETI）之前，该中断请求应撤消，否则会引起另一次中断。80C51 中断源请求撤消的方法依中断源不同而各不相同，分别为：

（1）定时器 0 和定时器 1 的溢出中断，CPU 在响应中断后，就由硬件自动清除了 TF0 和 TF1 标志位，即中断请求自动撤消，无须其它措施。

（2）外部中断请求的撤消与设置的中断触发方式有关。

对于边沿触发方式的外部中断，CPU 在响应中断后，也是由硬件自动将 IE0 或 IE1 标志位清除的，无须采取其它措施。

对于电平触发方式的外部中断，在硬件上，CPU 对 $\overline{INT0}$ 和 $\overline{INT1}$ 引脚的信号完全没有控制。（在专用寄存器中无相应的中断请求标志）也不像某些微处理机那样，响应中断请求后会自动发出一个响应信号。因此在 80C51 的用户系统中，要另外采取撤消中断请求的措施。图 6-3 所示是一种可行的方案。外部中断请求信号不直接加在 $\overline{INTi}$ 引脚上，而是加在 D 触发器的 CLK 时钟端。由于 D 端接地，当外部请求的正脉冲信号出现在 CLK 端时，D 触发器置 0，使 $\overline{INTi}$ 有效，向 CPU 发出中断请求。CPU 响应中断后，利用一根端线作为应答线，图中的 P1.0 接 D 触发器的 S 端，在中断服务程序中用下面两条指令撤消中断请求：

```
ANL  P1, #0FEH          ;使 P1.0 输出 0
ORL  P1, #01H           ;使 P1.0 输出 1
```

这两条指令执行后，使 P1.0 输出一个负脉冲，其持续时间为两个机器周期，足以使 D 触发器置位，而撤消端口外部中断请求。

第二条指令是必不可少的，否则，D 触发器的 S 端始终有效，而 $\overline{INTi}$ 端始终为 1，无法再次中断。

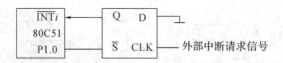

图 6-3 撤消外部中断请求的方案之一

（3）串行口的中断，CPU 响应后，硬件不能自动清除 TI 和 RI 标志位，因此在 CPU 响应中断后，必须在中断服务程序中，用软件方法来清除相应的中断标志位，以撤消中断请求。

在中断程序编写上，用汇编语言需要考虑的部分比较多，而 C51 相对简单，直接编写中断函数并调用即可。

6.3 中断系统应用设计

本节通过几个实例，说明中断系统的应用，让读者可以了解中断控制和中断服务程序的设计方法。

从软件角度看，中断控制实质上是对 4 个特殊功能寄存器 TCON、SCON、IE 和 IP 进行管理和控制。只要这些寄存器的相应位按照人们的要求进行状态预置，CPU 就会按人们的意志对中断源进行管理和控制。在 80C51 中，管理和控制的项目有：

（1）CPU 开中断与关中断；

（2）某个中断源中断请求的允许或屏蔽；

（3）各中断源优先级别的设定；

（4）外部中断的触发方式。

中断管理和控制程序一般都包含在主程序中，根据需要通过几条指令来完成，而中断服务程序是一种具有特定功能的独立程序段，根据中断源的具体要求进行服务。下面举例说明。

例 6-1　用定时器 1 定时，由 P1.0 输出周期为 2 分钟的方波。已知 $f_{osc}=12\text{ MHz}$。

分析　此例要求 P1.0 输出方波的周期较长，用一个定时器无法实现长时间的定时，可用定时器加软件计数的方法或是两个定时器合用的方法来实现。下面分别介绍这两种方法。

方法一：用定时器 T1 定时 10 ms；加软件定时 1 分钟。

nCounter2 作 ms 的计数单元：

$$1\text{ s}/10\text{ ms}=100\text{ 次}$$

nCounter1 作 s 的计数单元：

$$1\text{ min}/1\text{ s}=60\text{ 次}$$

T1 的计数初值：

$$X=2^{16}-\frac{12\times10\times1000}{12}=55536=\text{D8F0H}$$

程序如下：

```
#include<reg51.h>
sbit p10=P1^0;
int nCounter1=0,nCounter2=0;
main()
{
    TMOD=0x10;                    //T1 定时，模式 1
    TH1=0xd8;                     //T1 赋初值
    TL1=0xf0;
    ET1=1;                        //T1 中断允许
    EA=1;                         //CPU 开中断
    TF1=0;                        //T1 溢出标志位清零
    TR1=1;                        //启动 T1
    p10=1;
    while(1);
}
void Timer1_Overflow() interrupt 3    //T1 溢出中断函数
{
    TH1=0xd8;                     //重装初值
```

```
        TL1＝0xf0;
        if(nCounter1＝＝60)              //计时 1 分，P1.0 求反
        {
          nCounter1＝0;
          p10＝~p10;
        }
        else
        {
          if(nCounter2＝＝100)            //计时 1 s
          {
            nCounter2＝0;
            nCounter1＋＋;
          }
          nCounter2＋＋;
        }
    }
```

方法二：采用两个定时器合用实现长时间的定时，两个定时器中一个定时，另一个作为计数，定时的时间到时，可以输出一个控制信号作为另一定时器的计数脉冲。

具体方法为(线路连接见图 6-4)：设 T0 定时 30 ms，模式 1；T1 计数。当 T0 30 ms 定时时间到时，控制 P1.2 输出周期为 60 ms 的方波作为 T1 的计数脉冲(P1.2 的输出与 T1(P3.5)连接起来)；T1 计满溢出时，控制 P1.0 输出周期为 2 分钟、占空比为 50% 的方波，T0 的计数初值 X_0 为

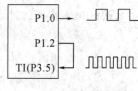

图 6-4　方法二线路图

$$X_0 = 2^{16} - \frac{12 \times 30 \times 10^3}{12} = 35536 = 8AD0H$$

T1 的计数初值 X_1：

$$X_1 = 2^{16} - 1000 = 64536 = FC18H$$

程序如下：

```
    #include<reg51.h>
    sbit p12＝P1^2;
    sbit p10＝P1^0;
    int nCounter1＝0, nCounter2＝0;
    main()
    {
        TMOD＝0x51;              //T0 定时，模式 1，T1 计数模式 1
        TH0＝0x8A;               //T0 赋初值
        TL0＝0xD0;
        TH1＝0xfc;               //T1 赋初值
        TL1＝0x18;
        ET0＝1;                  //T0 开中断
        ET1＝1;                  //T1 开中断
        EA＝1;                   //CPU 开中断
```

```
        TF0=0;                    //T0 溢出标志位清零
        TF1=0;                    //T1 溢出标志位清零
        TR0=1;                    //启动 T0
        TR1=1;                    //启动 T1
        p10=1;
        p12=1;
        while(1);
    }
    void Timer0_Overflow() interrupt 1   //T0 溢出中断函数
    {
        TH0=0x8A;                 //T0 重赋初值
        TL0=0xD0;
        p12=~p12;                 //P1.2 求反，作 T1 的计数脉冲输入
    }
    void Timer1_overflow() interrupt 3   //T1 溢出中断函数
    {
        TH1=0xfc;                 //T1 重赋初值
        TL1=0x18;
        p10=~p10;                 //P1.0 取反输出
    }
```

由上述程序可知，定时器仅在初始化和计满溢出产生中断时，才占用 CPU 的工作时间，一旦启动之后，定时器的定时、计数过程全部是独立运行的，因而采用中断后使 CPU 有较高的工作效率。

例 6-2 用 80C51 单片机的定时器和中断功能试制一个航标灯。设 $f_{osc}=12$ MHz，具有如下功能：

（1）航标灯在黑夜应能定时闪闪发光，设定时间间隔为 2 s，即亮 2 s，熄灭 2 s，周期循环进行；

（2）当白天到来时，航标灯应熄灭，停止定时器工作。

分析 实现上述功能的具体方案：

（1）航标灯的控制电路见图 6-5；80C51 定时的启停控制信号由 $\overline{INT0}$ 来控制。

怎样实现较长时间的定时？可采用上面所介绍的方法，此例中采用 T0 定时加软件计数的方法实现定时 2 秒钟。

（2）怎样识别白天与黑夜；在此可以采用如图 6-5 所示的光敏三极管来区分白天与黑夜。其工作原理为：当黑夜降临时，无光照，VT1、VT2 均截止，VT2 输出高电平反相后使 $\overline{INT0}=0$，向单片机发出中断请求，CPU 接受外部中断请求后，进入外部中断处理程序，启动定时器工作，利用定时器中断控制航标灯定时闪闪发光；在黑夜

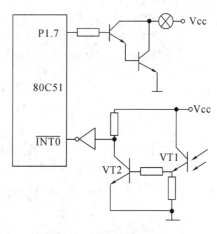

图 6-5 航标灯控制电路

结束之前，一直处在外部中断过程中。另外，从硬件上看，加在$\overline{INT0}$引脚的低电平并未撤消，因此可以用软件查询$\overline{INT0}$引脚，只要$\overline{INT0}=0$，定时器继续工作。

当白天到来时，日光照到光敏三极管 VT1 的基极，使 VT1 导通，VT2 输出低电平反相使$\overline{INT0}$为高电平，软件查询到$\overline{INT0}=1$时，立即关闭定时器，结束外部中断处理，返回到主程序，等待下一次黑夜的到来再产生中断。

在$\overline{INT0}$申请的外部中断处理过程中，要用软件查询$\overline{INT0}$引脚，这种用法很特殊。此外，本例中选用了两种中断，外部中断和定时器中断，定时器中断发生在外部中断正在进行的时候，因此要将定时器中断设置为高优先级中断。

设 T0 定时 50 ms，采用模式 1，计数初值 X 为

$$X=2^{16}-\frac{12\times50\times1000}{12}=15536=3CB0H$$

nCounter 软件计数：

$$\frac{2\times1000}{50}=40$$

T0 定时和 nCounter 软件计数达到延时 2 秒钟。

程序如下：

```
#include<reg51.h>
sbit p17=P1^7;
sbit p32=P3^2;
int nCounter=0;
void main()
{
    TMOD=0x01;              //T0 定时，模式 1
    TH0=0x3c;               //T0 赋初值
    TL0=0xb0;
    IT0=0;                  //外部中断 0 为电平触发方式
    PX0=0;                  //外部中断 0 为低优先级
    p17=0;
    PT0=1;                  //T0 为高优先级中断
    EX0=1;
    ET0=1;                  //T0 开中断
    EA=1;                   //CPU 开中断
    while(1);
}
void Int0() interrupt 0     //外部中断服务程序
{
    TR0=1;                  //启动 T0
}
void Timer0_overflow() interrupt 1    //T0 溢出中断
{
    TH0=0x3c;              //T0 重赋初值
    TL0=0xb0;
```

```
    if(nCounter= =40)                    //计时 2 s 完成
    {
        p17= ~p17;                       //灯闪烁
        nCounter=0;
    }
    else nCounter++;
    if(p32= =1)                          //白天到
    {
        TR0=0;                           //关闭 T0
        p17=0;                           //灯灭
    }
}
```

　　上面的这个程序实例让我们了解了定时与软件计数相结合产生较长定时时间的方法、中断与查询相结合的使用方法、两级中断使用的方法等，只要掌握了要领，还可以选择多种多样的方法。

　　例 6 - 3　根据附录 D 实验电路，用定时器控制，使发光二极管亮 1 s，灭 1 s，周而复始，晶振频率为 12 MHz。

　　程序如下：

```
    # include<reg52. h>
    # define uchar unsigned char
    # define uint unsigned int
    sbit p20=P2^0;
    void init();
    uchar a = 0;

    main()                               //主函数
    {
        init();
        while(1)
        {
            if(a = = 40) a = 0;
            P20=0;                       // 开发光二极管电源
            if(a <= 20)   P0 = 0x00;     //发光二极管亮
            else P0 = 0xFF;              //发光二极管灭
        }
    }

    void init()                          //初始化
    {
        TMOD = 0x01;                     //定时器工作方式 1
        TH0 = (65536-50000) / 256；      //定时时间 50 ms
        TL0 = (65536-50000) % 256；
```

```
        TR0＝1；
        ET0＝1；
        EA＝1；
    }


    void timer0（）interrupt   1                //定时器 0 中断
    {
        TH0＝（65536－50000）/256；
        TL0＝（65536－50000）％256；
        a＋＋；
    }
```

说明：定时器 0 设置于模式 1 时，计数寄存器为 16 位模式，由高 8 位 TH0 和低 8 位 TL0 两个 8 位寄存器组成，当设定计算值为 65536－50000＝15536(D)时，转换为十六进制就是 3CB0(H)。此时，TH0＝3C，TL0＝B0，分别装入即可。为了免除这些计算步骤，可以采用"TH0＝（65536－50000）/256；TL0＝（65536－50000）％256"的编程方式，让单片机自己去计算结果。256(D)＝0100(H)，这里 01 就是高 8 位的数据，00 就是低 8 位的数据，通俗点说，15536(D)里有多少个 256，就相当于高 8 位有多少数值，就是除的关系，商存入高 8 位寄存器后余下的数存入低 8 位即可，取商计算就是 TH0＝（65536－50000）/256；而取余计算就是 TL0＝（65536－50000）％256。

思考练习题

1. 80C51 单片机有几个中断源，各中断标志是如何产生的，又是如何清零的？CPU 响应中断时，它们的中断矢量地址分别是多少？

2. 80C51 单片机的中断系统有几个优先级？如何设定？

3. CPU 响应中断有哪些条件？在什么情况下中断响应会受阻？

4. 简述 80C51 的中断响应过程。

5. 80C51 的中断响应时间是否固定不变，为什么？

6. 试用中断技术设计一个秒闪电路，其功能是控制发光二极管闪烁，其闪烁频率为 50 Hz。设 $f_{osc}＝6$ MHz。

7. 在 80C51 单片机应用系统中，如果有多个外部中断源，应怎样进行处理？

第七章 80C51单片机串行口及应用

串行通信是计算机与外界交换信息的一种基本通信方式。本章介绍80C51单片机串行接口的结构、工作原理、工作方式及其应用。并介绍在现代工控等应用领域获得广泛应用的 I^2C 总线、SPI 总线,最后介绍 RS-232C 及 USB 的基本原理。

7.1 80C51 串行口的结构与工作原理

80C51 单片机中的串行接口是一个全双工通信接口,能同时进行发送和接收。它可以作 UART(通用异步接收和发送器)用,也可以作同步移位寄存器用。其帧格式和波特率可通过软件编程设置,在使用上非常方便灵活。

7.1.1 串行口的结构

80C51 单片机的串行口主要由两个数据缓冲器、一个输入移位寄存器、一个串行控制寄存器 SCON 和一个波特率发生器 T1 等组成。其结构见图 7-1。

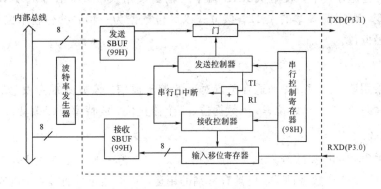

图 7-1 串行口结构框图

串行口数据缓冲器 SBUF 是可以直接寻址的专用寄存器。在物理上,一个作发送缓冲器,一个作接收缓冲器。两个缓冲器共用一个地址 99H,由读写信号区分,CPU 写 SBUF 时为发送缓冲器,读 SBUF 时为接收缓冲器。接收缓冲器是双缓冲的,它是为了避免在接收下一帧数据之前,CPU 未能及时响应接收器的中断把上帧数据取走,产生两帧数据重叠的问题而设置的双缓冲结构。对于发送缓冲器,为了保持最大传输速率,一般不需要双缓冲,这是因为发送时 CPU 是主动的,不会产生写重叠的问题。

特殊功能寄存器 SCON 用来存放串行口的控制和状态信息。T1 作串行口的波特率发生器,其波特率是否增倍由特殊功能寄存器 PCON 的最高位控制。

7.1.2 串行通信过程

1. 接收数据的过程

在进行通信时，当 CPU 允许接收时（即 SCON 的 REN 位置 1 时），外界数据通过引脚 RXD(P3.0)串行输入，数据的最低位首先进入输入移位器，一帧接收完毕再并行送入缓冲器 SBUF 中，同时将接收中断标志位 RI 置位，向 CPU 发出中断请求。CPU 响应中断后，用软件将 RI 位清除，同时读走输入的数据。接着又开始下一帧的输入过程。重复此过程直至所有数据接收完毕。

2. 发送数据的过程

CPU 要发送数据时，即将数据并行写入发送缓冲器 SBUF 中，同时启动数据由 TXD (P3.1)引脚串行发送，当一帧数据发送完即发送缓冲器空时，由硬件自动将发送中断标志位 TI 置位，向 CPU 发出中断请求。CPU 响应中断后，用软件将 TI 位清除，同时将下一帧数据写入 SBUF 中。重复上述过程直至所有数据发送完毕。

7.1.3 串行口工作方式及帧格式

80C51 单片机串行口可以通过软件设置四种工作方式，各种工作方式的数据格式均有所不同。

1. 方式 0

这种工作方式比较特殊，与常见的微型计算机的串行口不同，它又叫同步移位寄存器输出方式。在这种方式下，数据从 RXD 端串行输出或输入，同步信号从 TXD 端输出，波特率固定不变，为振荡频率的 1/12。该方式以 8 位数据为一帧，没有起始位和停止位，先发送或接收最低位。

2. 方式 1

串行口采用该方式时，特别适合于点对点的异步通信。该方式规定发送或接收一个字符 10 位为一帧；即 1 个起始位、8 个数据位、1 个停止位，波特率可以改变。

3. 方式 2

采用这种方式可以接收或发送 11 位数据，以 11 位为一帧，比方式 1 增加了 1 个数据位，其余相同。第 9 个数据即 D8 位具有特别的用途，可以通过软件来控制它，再加上特殊功能寄存器 SCON 中的 SM2 位的配合，可使 80C51 单片机串行口适用于多机通信。方式 2 的波特率固定，只有两种选择，为振荡频率的 1/64 或 1/32，可由 PCON 的最高位选择。

4. 方式 3

方式 3 和方式 2 完全类似，唯一的区别是方式 3 的波特率是可变的，而帧格式与方式 2 一样为 11 位一帧，所以方式 3 也适用于多机通信。

7.1.4 串行口控制

80C51 串行口工作方式选择、中断标志、可编程位的设置、波特率的增倍均是通过两个特殊功能寄存器 SCON 和 PCON 来控制的。

1. 电源和波特率控制寄存器 PCON

PCON 的地址为 87H，只能进行字节寻址，不能按位寻址。PCON 是为在 CHMOS 结构的 51 系列单片机上实现电源控制而附加的，对 HMOS 的 51 系列单片机，只用了最高位，其余位都是虚设的。PCON 的最高位 D7 位作 SMOD，是串行口波特率的增倍控制位。当 SMOD=1 时，波特率加倍。当 SMOD=0 时，波特率不加倍。系统复位时，SMOD 位为 0。PCON 其它各位定义在第二章已述。

2. 串行口控制寄存器 SCON

深入理解 SCON 各位的含义，正确地用软件设定修改 SCON 各位是运用 80C51 串行口的关键。该专用寄存器的主要功能是串行通信方式选择、接收和发送控制及串行口的状态标志指示等作用。其各位的含义如下：

SCON	9FH	9EH	9DH	9CH	9BH	9AH	99H	98H
98H	SM0	SM1	SM2	REN	TB8	RB8	TI	RI

（1）SCON.7 和 SCON.6 为 SM0 和 SM1 位——串行工作方式选择位。具体见表 7-1。

表 7-1 SM0 和 SM1 位的工作方式及功能

SM0	SM1	工作方式	功 能	波特率
0	0	方式 0	8 位同步移位寄存器	$f_{osc}/12$
0	1	方式 1	10 位 UART	可变
1	0	方式 2	11 位 UART	$f_{osc}/64$、$f_{osc}/32$
1	1	方式 3	11 位 UART	可变

（2）SCON.4 为 REN 位——可用软件允许/禁止串行接收。REN=1 时允许串行口接收数据，REN=0 时禁止串行口接收数据。

（3）SCON.5、SCON.3 和 SCON.2 为 SM2、TB8 和 RB8 位——实现多机通信的控制位。

在方式 0 下，SM2 应设置为 0，不用 TB8 和 RB8 位。

在方式 1 下，当 SM2=0 时，RB8 是接收到的停止位；当 SM2=1 时，则只有收到有效的停止位才会激活 RI 使之置 1，否则 RI 不置位。

在方式 2 和方式 3 下，TB8 是发送的第 9 位（D8）数据，可用软件置 1 和置 0；RB8 是接收到的第 9 位（D8）数据。这两位也可以作为奇偶校验位。

当方式 2 或方式 3 处于接收时，若 SM2=1，且接收到的第 9 位 RB8 为 0，则 RI 不置 1；若 SM2=1，且 RB8 也为 1，则 RI 置 1。当方式 2 或方式 3 处于多机通信时，TB8 和 RB8 位可作为地址数据帧标志位：一般约定地址帧为"1"，数据帧为"0"。

（4）SCON.1 为 TI 位——发送中断标志。

在方式 0 中，发送完 8 位数据后，由硬件置位；在其它方式中，在发送停止位之初，由硬件置位。TI 置位后可向 CPU 申请中断，任何方式中都必须由软件来清除 TI。

（5）SCON.0 为 RI 位——接收中断标志。

在方式 0 中，接收完 8 位数据后，由硬件置位；在其它方式中，在接收停止位的一半时由硬件将 RI 置位（还应考虑 SM2 的设定）。RI 被置位后可允许 CPU 申请中断，任何方式中都必须由软件来清除。

7.2　工作方式与波特率的设置

7.2.1　各方式波特率的设置

在串行通信中，收发双方对发送或接收的数据速率（即波特率）要有一定的约定。串行口的工作方式可以通过编程选择四种工作方式。各种方式下其波特率的设置均有所不同，方式 0 和方式 2 的波特率是固定的；而方式 1 和方式 3 的波特率是可变的，由定时器 T1 的溢出率控制。下面分别加以说明。

1. 方式 0 和方式 2

在方式 0 时，每个机器周期发送或接收 1 位数据，因此波特率固定为振荡频率的 1/12，且不受 SMOD 位的控制。

方式 2 的波特率要受 PCON 中 SMOD 位的控制，当 SMOD 设置为 0 时，波特率为振荡频率的 1/64 即等于 $f_{osc}/64$；当 SMOD 设置为 1 时，波特率等于 $f_{osc}/32$。方式 2 的波特率可用下式表示：

$$波特率 = \frac{2^{SMOD}}{64} \times f_{osc}$$

2. 方式 1 和方式 3

80C51 串行口方式 1 和方式 3 的波特率由定时器 T1 的溢出率与 SMOD 位同时控制。其波特率可以用以下方式表示：

$$波特率 = \frac{定时器\ T1\ 的溢出率}{N}$$

其中，$N=32$ 或 16，取决于 PCON 的 SMOD 位的值。SMOD=0 时，$N=32$；SMOD=1 时，$N=16$。因此也可用下式来表示：

$$波特率 = \frac{2^{SMOD}}{32} \times T1\ 的溢出率$$

其中，定时器溢出率取决于计数速率和定时器的初值。计数速率与 TMOD 寄存器中 C/$\overline{T}$ 的设置有关，当 C/$\overline{T}$=0 时，为定时方式，计数速率 $= f_{osc}/12$；当 C/$\overline{T}$=1 时，为计数方式，计数速率取决于外部输入时钟的频率，但不能超过 $f_{osc}/24$。

定时器的预置值等于 $M-X$，X 为计数初值，M 为定时器的最大计数值，与工作方式有关（可取 2^{13}、2^{16}、2^8）。如果为了达到很低的波特率，则可以选择 16 位的工作方式，即方式 1，或方式 0，可以利用 T1 中断来实现重装计数初值。为了能实现定时器计数初值重装，则通常选择方式 2。在方式 2 中，TL1 作计数用，TH1 用于保存计数初值，当 TL1 计满溢出时，TH1 的值自动重装到 TL1 中。因此一般选用 T1 工作于模式 2 作波特率发生器。设 T1 的计数初值为 X，设置 C/$\overline{T}$=0 时，那么每过 $256-X$ 个机器周期，定时器 T1 就会产生一次溢出。T1 的溢出周期为

$$溢出周期 = \frac{12}{f_{osc}} \times (256-X)$$

溢出率为溢出周期之倒数，所以

$$波特率 = \frac{2^{SMOD}}{32} \times \frac{f_{osc}}{12 \times (256 - X)} = \frac{2^{SMOD} \times f_{osc}}{384 \times (256 - X)}$$

定时器 T1 方式 2 的计数初值由上式可得

$$X = 256 - \frac{2^{SMOD} \times f_{osc}}{384 \times 波特率}$$

例 7-1 选用定时器 T1，工作方式 2 作波特率发生器，波特率为 2400。已知 $f_{osc} = 11.0592\,\text{MHz}$，求计数初值 X。

解 设波特率控制位 SMOD=0，不增倍时：

$$X = 256 - \frac{11.0592 \times 10^6 \times 2^0}{384 \times 2400} = 244 = \text{F4H}$$

所以 TH1=TL1=F4H。

如果串行通信选用很低的波特率，设置定时器 T1 为模式 0 或模式 1 定时时，当 T1 产生溢出时需要重装计数初值，故对波特率会产生一定的误差。

7.2.2 串行口各工作方式的应用

通过对串行口的 SCON 控制寄存器编程可以选择四种工作方式，各方式使用方法分述如下。

1. 方式 0

80C51 串行口的方式 0 为同步移位寄存器式输入输出，8 位数据从 RXD(P3.0)引脚输入输出，由 TXD(P3.1)引脚输出移位时钟使系统同步，波特率固定为 $f_{osc}/12$，即每一个机器周期输出或输入 1 位数据。

1) 方式 0 发送

以图 7-2 为例说明串行口方式 0 发送的基本连线方法、工作时序(只画出了 RXD、TXD 的波形)以及基本软件的编程方法。

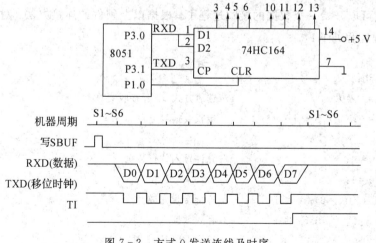

图 7-2 方式 0 发送连线及时序

图 7-2 中采用一个 74HC164 串入并出移位寄存器，串行口的数据通过 RXD 引脚加到 164 的输入端，串行口输出移位时钟通过 TXD 引脚加到 164 的时钟端。使用另一条 I/O 线 P1.0 控制 164 的 CLR 选通端（也可以将 164 的选通端直接接高电平）。

根据以上硬件的连接方法，对串行口方式 0 发送数据过程编程：

```
SCON=0x00;              //选通方式 0
P1.0=1;                 //选通 74HC164
SBUF=data;              //数据写入 SBUF 并启动发送
while(TI==0);           //等待一个字节发送完成
P1.0=0;                 //关闭 164 选通
TI=0;                   //清除 TI 中断标志
    ⋮
```

若还需要继续发送新的数据，只要使程序返回到第二条指令处即可。

2）方式 0 接收

以图 7-3 为例说明串行口方式 0 的基本连线方法、工作时序及编程。

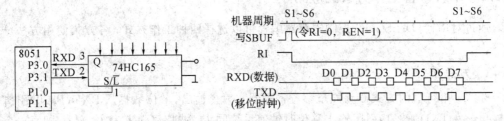

图 7-3 方式 0 接收连线及时序

图 7-3 中采用一个 74HC165 8 位并入串出移位寄存器，165 的串行输出数据接到 RXD 端作为串行口的数据输入，而 165 的移位时钟仍由串行口的 TXD 端提供。端口线 P1.0 作为 165 的接收和移位控制端 S/$\overline{L}$，当 S/$\overline{L}$=0 时，允许 165 置入并行数据；S/$\overline{L}$=1 时允许 165 串行移位输出数据。当程序选择串行口方式 0，并将 SCON 的 REN 位置位时，允许接收，就可以开始一个数据的接收过程了。根据以上硬件的连接方法，对串行口方式 0 接收数据过程编程如下：

```
int Array[];
int N=0;
SCON=0x10;              //选通方式 0，开接收允许
for(N=0;N<2;N++)        //接收数据
{
  P1.0=0;               //允许置入并行数据
  P1.0=1;               //允许串行移位
  while(RI==0);         //等待接收完成
  Array[N]=SBUF;        //存入数据
  RI=0;                 //清除 RI 中断标志
}
    ⋮
```

2. 方式 1

当串行口定义为方式 1 时，可作为异步通信接口，一帧为 10 位：1 个起始位、8 个数据位、1 个停止位。波特率可以改变，由 SMOD 位和 T1 的溢出率决定。串行口方式 1 的发送接收时序如图 7-4 所示。

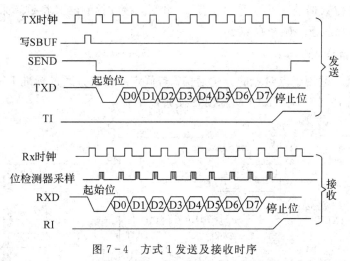

图 7-4　方式 1 发送及接收时序

1) 发送时序

任何一条"写入 SBUF"指令，都可启动一次发送，使发送控制器的 SEND（发送）端有效，即 SEND＝0，同时自动添加一个起始位向 TXD 端输出，首先发送一个起始位 0。此后每经过一个时钟周期产生一个移位脉冲，并且由 TXD 端输出一个数据位，当 8 位数据全部送完后，使 TI 置 1，可申请中断，置 TXD＝1 作为停止位，再经一个时钟周期撤消 SEND 信号。

2) 接收时序

方式 1 的接收过程是靠检测 RXD 来判断的。CPU 不断采样 RXD，采样速率为波特率的 16 倍。一旦采样到 RXD 由 1 至 0 的负跳变，16 分频器就立刻复位，启动一次接收。同时接收控制器把 1FFH（9 个 1）写入移位寄存器（9 位）。计数器复位的目的是：使计数器满度翻转的时刻恰好与输入位的边沿对准。

计数器的 16 个状态把每一位的时间分为 16 份，在第 7、8、9 状态时，位监测器对 RXD 端采样，这 3 个状态理论上对应于每一位的中央段，若发送端与接收端的波特率有差异，就会发生偏移，只要这种差异在允许范围内，就不至于产生错位或漏码。在上述 3 个状态下，取得 3 个采样值，用 3 取 2 的表决方法，即 3 个采样值中至少有 2 个值是一致的，这种一致的值才被接收。如果所接收的第一位若不是 0，说明它不是一帧数据的起始位，接收电路被复位，再重新对 RXD 进行上述采样过程。若起始位有效，即 C＝0，则被移入输入移位寄存器，并接收这一帧中的其它位。当数据位逐一由右边移入时，原先装在移位寄存器内的 9 个 1 逐位由左边移出，当起始位 0 移到最左边时，就通知接收控制器进行最后一次移位，并把移位寄存器 9 位内容中的 8 位数据并行装入 SBUF（8 位），第 9 位则置入 RB8（SCON.2）位，并将 RI 置 1，向 CPU 申请中断。

在串行移位方式下接收到一帧数据时，装入 SBUF 和 RB8 位以及 RI 置位的信号，在最后一个移位脉冲，并同时满足以下两个条件时才会产生中断：

（1）RI＝0，即上一帧数据接收完成后发出的中断请求已被响应，SBUF 中的数据已被取走。

（2）SM2＝0 或接收到的停止位为1。

这两个条件任一个不满足，所接收的数据帧就会丢失，不再恢复。两者都满足，停止位进入 RB8 位，8 位数据进入 SBUF，RI 置1。此后，接收控制器又将重新采样测试 RXD 出现的负跳变，以接收下一帧数据。

3）方式 1 用法

串行口方式 1 适用于点对点的异步通信。若假定通信双方通过标准 RS－232 进行异步通信，连接如图 7－5 所示，其中 MAX232 实现电平转换。

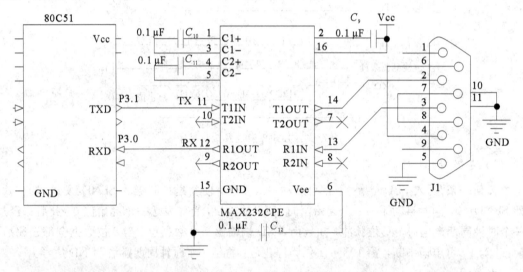

图 7－5　单片机异步通信硬件连接图

要实现双方的通信还必须编写双方的通信程序，编写程序应遵守双方的约定。

通信双方的软件约定如下：

（1）发送方：应知道什么时候发送消息、发送的内容、对方是否收到、收到的内容是否有误、要不要重新发、怎样通知对方发送结束等。

（2）接收方：必须知道对方是否发送了消息、发送的是什么、收到的信息是否有错、如果有错怎样通知对方、怎样判断结束等。

这些约定必须在编程之前确定下来，这种约定叫做"规程"或"协议"。发送和结束方的数据帧格式、波特率等必须一致。按这些协议可以编写出程序。

4）用串行口作异步通信接口应用实例

（1）用串行口发送接收一个字节，发送采用查询方式，接收采用中断方式。

例 7－2　51 单片机与电脑串口通信的 C 程序。采用 8 位数据异步通信，串行口方式 1，用 T1 作波特率发生器，设波特率为 9600，$f_{osc}＝11.0592\,MHz$。

分析　单片机串行口发送/接收程序，每接收到字节即发送出去。单片机和微机如图 7－5 所示相接后，微机运行串口调试助手，键入的字符会显示在微机屏幕上，可用此程序测试串口通信。

程序如下：

```
#include <reg51.h>
#include <string.h>
unsigned char ch;
bit read_flag= 0 ;

void init_serialcom( void )          //串口通信初始设定
{   SCON = 0x50 ;                     //UART 为模式 1，8 位数据，允许接收
    TMOD = 0x20 ;                     //定时器 1 为模式 2，8 位自动重装
    PCON = 0x00 ;                     //SMOD=0;
    TH1 = 0xFD ;                      //Baud:9600 fosc="11".0592MHz
    TL1 = 0xFD ;
    IE = 0x90 ;                       //CPU 中断，串口中断
    TR1 = 1 ;                         //启动定时器 1
}
//向串口发送一个字符，查询方式
void send_char_com( unsigned char ch)
{   SBUF=ch；
    while (TI==0);
    TI= 0 ;
}
//串口接收中断函数
void serial () interrupt 4 using 3
{
    if (RI)
    {
        RI = 0 ;
        ch=SBUF;
        read_flag= 1 ;                //置位取数标志
    }
}
main()
{
    init_serialcom();                 //初始化串口
    while ( 1 )
    {   if (read_flag)                //如果取数标志已置位，将读到的数从串口发出
        {
            read_flag= 0 ;            //取数标志清 0
            send_char_com(ch);
        }
    }
}
```

（2）用串行口发送带奇偶校验的数据块。

例7-3 编程把存放于 data 中的 32 个 ASCII 码数据在最高位上加奇偶校验后，由串行口发送。采用 8 位数据异步通信，串行口采用方式 1 发送，用 T1 作波特率发生器，设波特率为 1200，$f_{osc}=11.0592$ MHz。

分析 用定时器 T1 方式 2 作波特率发生器，设波特率不增倍，即 SMOD＝0，其计数初值 X 为

$$X=256-\frac{11.0592\times10^6\times2^0}{384\times1200}=232=E8H$$

$$TH1=TL1=0E8H$$

部分程序如下：

```
int data[]={ASCII 码数据};
int nIndex;
TMOD=0x20;                    //T1 模式 2
TL1=0xE8;                     //T1 计数初值
TH1=0xE8;
TR1=1;                        //启动 T1
SCON=0x40;                    //串行方式 1
PCON=0x00;                    //SMOD=0，波特率不增倍
for(nIndex=0; nIndex<32; nIndex++)
{
    ACC= data[nIndex];
    ACC^7=PSW^0;              //数据最高位等于奇偶校验位
    SBUF=ACC;                 //启动串行发送
    while(TI==0);             //等待发送结束
    TI=0;
    if (PSW^0==1)             //出错处理
    {
        错误处理
    }
}
```

（3）串行口接收带奇偶校验位的数据块。

例7-4 本例与上例相似，串行口接收器把接收到的 32 个字节数据存入 data 中，波特率同上，若奇校验出错则将进位位置 1。

部分程序如下：

```
int data[]
int nIndex;
TMOD=0x20;
TL1=0xE8;
TH1=0xE8;
TR1=1;
PCON=0x00;
for(nIndex=0;nIndex<32;nIndex++)
```

```
    {
        SCON＝0x50;                    //串行方式1，REN＝1允许接收
        while(RI＝＝0);                 //等待接收一帧数据
        RI＝0;
        ACC＝SBUF;                     //取一帧数据
        CY＝P;
        ACC&＝0x7f;                    //去掉奇校验位
        data[nIndex]＝ACC
        if(CY＝＝1)                     //出错处理程序
        {
            出错处理
        }
    }
```

3. 方式2、方式3

串行口方式2和方式3除了波特率规定不同之外，其它的性能完全一样，都是11位的帧格式。方式2的波特率只有 $f_{osc}/32$ 和 $f_{osc}/64$ 两种，而方式3的波特率是可变的，前面已述。

串行口方式2和方式3的发送/接收时序见图7-6。

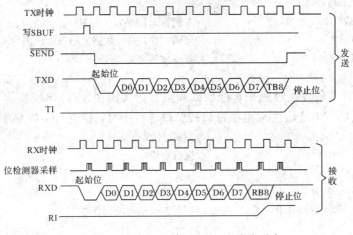

图7-6　方式2、方式3的发送/接收时序

方式2、方式3的发送、接收时序与方式1相比，主要区别在第9个数据位上。

1）发送时序

任何一条"写入SBUF"指令都可启动一次发送，并把TB8的内容装入发送寄存器的第9位，使SEND信号有效，发送开始。在发送过程中，先自动添加一个起始位放入TXD，然后每经过一个TX时钟（由波特率决定）产生一个移位脉冲，并由TXD输出一个数据位。当最后一个数据位（附加位）送完后，撤消SEND，并使TI置1，置TXD＝1作为停止位，使TXD输出一个完整的异步通信字符的格式。

2）接收时序

接收部分与方式1类似，只要在置REN＝1之后，硬件自动检测RXD信号，当检测到RXD由1至0的跳变时，就开始一个接收过程。首先，判断是否为一个有效的起始位。对

RXD 的检测是以波特率的 16 倍速率采样的,并在每个时钟周期的中间(第 7、8、9 计数状态),对 RXD 连续采样 3 次,取 2 次相同的值进行判断。若不是有效起始位,则此次接收无效,重新检测 RXD;若是有效起始位,就在每一个 RX 时钟周期里接收一位数据,在 9 位数据收齐后,如果下列两个条件成立:① RI=0;② SM2=0 或接收到的第 9 位数据为 1,则把已收到的数据装入 SBUF 和 RB8,并将 RI 置 1。如果不满足上述两个条件,则丢失已收到的一帧信息,不再恢复,也不置位 RI。两者都满足时,第 9 位数据就进入 RB8,8 位数据进入 SBUF。此后,无论哪种情况都将重新检测 RXD 的负跳变。

注意:与方式 1 不同的是,方式 2 和方式 3 中进入 RB8 的是第 9 位数据,而不是停止位。接收到的停止位的值与 SBUF、RB8 或 RI 是无关的。这一特点可用于多处理机通信。

3)用第 9 位数据作奇偶校验位

方式 2、方式 3 也可以像方式 1 一样用于点对点的异步通信。数据通信中由于传输距离较远,数据信号在传送过程中会产生畸变,从而引起误码。为了保证通信质量,除了改进硬件之外,通常要在通信软件上采取纠错的措施。常用的一种简单方法就是用"检查和"作为第 9 位数据,称奇偶校验,将其置入 TB8 位一同发送。在接收端可以用第九位数据来核对接收的数据是否正确。发送端发送一个数据字节及其奇偶校验的程序段如下:

```
SCON＝0x80;              //选通方式 2
Acc＝DATA;
TB8＝PSW·0;              //奇偶标志位置入 TB8 中
SBUF＝DATA;              //启动一次发送,数据连同奇偶校验位一起被发送
while(TI==0);            //等待发送完成
    ⋮
```

方式 2、方式 3 的发送过程中,将数据和附加的 TB8 中的奇偶校验位一起发送出去。因此,作为接收的一方应设法取出该奇偶校验位进行核对,相应的接收程序段为

```
SCON＝0x90;              //方式 2,允许接收
while(RI==1)            //接收完成
{
    ACC＝SBUF;          //读入接收数据
    if(PSW·0==RB8)     //判断接收端的奇偶性
    {
        正确处理
    }
    else
    {
        错误处理
    }
}
```

当接收到一个字符时,从 SBUF 转移到 Acc 中时会产生接收端的奇偶性,而保存在 RB8 中的值为发送端的奇偶性,两个奇偶值应相等,否则接收字符有错。发现错误要及时通知对方重发。

4)用第 9 位数据作多机通信的联络位

计算机与计算机的通信不仅限于点对点的通信,还会出现一机对多机间或多机之间的

通信，构成计算机网络。按拓扑结构网络通常可划分为星型网、树型网、环型网、总线型网等几种。还有一种比较特殊的总线型是主从式的，或叫广播式的。所谓主从式，即在多台计算机中有一台是主机，其余的为从机(如图7-7所示)，从机要服从主机的调度、支配。80C51单片机的串行口方式2、方式3就适合于这种主从式的通信结构。

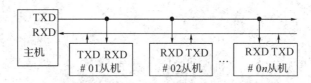

图7-7　主从式的多机通信网的结构形式

为什么第9位数据可以用于多机通信呢？其关键在于巧妙地使用SM2和接收到的第9位附加数据(接收后放在RB8中)的配合。例如，通信各方约定如下：

(1)主机向从机发送地址信息，其第9位数据必须为1；而向从机发送数据信息包括命令时，其第9位数据规定为0。

(2)从机在建立与主机通信之前，随时处于对通信线路的监听状态。在监听状态下必须使SM2=1，此时只能收到主机发出的地址信息(第9位为1)，非地址信息被丢弃。

(3)从机接收到地址后应进行识别，是否主机呼叫本站，如果地址符合，确认呼叫本站，此时从机解除监听状态，使SM2=0，同时把本站地址发回主机作为应答，只有这样才能收到主机发送的有效数据。其它从机由于地址不符，仍处于监听状态，继续保持SM2=1，所以无法接收主机的数据。

(4)主机收到从机的应答信号，比较收与发的地址是否相符，如果不符，则发出复位信号(例如，发任一数据，但TB8=1)；如果地址相符，则清除TB8，正式开始发送数据和命令。

(5)从机收到复位命令后再次回到监听状态，再置SM2=1，正式开始发送数据和命令。

下面举例说明按上述约定编写主机和1号从机的联络过程的程序片断。设主、从机均采用方式2工作(方式3用法与此类似，只是波特率设置不同)。

例7-5　主机呼叫♯01号从机的联络程序。

```
//初始化单片机
SCON=0x98;                    //选通方式2，TB8=1，发送地址帧
SBUF=0x01;                    //发出呼叫地址号01
int nIndex;
while(TI==1)                  //发送完成
{
    if(RI==1)                 //从机应答
    {
        nIndex=SBUF^0x01;     //判断是否为01号从机应答
        if(nIndex==0)         //是，转数据发送
        {
            联络成功，转人通信程序
        }
        else                  //否，重新呼叫
        {
```

```
        TI＝0;                    //清除 TI 中断标志
        SBUF＝0x00;               //发送复位信号
        while(TI＝＝0);
        重新呼叫
    }
  }
}
```

例 7 - 6 ♯01 号从机响应主机呼叫的联络程序。

```
int nIndex;
SCON＝0xb0;                      //选通方式 2，允许接收，SM2＝1，接收地址
while(RI＝＝0);                  //等待主机呼叫
nIndex＝SBUF^0x01;              //判断是否呼叫本从机
if(nIndex＝＝0)                  //是
{
    SM2＝0;                      //取消监听
    SBUF＝0x01;                  //发出应答地址号
    while(TI＝＝0);              //等待发送完成
    while(RI＝＝0);              //等待主机发送
    if(RB8＝＝0)                 //判断是否复位信号
    {
        联络成功，取主机发送的数据
    }
    else
    {
      SM2＝1;                    //继续监听
    }
}
```

以上程序是主机和 01 号从机呼叫应答的程序，如果将呼叫地址改为其它机号，也同样适应于其它的从机。

7.3 I²C 总线及应用

7.3.1 I²C 总线

I²C 总线(Inter Integrated Circuit BUS)是 Philips 公司推出的串行扩展总线，为二线制，总线上扩展的外围器件及外设接口通过总线寻址。图 7 - 8 所示为 I²C 总线外围扩展示意。

I²C 总线由数据线 SDA 和时钟线 SCL 构成。SDA/SCL 总线上挂接单片机(MCU)、外围器件(如 I/O 口、日历时钟、ADC、DAC、存储器等)和外设接口(如键盘、显示器、打印机等)。所有挂接在 I²C 总线上的器件和接口电路都应具有 I²C 总线接口，而且所有的 SDA/SCL 同名端相连。

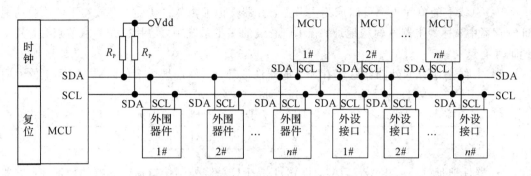

图 7 - 8　I^2C 总线外围扩展

I^2C 总线为双向同步串行总线，因此，I^2C 总线接口内部为双向传输电路，如图 7 - 9 所示。80C51 总线接口输出为开漏结构，故总线上必须有上拉电阻 R_p。上拉电阻与电源电压 Vdd、SDA/SCL、总线串接电阻 R_s 有关，可参考有关数据手册选择，通常可选 $5\sim10\ \text{k}\Omega$。

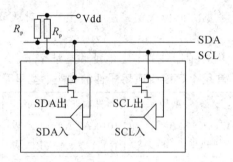

图 7 - 9　80C51 I^2C 总线接口的电气结构

所有挂接到总线上的器件及接口都通过总线寻址，故 I^2C 总线具有最简单的电路扩展方式。

I^2C 总线的驱动能力为 400 pF，通过驱动扩展可达 4000 pF，原规范中传输速率为 100 kb/s，新规范的传输速率可达 400 kb/s。

I^2C 总线具有十分完善的总线协议，可构成多主系统。在协议软件支持下，可自动处理总线上任何可能的运行状态。

I^2C 总线可构成多主系统，故 I^2C 总线上可挂接一些带 I^2C 总线接口的单片机，因为带 I^2C 接口的单片机中，有支持多主功能的 SFR。除了通用外围器件外，Philips 公司还提供了许多视频、音响、通信系统中带 I^2C 总线接口的专用外围器件，在通信、视频、音响家电系统中 I^2C 总线得到了广泛的应用。

I^2C 总线的外围扩展器件都是 CMOS 器件，总线有足够的电流驱动能力，因此总线上扩展的节点数不是由电流负载能力确定，而是由电容负载确定的。I^2C 总线上每个实际的节点器件的 I^2C 总线接口都有一定的等效电容，等效电容的存在会造成总线传输的延迟而导致数据传输出错。通常 I^2C 总线负载能力为 400 pF，据此可以计算出总线长度及节点数目的限制数量。

总线上的每个外围器件都有一个器件地址，总线上扩展外围器件时也要受器件地址限制。

挂接到总线上的所有外围器件、外设接口都是总线上的节点。在任何时刻，总线上只有一个主控器件（主节点）实现总线的控制操作，对总线上的其它节点寻址，分时实现点对点的数据传送。因此，总线上每个节点都有一个固定的节点地址。

I^2C 总线上的单片机都可以成为主节点，其器件地址由软件给定，存放在 I^2C 总线的地址寄存器中，称为主器件的从地址。在 I^2C 总线的多主系统中，单片机作为从节点时，其从地址才有意义。

I^2C 总线上所有的外围器件都有规范的器件地址。器件地址由 7 位组成，它和 1 位方向位构成了 I^2C 总线器件的寻址字节 SLA。寻址字节格式如下：

	D7	D6	D5	D4	D3	D2	D1	D0
SLA	DA3	DA2	DA1	DA0	A2	A1	A0	R/$\overline{W}$

- 器件地址（DA3、DA2、DA1、DA0）：是 I^2C 总线外围接口器件固有的地址编码，器件出厂时，就已给定。例如，I^2C 总线 E^2PROM AT24CXX 的器件地址为 1010，4 位 LED 驱动器 SAA1064 的器件地址为 0111。
- 引脚地址（A2、A1、A0）：是由 I^2C 总线外围器件地址端口 A2、A1、A0 在电路中接电源或接地的不同，形成的地址数据。
- 数据方向（R/$\overline{W}$）：数据方向位规定了总线上主节点对从节点的数据传送方向，R 为接收，$\overline{W}$ 为发送。

表 7-2 给出了一些常用外围器件的节点地址和寻址字节。

表 7-2 常用 I^2C 接口通用器件的种类、型号及寻址字节

种 类	型 号	器件地址及寻址字节	备 注
256×8/128×8 静态 RAM	PCF8570/71	1010 A2 A1 A0 R/$\overline{W}$	三位数字引脚地址 A2A1A0
256×8 静态 RAM	PCF8570C	1011 A2 A1 A0 R/$\overline{W}$	三位数字引脚地址 A2A1A0
256B E^2PROM	PCF8582	1010 A2 A1 A0 R/$\overline{W}$	三位数字引脚地址 A2A1A0
256B E^2PROM	AT24C02	1010 A2 A1 A0 R/$\overline{W}$	三位数字引脚地址 A2A1A0
512B E^2PROM	AT24C04	1010 A2 A1 P0 R/$\overline{W}$	两位数字引脚地址 A2A1
1024B E^2PROM	AT24C08	1010 A2 P1 P0 R/$\overline{W}$	一位数字引脚地址 A2
2048B E^2PROM	AT24C016	1010 P2 P1 P0 R/$\overline{W}$	无引脚地址 A2A1A0 悬空处理
8 位 I/O 口	PCF8574	0100 A2 A1 A0 R/$\overline{W}$	三位数字引脚地址 A2A1A0
	PCF8574A	0111 A2 A1 A0 R/$\overline{W}$	三位数字引脚地址 A2A1A0
4 位 LED 驱动控制器	SAA1064	01110 A1 A0 R/$\overline{W}$	两位模拟引脚地址 A1A0
160 段 LCD 驱动控制器	PCF8576	0111 00 A0 R/$\overline{W}$	一位数字引脚地址 A0
点阵式 LCD 驱动控制器	PCF8578/79	0111 10 A0 R/$\overline{W}$	一位数字引脚地址 A0
4 通道 8 位 A/D、1 路 D/A 转换器	PCF8951	1001 A2 A1 A0 R/$\overline{W}$	三位数字引脚地址 A2A1A0
日历时钟（内含 256×8 RAM）	PCF8583	1010 00 A0 R/$\overline{W}$	一位数字引脚地址 A0

7.3.2 主方式下的 I^2C 总线虚拟技术

1. I^2C 总线虚拟技术

1) 多主应用的 I^2C 技术

I^2C 总线软、硬件协议十分巧妙，它可以用于构成多主系统。系统中有多个 I^2C 总线接口单片机时，会出现多主竞争的复杂状态。I^2C总线软、硬件协议以及I^2C总线单片机中的SFR保证了多主竞争的协调管理。I^2C总线提供的状态处理软件包能自动处理总线上出现的26种状态。在使用I^2C总线时，将这些工具软件在程序存储器中定位后，利用这些软件编制出归一化操作命令，用于I^2C总线应用程序设计十分简单、方便。对于没有I^2C总线接口的单片机，要构成多主系统的虚拟I^2C总线，就必须在虚拟I^2C总线中解决多主竞争状态，这几乎是不可能的。因此，在多主的I^2C总线系统中，一定要使用带I^2C总线接口的单片机。

2）单主系统中的I^2C总线模拟

在单主方式的I^2C总线系统中，总线上只有一个单片机，其余都是带I^2C总线的外围器件。由于总线上只有一个单片机成为主节点，因此该单片机永远占据总线，不会出现总线竞争，主节点也不必有自己的节点地址。在这种情况下，单片机可以没有I^2C总线接口，而用两根I/O口线虚拟I^2C总线接口。

由于单片机应用I^2C总线的系统绝大多数都是单主系统，因此，I^2C总线的虚拟技术应用十分广泛。目前，包括许多视频、音像电器中，都采用了虚拟I^2C总线技术。

3）主方式下的I^2C虚拟技术

单主系统中，单片机节点不会成为从节点，故虚拟I^2C总线只有主方式下的主发送和主接收两种操作方式。

应按照I^2C总线数据传送时序、主方式下的操作格式设计出主方式下的时序模拟程序、主发送/主接收程序，实现I^2C通信。

2. I^2C总线时序

1）I^2C总线上的数据传送时序

I^2C总线上的数据传送时序如图7-10所示。总线上传送的每一帧数据均为一个字节。但启动I^2C总线后，传送的字节数没有限制，只要求每传送一个字节后，对方回应一个应答位。在发送时，首先发送的是数据的最高位。每次传送开始有起始信号，结束有停止信号。

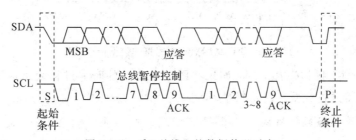

图7-10　I^2C总线上的数据传送时序

在总线传送完一个字节后，可以通过对时钟线的控制，使传送暂停。例如，当某个外围器件接收 N 个字节数据后，需要一段处理时间，以便继续接收以后的字节数据，这时可以在应答信号后，使SCL变为低电平，控制总线暂停；如果主节点要求总线暂停，也可使时钟线保持低电平，控制总线暂停。

2）总线上的时序信号

I^2C总线为同步传输总线，总线信号完全与时钟同步。I^2C总线上与数据传送有关的起始信号（S）、终止信号（P）、应答信号（A）以及位传送信号等如图7-11所示。

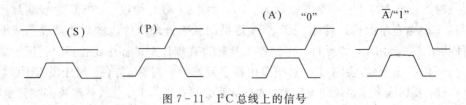

图 7-11 I^2C 总线上的信号

（1）起始信号（S）。在时钟 SCL 为高电平时，数据线 SDA 出现由高电平向低电平变化，启动 I^2C 总线。

（2）终止信号（P）。在时钟 SCL 为高电平时，数据线出现由低到高的电平变化，将停止 I^2C 总线数据传送。

（3）应答信号（A）。I^2C 总线上第 9 个时钟脉冲对应于应答位。相应数据线上低电平时为"应答"信号（A），高电平时为"非应答"信号（$\overline{A}$）。

（4）数据位传送。在 I^2C 总线启动后或应答信号后的第 1~8 个时钟脉冲对应于一个字节的 8 位数据传送。脉冲高电平期间，数据串行传送，低电平期间为数据准备，允许总线上数据电平变换。

3. 主方式下的数据操作格式

下面以条块图解形式来表达 I^2C 总线的一次完整的数据传送过程。

I^2C 总线上一次完整的数据传送如图 7-12 所示，其完整的数据操作包括起始（S）、发送寻址字节（SLA R/$\overline{W}$）、应答、发送数据、应答……直到终止（P）。

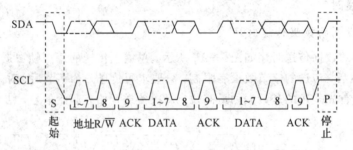

图 7-12 I^2C 总线上一次完整的数据传送过程

对于不同方式，操作略有不同，如果将图 7-12 中的时序过程表示成下述操作格式，I^2C 总线的数据传送过程便一目了然了。

1）主发送的数据操作格式

主节点向由寻址字节指定的外围器件节点发送 N 个字节数据，整个数据传送过程中数据传送方向不变。数据操作格式如下：

| S | SLAW | A | Data1 | A | Data2 | A | ⋯ | DataN−1 | A | DataN | A | P |

其中，■ 表示主节点发送，从节点接收；□ 表示主节点接收，从节点发送；SLAW 为寻址字节（写）；Data1~DataN 为写入从节点的 N 个数据。

2）接收的数据操作格式

主节点要求被寻址的外围控件节点发送 N 个字节数据。数据操作格式如下：

| S | SLAR | A | Data1 | A | Data2 | A | ⋯ | DataN−1 | A | DataN | /A | P |

其中，SLAR 为寻址字节（读）。

在主接收中第一个应答位是从节点接收到寻址字节 SLAR 后发回的应答位，其余的应答位都是由主控器在接收到数据后向从节点发出的应答位。

3）操作格式的应用特性

（1）操作格式是 I^2C 总线的重要应用界面。具体外围器件的运行原理不同，其操作内容也不同。实际应用中要根据具体器件的运行原理列写出具体的操作格式。

（2）无论哪种工作方式，都是由主控器来启动总线，发送寻址字节和终止运行。

（3）I^2C 总线数据操作格式表示了 I^2C 总线的一次完整数据传送过程，它可以在 I^2C 总线通用软件包的支持下自动完成，也可以按 I^2C 总线时序要求编写模拟 I^2C 总线程序控制运行。

（4）在 I^2C 总线接口的外围器件中，器件内部有多个地址空间时，其读写操作都有地址自动加 1 功能，简化了 I^2C 总线的外部寻址。

7.3.3　I^2C 总线应用

在单片机应用系统中，经常要进行数据存储器扩展设计。具有 I^2C 总线接口的数据存储器具有连线简单、扩展方便等特点，逐渐取代了过去的并行总线扩展设计，获得了广泛应用。各主要半导体厂商也推出了一系列具有 I^2C 总线接口的数据存储器芯片。

带 I^2C 总线接口的 E^2PROM 有许多型号系列，其中 AT24Cxx 系列使用十分普遍，有 AT24C01/02/04/08/16 等，其容量分别为 $128\times8/256\times8/512\times8/1024\times8/2048\times8$ bit。图 7－13(a)是一个 AT24C02 封装引脚示意，图 7－13(b)是其应用扩展电路。

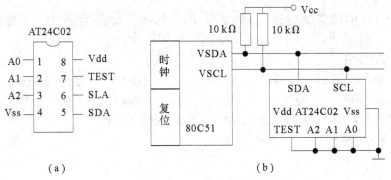

图 7－13　AT24C02 及其外围扩展电路

AT24C02 的 TEST 脚为测试端，系统中可接地处理。A2、A1、A0 可任接，因此 I^2C 总线上可连接多达 8 片，总容量为 $8\times256\times8=2048\times8$ bit。由于片内子地址采用 8 位地址指针寻址，超过 256×8 地址空间，要占用引脚地址，如果使用 AT24C04，则 A0 作为子地址软件寻址位；使用 AT24C08、AT24C16 时，A1、A2 也分别作为子地址的软件寻址位，这时相应的外部 A0、A1、A2 无效。

AT24Cxx 的器件地址是 1010，A2、A1、A0 为引脚地址。图 7－13(b)中的连接方式的引脚地址为 000，因此 AT24C02 在系统中的寻址字节 SLAW＝A0H，SLAR＝A1H。

AT24C02 为 256×8 bit E^2PROM，由输入缓冲器和 E^2PROM 阵列组成。由于

E^2PROM的半导体工艺特性，写入时间为$5\sim 10$ ms，如果从外部直接写入E^2PROM，每写一个字节都要等候$5\sim 10$ ms，成批数据写入时等候时间很长。在设置SRAM性质的输入缓冲器时，对E^2PROM的写入变成对SRAM缓冲器的装载，装载完后启动一个自动写入逻辑将缓冲器中的全部数据一次写入E^2PROM阵列中。对数据缓冲器的输入称为页写，缓冲器的容量称为页写字节数。AT24C02的页写字节数为8，占用最低3位地址，只要从最低3位零地址开始写入，不超过页写字节数时，对E^2PROM器件的写入操作与对SRAM的操作相同。若超过页写字节数时，应等候$5\sim 10$ ms后再启动一次写操作。

由于缓冲区容量较小，只占据最低3位，且不具溢出进位功能，在从非零地址写入8个字节数，或从零地址写入字节数超过8个字节时，会形成地址翻卷，导致写入出错。

在I^2C总线中，对AT24C02内部存储单元读写时，除了要寻址该器件的节点地址外，还须指定存储器读写的子地址(SUBADR)。按照AT24C02的器件手册，读、写N个字节的数据操作格式如下。

(1) 写N个字节的数据操作格式：

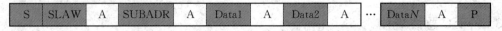

(2) 读N个字节的数据操作格式：

在读操作中，除了发送寻址字节外，还要发送子地址SUBADR。因此，在读N个字节操作前，要进行一个字节(SUBADR)的写操作，然后重新启动读操作。

例7-7 在图7-13(b)的扩展电路中，写入一个字节到AT24C02存储器50H地址单元中。

按图7-13(b)的扩展连接，AT24C02的寻址字节(写)为A0H，子地址SUBADR为50H。

写字节程序如下：

```
#define  WriteDeviceAddress 0xa0        //定义器件在I²C总线中的地址
#define Subaddress 0x50                 //例题要求的写入地址
#define delayNOP();{_nop_();_nop_();_nop_();_nop_();};
void Start(void)      /*起始条件*/
{
    SDA=1;
    SCL=1;
    delayNOP();
    SDA=0;
    delayNOP();
}
void Stop(void) /*停止条件*/
{
    SDA=0;
    SCL=1;
    delayNOP();
```

```
    SDA=1;
    delayNOP();
}
void Ack(void)  /* 应答位 */
{
    SDA=0;
    delayNOP();
    SCL=1;
    delayNOP();
    SCL=0;
}
void NoAck(void)  /* 反向应答位 */
{
    SDA=1;
    delayNOP();
    SCL=1;
    delayNOP();
    SCL=0;
}
Write8Bit(unsigned char input)              //按操作时序，写入 8 个 bit 到 AT24C02
{
    unsigned char temp;
    for(temp=8;temp! =0;temp--)
    {
        SDA=(bit)(input&0x80);
        SCL=1;
        SCL=0;
        input=input<<1;
    }
}


void Write24c02(uchar ch, uchar address)    //按 AT24C02 写数据操作格式，写一个字节
{
    Start();
    Write8Bit(WriteDeviceAddress);
    Ack();
    Write8Bit(Subaddress);
    Ack();
    Write8Bit(ch);
    Ack();
    Stop();
    DelayMs(10);
}
```

例 7 - 8 将在图 7 - 13(b)中写入 AT24C02 中的数据读出一个字节。

读字节程序如下：

```
#define   WriteDeviceAddress 0xa0        //定义器件在 I²C 总线中的地址
#define ReadDviceAddress 0xa1
#define Subaddress 0x50
uchar Read8Bit()                          //读 8bit
{
    unsigned char temp, rbyte=0;
    for(temp=8;temp! =0;temp——)
    {
      SCL=1;
      rbyte=rbyte<<1;
      rbyte= rbyte|((unsigned char)(SDA));
      SCL=0;
    }
    return(rbyte);
}


uchar Read24c02(uchar address)            //按 AT24C02 读数据操作格式，读一个字节
{
    uchar ch;
    Start();
    Read8Bit(WriteDeviceAddress);
    Ack();
    Read8Bit(Subaddress);
    Ack();
    Start();
    Read8Bit(ReadDeviceAddress);
    Ack();
    ch=Read8Bit();
    NoAck();
    Stop();
    return(ch);
}
```

7.4 SPI 总线及应用

1. SPI 接口

SPI(Serial Peripheral Interface,串行外设接口)总线系统是一种同步串行外设接口,是 Motorola 首先在其 MC68HCxx 系列处理器上定义的,时钟由主机控制。在时钟移位脉冲控制下,数据按位传输,高位在前,低位在后。SPI 接口有 2 根单向数据线,为全双工通信,目前应用中的数据速率可达几 Mb/s 的水平。SPI 接口主要应用在 E²PROM、FLASH、实

时时钟、AD 转换器等器件设备及数字信号处理器和数字信号解码器上。它可以使 MCU 与各种外围设备以串行方式进行通信，交换信息。SPI 有三个寄存器，分别为：控制寄存器 SPCR、状态寄存器 SPSR、数据寄存器 SPDR。SPI 总线系统可直接与各个厂家生产的多种标准外围器件直接接口，该接口一般使用 4 条线：串行时钟线（SCLK）、主机输入/从机输出数据线 MISO、主机输出/从机输入数据线 MOSI 和低电平有效的从机选择线 SS（有的 SPI 接口芯片带有中断信号线 INT，有的 SPI 接口芯片没有主机输出/从机输入数据线 MOSI），如图 7-14 所示。

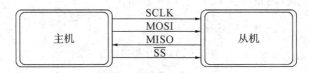

图 7-14　SPI 接口连接

SPI 接口在 CPU 和外围低速器件之间进行同步串行数据传输，在主器件的移位脉冲控制下，数据按位传输，高位在前，低位在后，为全双工通信，数据传输速度总体来说比 I^2C 总线要快，可达到几 Mb/s。

SPI 接口包括以下四种信号：

（1）MOSI，主器件数据输出，从器件数据输入信号。

（2）MISO，主器件数据输入，从器件数据输出信号。

（3）SCLK，时钟信号，由主器件产生。

（4）NSS，从器件使能信号，由主器件控制，有的 IC 会标注为 CS(Chip Select)。

在点对点的通信中，SPI 接口不需要寻址操作，且为全双工通信，显得简单高效。

在多个从器件的系统中，每个从器件需要独立的使能信号，硬件上比 I^2C 系统要稍微复杂一些，需要使用 SS_i 线来选择主机与哪个从机进行通信，使能信号 CS 信号是由主机的 I/O 输出线发出的。从机只有在 SS_i 为低电平时，SCK 脉冲才能对芯片进行数据的读/写；而当 SS_i 为高电平时，SCK 脉冲对芯片不起作用，如图 7-15 所示。

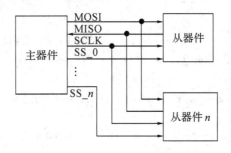

图 7-15　多个从器件硬件连接示意图

SPI 接口在内部硬件上实际是两个简单的移位寄存器，传输的数据为 8 位，在主器件产生的从器件使能信号和移位脉冲控制下，按位传输，高位在前，低位在后。

具体的通信过程为：首先由主机向需要进行通信的从机发出从使能信号（CS），通常为低电平有效，之后再由主机向所选的从机发出串行时钟信号，读取/写入从机数据信息的操作将在串行时钟的上升沿或下降沿进行。因为读取/写入的一个字节包括 8 位，因此每读取/写入 8 位数据将由从机向主机发出一个中断信号，以向主机表示一个字节已经完整读取/写入，主机可以继续下一步操作。

2. SPI 接口通信

如图 7-16 所示，在 SCLK 的上升沿数据改变，同时 1 位数据被存入移位寄存器。

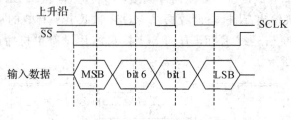

图 7-16 SPI 接口时序

在多个从器件的系统中，每个从器件需要独立的使能信号，硬件上比 I^2C 系统要稍微复杂一些。

SPI 接口有一个缺点：没有指定的流控制，没有应答机制确认是否接收到数据。

3. SPI 协议在 51 单片机上的驱动实现

51 单片机没有 SPI 总线接口，这就需要用单片机的通用 I/O 口来作为 SPI 总线接口，并利用软件来实现 SPI 总线数据传输。在实际的用软件模拟 SPI 接口通信中需要注意：SPI 接口芯片在读取/写入数据时都应该在串行时钟信号的上升沿或者下降沿。编程时应该注意让数据在总线上保持一定时间，等待稳定后再进行数据的读取/写入，这是为了避免数据没有保持最低有效时间，而使 SPI 接口芯片在没做完当前的操作，下一个操作指令就开始的情况。

例 7-9 51 单片机模拟 SPI 总线通信。

程序如下：

```
#include <reg51.h>
#include <intrins.h>
sbit SCK=P1^0;                        // 将 P1.0 口模拟时钟输出
sbit MOSI=P1^1;                       // 将 P1.1 口模拟主机输出
sbit MISO=P1^2;                       // 将 P1.2 口模拟主机输入
sbit SS1=P1^3;                        // 将 P1.3 口模拟片选
#define delayNOP();{_nop_();_nop_();_nop_();_nop_();};

void SPISendByte(unsigned char ch)    //发送一个字节函数
{
    unsigned char idata n=8;          //向 MOSI 上发送 1 字节数据，共 8 位
    SCK = 1;                          //时钟置高
    SS1 = 0;                          //选择从机
    while(n--)
    {
        delayNOP();
        SCK = 0;                      //时钟置低
        if((ch&0x80) == 0x80)         // 若要发送的数据最高位为 1 则发送位 1
        {
```

```
            MOSI = 1;                    // 传送位 1
        }
        else
        {
            MOSI = 0;                    // 否则传送位 0
        }
        delayNOP();
        ch = ch<<1;                      // 数据左移 1 位
        SCK = 1 ;                        //时钟置高
    }
}


unsigned char SPIreceiveByte( )
{    unsigned char idata n=8；          //从 MISO 线上读取 1 字节数据,共 8 位
     unsigned char tdata;
     SCK = 1;                           //时钟为高
     SS1 = 0;                           //选择从机
     while(n－－)
     {   delayNOP( );
         SCK = 0;                       //时钟为低
         delayNOP();
         tdata = tdata<<1;              //左移 1 位,或_crol_(temp,1)
         if(MISO == 1)
             tdata = tdata|0x01;        //若接收到的位为 1,则数据的最后一位置 1
         else
             tdata = tdata&0xfe;        //否则数据的最后一位置 0
             SCK=1;
     }
     return(tdata);
}


unsigned char SPIsend_receiveByte(unsigned char ch)
{    unsigned char idata n=8;          //1 字节数据,共 8 位
     unsigned char tdata;
     SCK = 1;                          //时钟为高
     SS1 = 0;                          //选择从机
     while(n－－)
     {
     delayNOP();
     SCK = 0;                          //时钟为低
     delayNOP();
         {
         tdata = tdata<<1;             //左移 1 位,或_crol_(temp,1)
```

```
        if(MISO == 1)
            tdata = tdata|0x01;              // 若接收到的位为1,则数据的最后一位置1
        else
            tdata = tdata&0xfe;              // 否则数据的最后一位置0
        }
        {
        if((ch&0x80) == 0x80)               // 若要发送的数据最高位为1则发送位1
            {
                MOSI = 1;                    // 传送位1
            }
        else
            {
                MOSI = 0;                    // 否则传送位0
            }
            ch = ch<<1;                      // 数据左移1位
        }
        SCK=1;
    }
    return(tdata);
}
main()
{
    ⋮
}
```

例7-10 AT89C51单片机模拟 SPI 总线操作串行 E²PROM 93C46。

AT93C46 是 1 KB 的串行 E²PROM 存储器器件,可配置为 16 位(ORG 管脚接 Vcc)或者 8 位(ORG 管脚接 GND)的寄存器。每个寄存器都可通过 DI(或 DO 管脚)串行写入(或读出)。AT93C46 共有 7 个功能指令,控制动作如表 7-3 所示。

表 7-3 AT93C46 的控制动作说明

动作	指令		BYTE 存取		WORD 存取		说　　明
	起始码	操作码	地址	数据	地址	数据	
READ	1	10	A6~A0		A5~A0		从指定的单元读数
ERASE	1	11	A6~A0		A5~A0		擦除指定地址的内容(=1)
EWDS	1	00	00xxxxx		00xxxx		禁止写指令
WRAL	1	00	01xxxxx	D7~D0	01xxxx	D15~D0	写入存储器所有单元
ERAL	1	00	10xxxxx		10xxxx		擦除存储器所有单元(=1)
EWEN	1	00	11xxxxx		11xxxx		允许写指令
WRITE	1	01	A6~A0	D7~D0	A5~A0	D15~D0	写入存储单元

设计电路连接如图 7-17 所示。对于不带 SPI 串行总线接口的 AT89C51 单片机来说,

可以使用软件来模拟 SPI 的操作。图 7 - 17 所示为 AT89C51 单片机与串行 E²PROM 93C46 的硬件连接图，其中，P1.0 模拟 SPI 主设备的数据输出端 SDO，P1.2 模拟 SPI 的时钟输出端 SCK，P1.3 模拟 SPI 的从机选择端 SCS，P1.1 模拟 SPI 的数据输入端 SDI。

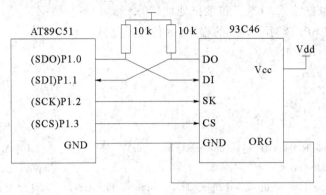

图 7 - 17　AT89C51 与 93C46 连接图

　　93C46 作为从设备，其 SPI 接口使用 4 条 I/O 口线：串行时钟线(SK)、输出数据线 DO、输入数据线 DI 和高电平有效的从机选择线 CS。其数据的传输格式是高位(MSB)在前，低位(LSB)在后。93C46 的 SPI 总线接口 WORD 读命令时序如图 7 - 18 所示。

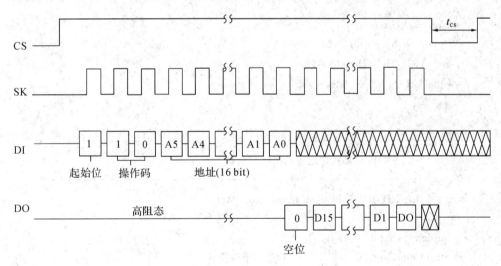

图 7 - 18　93C46 读操作时序图

　　根据 94C46 时序和指令要求，89C51 模拟 SPI 接口通信的实现方法如下。

　　上电复位后首先将 P1.2(SCK)的初始状态设置为 0(空闲状态)。

　　读操作：AT89C51 首先通过 P1.0 口发送 1 位起始位(1)，2 位读操作码(10)，6 位被读的数据地址(A5A4A3A2A1A0)，然后通过 P1.1 口读 1 位空位(0)，之后再读 16 位数据(高位在前)。(或 7 位数据地址，读 8 位数据。)

　　写操作：AT89C51 首先通过 P1.0 口发送 1 位起始位(1)，2 位写操作码(01)，6 位被写的数据地址(A5A4A3A2A1A0)，之后通过 P1.0 口发送被写的 16 位数据(高位在前)，写操作之前要发送写允许命令，写之后要发送写禁止命令。(或 7 位数据地址，读 8 位数据。)

　　写允许操作：首先发送 1 位起始位(1)，2 位写允许操作码(00)，6 位数据地址(11xxxx)，16 位数据格式。(或 7 位数据地址(11xxxxx)，8 位数据格式。)

　　写禁止操作：首先发送 1 位起始位(1)，2 位写禁止操作码(00)，6 位数据地址(00xxxx)，16 位数据格式。(或 7 位数据地址(00xxxxx)，8 位数据格式。)

(1) C51 模拟 SPI 读写 93C46 的程序，8 位数据格式。

```c
#include  <reg51.h>
sbit SCS=P1^3;
sbit SCK=P1^2;
sbit SDI=P1^1;
sbit SDO=P1^0;
unsigned char RD_93C46_byte(unsigned char addr);        // 读 1 字节数据
void Chipready(void);                                   //93C46 初始准备定义
void WR_93C46_byte(unsigned char addr, unsigned char dat); //写 1 字节数据
void EWEN_93C46(void);                                  //擦写允许
void EWDS_93C46(void);                                  //擦写禁止
void ERASE_93C46(unsigned char addr);                   // 擦除指定地址的数据
void main()
{
    unsigned char temp;
    WR_93C46_byte(0x01, 123);
    temp=RD_93C46_byte(0x01);
    while(1);
}


//————————————————————————————————————————
//        读 93C46 内部指定地址的 1 字节数据
//————————————————————————————————————————
unsigned char RD_93C46_byte(unsigned char addr)
{
    unsigned char dat=0, i;
    void Chipready();               //芯片准备操作
    SDI=1;SCK=1;SCK=0;              //读数据指令：110
    SDI=1;SCK=1;SCK=0;
    SDI=0;SCK=1;SCK=0;
    for(i=0;i<7;i++)                //写 7 位地址
    {
        addr<<=1;
        if((addr&0x80)==0x80)
            SDI=1;
        else
            SDI=0;
        SCK=1;
```

```
            SCK=0;
    }
    SDO=1;                          //DO=1,为读取做准备
    for(i=0;i<8;i++)                // 读 8 位数据
    {
        dat<<=1;
        SCK=1;
        if(SDO) dat+=1;
            SCK=0;
    }
    SCS=0;
    return(dat);
}
//———————————————————————————————————
//        向 93C46 内部指定地址写 1 字节数据
//———————————————————————————————————
void WR_93C46_byte(unsigned char addr, unsigned char dat)
{
    unsigned char i;
    EWEN_93C46();                   // 擦写允许
    void Chipready();
    SDI=1;SCK=1;SCK=0;              // 写数据指令: 101
    SDI=0;SCK=1;SCK=0;
    SDI=1;SCK=1;SCK=0;
    for(i=0;i<7;i++)                // 写 7 位地址
    {
        addr<<=1;
        if((addr&0x80)==0x80)
            SDI=1;
        else
            SDI=0;
            SCK=1;
            SCK=0;
    }
    for(i=0;i<8;i++)                // 写 8 位数据
    {
        if((dat&0x80)==0x80)
            SDI=1;
        else
            SDI=0;
            SCK=1;
            SCK=0;
            dat<<=1;
```

```
        }
        SCS=0;
        SDO=1;
        SCS=1;
        while(SDO==0);                 // 检测忙闲
        SCK=0;
        SCS=0;
        EWDS_93C46();                  // 擦写禁止
}
//—————————————————————————————————————
// 擦写允许,指令格式:100    地址:11xxxxx (7 位)
//—————————————————————————————————————
void EWEN_93C46(void)
{
        unsigned char i, addr;
        void Chipready();
        SDI=1;SCK=1;SCK=0;         // 100
        SDI=0;SCK=1;SCK=0;
        SDI=0;SCK=1;SCK=0;
        addr=0x7f;                     // 01111111B
        for(i=0;i<7;i++)               // 写 7 位地址   11xxxxx
        {
            addr<<=1;
            if((addr&0x80)==0x80)
               SDI=1;
            else
               SDI=0;
               SCK=1;
               SCK=0;
        }
        SCS=0;
}
//—————————————————————————————————————
// 擦写禁止,指令格式:100    地址:00xxxxx (7 位)
//—————————————————————————————————————
void EWDS_93C46(void)
{
        unsigned char i, addr;
        void Chipready();
        SDI=1;SCK=1;SCK=0;         // 100
        SDI=0;SCK=1;SCK=0;
        SDI=0;SCK=1;SCK=0;
        addr=0x00;                     // 00000000B
```

```
        for(i=0;i<7;i++)                    // 写 7 位地址   00xxxxx
        {
            addr<<=1;
            if((addr&0x80)==0x80)
              SDI=1;
            else
              SDI=0;
            SCK=1;
            SCK=0;
        }
        SCS=0;
    }
    void Chipready(void)
    {
        SCS=0;
        SCK=0;
        SCS=1;
    }
```

(2) 用 C51 模拟 SPI 读 93C46 的部分程序,16 位数据格式。

```
    sbit SDO=P1^0;                     // 根据图 7 - 17,I/O 口定义
    sbit SDI=P1^1;
    sbit SCK=P1^2;
    sbit SCS=P1^3;
    sbit ACC_7=ACC^7;
    unsignedint SpiRead(unsigned char add) //add 为 2 位读操作码,6 位地址
    {
        unsignedchar i;
        unsignedint data16;
        add&=0x3f;                     //低 6 位为地址
        add|=0x80;                     //高 2 位为读操作码
        SDO=1;                         //发送 1 为起始位
        SCK=0;
        SCK=1;
        for(i=0; <8; i++)              //发送操作码和地址
        {
            if(add&0x80==1)
            SDO=1;
            else
            SDO=0;
            SCK=0;                     //从设备上升沿接收数据
            SCK=1;
            add<<=1;
        }
```

```
        SCK=1;                          //空读 1 位数据
        SCK=0;
        datal6<<=1;                     //读 16 位数据
        for(i=0; <16; i++)
        {
            SCK= 1;
            _nop_();
            if(SDI==1)
            datal6|=0x01;
            SCK=0;
            datal6<<=1;
        }
        return data16;
    }
```

对于不同的串行接口外围芯片，它们的时钟时序是不同的。上述程序是针对在 SCK 的上升沿输入(接收)数据和在下降沿输出(发送)数据的器件。这个程序也适用于在串行时钟的上升沿输入和下降沿输出的其它各种串行外围接口芯片，只要在程序中改变 P1.2(SCK)的输出电平，进行相应调整即可。

7.5 RS – 232C 与 USB 简介

7.5.1 RS – 232C 简介

计算机与计算机或计算机与终端之间的数据传送可以采用串行通信和并行通信两种方式。由于串行通信方式具有使用线路少、成本低，特别是在远程传输时，避免了多条线路特性不一致的限制而被广泛采用。在串行通信时，要求通信双方都采用一个标准接口，使不同的设备可以方便地连接起来进行通信。RS – 232C 接口(又称 EIA RS – 232 – C)是目前最常用的一种串行通信接口。它是在 1970 年由美国电子工业协会(EIA)联合贝尔系统、调制解调器厂家及计算机终端生产厂家共同制定的用于串行通信的标准。它的全名是"数据终端设备(DTE)和数据通信设备(DCE)之间串行二进制数据交换接口技术标准"该标准规定采用一个 25 个脚的 DB25 连接器，对连接器的每个引脚的信号内容加以规定，还对各种信号的电平加以规定。

1. 接口信号

EIA RS – 232C 是异步串行通信中应用最广泛的标准总线，它包括了按位串行传输的电气和机械方面的规定，适用于数据终端设备(DTE)和数据通信设备(DCE)之间的接口。其中，DTE 主要包括计算机和各种终端机，而 DCE 的典型代表是调制解调器(MODEM)。

RS – 232C 的机械指标规定：RS – 232C 接口通向外部的连接器(插针插座)是一种"D"型 25 针插头，接口信号定义如表 7 – 4 所示。RS – 232C 的"D"型 25 针插头引脚定义如图 7 – 19所示。

表 7-4　微机通信中常用的 RS-232C 接口信号

引脚序号	信号名称	符号	流向	功　能
2	发送数据	TXD	DTE→DCE	DTE 发送串行数据
3	接收数据	RXD	DTE←DCE	DTE 接收串行数据
4	请求发送	RTS	DTE→DCE	DTE 请求 DCE 将线路切换到发送方式
5	允许发送	CTS	DTE←DCE	DCE 告诉 DTE 线路已接通可以发送数据
6	数据设备准备好	DSR	DTE←DCE	DCE 准备好
7	信号地			信号公共地
8	载波检测	DCD	DTE←DCE	表示 DCE 接收到远程载波
20	数据终端准备好	DTR	DTE→DCE	DTE 准备好
22	振铃指示	RI	DTE←DCE	表示 DCE 与线路接通，出现振铃

```
次信道发送数据 —— 14      1 —— 保护地(机壳)
     发送时钟 —— 15      2 —— 发送数据
次信道接收数据 —— 16      3 —— 接收数据
     接收时钟 —— 17      4 —— 请求发送
       未用 —— 18      5 —— 发送(允许发送)
次信道请求发送 —— 19      6 —— 数据装置就绪
   数据终端就绪 —— 20      7 —— 信号地
   信号质量检测 —— 21      8 —— 载波检测
     振铃指示 —— 22      9 —— 留作测试用
数据信号速率选择 —— 23     10 —— 留作测试用
     发送时钟 —— 24     11 —— 未用
       未用 —— 25     12 —— 次信道载波检测
                      13 —— 次信道清除发送
```

图 7-19　"D"型 25 针插头引脚定义图

在微机通信中，通常使用的 RS-232C 接口引脚只有 9 根，图 7-20 给出了 RS-232C 的"D"型 9 针插头引脚定义图。

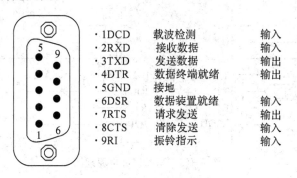

```
· 1DCD    载波检测      输入
· 2RXD    接收数据      输入
· 3TXD    发送数据      输出
· 4DTR    数据终端就绪    输出
· 5GND    接地
· 6DSR    数据装置就绪    输入
· 7RTS    请求发送      输出
· 8CTS    清除发送      输入
· 9RI     振铃指示      输入
```

图 7-20　RS-232(DB9)引脚图

2. 电气特性

RS-232C 采用负逻辑，即逻辑"1"：$-3\sim -15$ V；逻辑"0"：$+3\sim +15$ V。

表 7-5 列出了 RS-232C 接口的主要电气性能。RS-232C 标准信号传输的最大电缆长度为 30 米，异步方式速率最高为 115.2 Kb/s，同步方式最高为 128 Kb/s。

表 7-5　RS-232C 电气特性表

电 气 特 性	参 数 范 围
带 3~7 kΩ 负载时驱动器的输出电平	逻辑 1：-3~-15 V 逻辑 0：+3~+15 V
不带负载时驱动器的输出电平	-25~+25 V
驱动器通断时的输出阻抗	>300 Ω
输出短路电流	<0.5 A
驱动器转换速率	<30 V/μs
接收器输入阻抗	3~7 kΩ
接收器输入电压的允许范围	-25~+25 V
输入开路时接收器的输出	逻辑 1
输入经 300 Ω 接地时接收器的输出	逻辑 1
+3 V 输入时接收器的输出	逻辑 0
-3 V 输入时接收器的输出	逻辑 1
最大负载电容	2500 pF

3. 电平转换

由于 TTL 电平和 RS-232C 电平互不兼容，所以两者接口时，必须进行电平转换。RS-232C 与 TTL 的电平转换最常用的芯片是传输线驱动器 MAX232，其内部结构与管脚配置如图 7-21 所示。其作用除了电平转换外，还实现正负逻辑电平的转换。

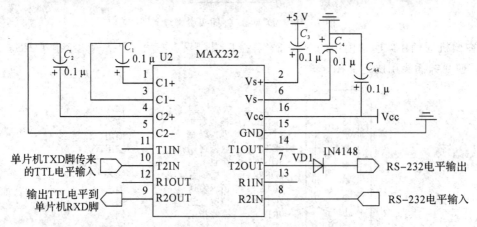

图 7-21　MAX232 电原理图

该产品是由德州仪器公司(TI)推出的一款兼容 RS-232 标准的芯片，使用+5 V 单电源供电。由于电脑串口 RS-232 电平是-15~+15 V，而一般的单片机应用系统的信号电压是 TTL 电平 0~+5V，因此需进行电平转换。MAX232 就是用来进行电平转换的，该器件包含 2 个驱动器、2 个接收器和 1 个电压发生器电路(提供 TIA/EIA-232-F 电平)。

该器件符合 TIA/EIA-232-F 标准，每一个接收器将 TIA/EIA-232-F 电平转换成 5V TTL/CMOS 电平；每一个发送器将 TTL/CMOS 电平转换成 TIA/EIA-232-F 电平。这样，单片机串口的 TTL 电平通过 MAX232 电平转换电路变成标准 RS-232 电平，与 PC 机等进行串行通信。

7.5.2 USB 接口简介

1. 概述

由于多媒体技术的发展对外设与主机之间的数据传输率有了更高的需求，因此，USB 总线技术应运而生。USB 是英文 Universal Serial Bus 的缩写，中文含义是"通用串行总线"。它不是一种新的总线标准，而是应用在 PC 领域的新型接口技术。早在 1995 年，就已经有 PC 机带有 USB 接口了，但由于缺乏软件及硬件设备的支持，这些 PC 机的 USB 接口都闲置未用。1998 年后，随着微软在 Windows98 中内置了对 USB 接口的支持模块，加上 USB 设备的日渐增多，USB 接口才逐步走进了实用阶段。

USB 使用一个 4 针插头作为标准插头，管脚定义如图 7-22 所示。具体结构有 TypeA、TypeB、Mini-A 和 Mini-B 等多种形式，广泛应用于计算机及通信终端等设备中。通过这个标准插头，采用菊花链形式可以把所有的外设连接起来，并且不会损失带宽。USB 连线采用四线电缆，其中两根是用来传送数据的串行通道，另两根为下游（Downstream）设备提供电源。USB 标准中将 USB 分为五个部分：控制器、控制器驱动程序、USB 芯片驱动程序、USB 设备以及针对不同 USB 设备的客户驱动程序。

管脚号	管脚名称	功能
1	GND	接地
2	CLK	时钟
3	Data	数据口
4	Vcc	+5 电源

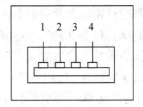

图 7-22 USB 接口管脚定义

USB 需要主机硬件、操作系统和外设三个方面的支持才能工作。目前主板一般都采用支持 USB 功能的控制芯片组，而且也安装了 USB 接口插槽。它能以雏菊链的方式同时连接 127 个外设。USB 总线能提供两种传输速度：1.5 Mb/s 和 12 Mb/s，并且能向外设提供最大 500 mA 的电流。

USB 接口的主要特点是：即插即用，可热插拔。USB 连接器将各种各样的外设 I/O 端口合而为一，使之可热插拔，具有自动配置能力。USB 总线标准由 1.1 版升级到 2.0 版后，传输率由 12 Mb/s 增加到了 240 Mb/s，更换介质后连接距离由原来的 5 米增加到近百米。

2. USB 供电模式

USB 设计的初衷就是简单、易用，所以整合了电源线和数据线。其中两根芯线用于提供电力，另外两根芯线用于数据通信。USB 供电模式有两种：高电压模式（100mA＜USB 外设所需电流＜500mA）和低电压模式（USB 外设所需电流＜100mA）。不过当某些设备需要大于 500mA 的电源时（这是 USB 能提供的最大电流）就需要外接电源了——这类设备称为自供电设备。扬声器、可移动存储设备一般都属于这个类别。

3. USB 技术规范概要

USB1.1 的出现很快就成了 PC 机和 Mac 机事实上的外部通信标准。它提供了一个提升外设速度的廉价方法，但是由于速度还不够快，所以使用的范围很窄，于是 USB2.0 规范应运而生。

USB2.0 规范由 Compaq、Hewlett Packard、Intel、Lucent、Microsoft、NEC、Philips 等厂商共同制定、发布，它把外设数据传输速度提高到了 480 Mb/s，是 USB 1.1 设备的 40 倍。可以选择三种速度：高速（high-speed）480 Mb/s、全速（full-speed）12 Mb/s、低速（Low-Speed）1.5 Mb/s。这极大地提高了外设的性能，而且不用担心多个设备连接到 USB 端口上会有瓶颈制约。另外，USB2.0 继承了 USB1.1 规范的优点：热插拔和即插即用，并且向后兼容符合 USB1.1 标准的设备。

USB2.0 同 USB1.1 有很多相同的地方，除带宽增加了之外，仍然使用同样的线缆、连接器、连接方式。USB2.0 设备也能同 USB1.1 设备在兼容 USB2.0 标准的系统上同时存在。

随着技术的发展，英特尔等公司提出了 USB3.0 规范，最大传输带宽可达到 5.0Gb/s。

思考练习题

1. 什么是串行异步通信？它有哪些特点？

2. 80C51 单片机的串行口由哪些功能部件组成？各有什么作用？

3. 简述串行口接收和发送数据的过程。

4. 80C51 串行口有几种工作方式？有几种帧格式？各工作方式的波特率如何确定？

5. 若异步通信接口按方式 3 传送，已知其每分钟传送 3600 个字符，其波特率是多少？

6. 为什么定时器 T1 用作串行口波特率发生器时，常选用操作模式 2？若已知系统时钟频率和通信用的波特率，如何计算其初值？

7. 若定时器 T1 设置成模式 2 作波特率发生器，已知 $f_{osc}=6$ MHz，求可能产生的最高和最低的波特率。

8. 设计一个 80C51 单片机的双机通信系统，并编写程序将甲机 10 个字节的数据块，通过串行口传送到乙机中去。

9. 利用 80C51 串行口设计 4 位七段显示器，画出电路并编写程序，要求 4 位显示器上每隔 1 s 交替地显示"0123"和"4567"。

第八章 单片机系统扩展

　　单片机是一个集成度很高、独立完整的微型计算机。随着电子技术的迅速发展，在芯片中集成的电路越来越多，单片机所实现的功能也越来越强。现在，世界上几乎所有大的电子公司都生产单片机，单片机在仪器仪表、计算机外部设备、过程和工业控制、通信及消费类电子等领域应用非常广泛，以它独有的优点替代了过去由模拟电路和数字电路所实现的功能，更重要的是实现了模拟电路和数字电路所不能实现的功能。随着技术的进步和市场的需求不同，单片机也可以分为两大类：一类是通用单片机，像我们学到的80C51，它包含计算机的一些基本功能，用它可以完成一些简单任务；另一类是专用单片机，它是厂家专为某一类应用而设计的，针对性强，没有冗余，像通信终端、家电和仪表等使用的单片机，它们的产品用量大，功能确定，这样厂家可以针对具体要求设计相应的单片机来满足客户的要求。通用单片机为满足大部分用户出发，从通用性强和降低成本考虑，只包括基本的存储器、定时器和I/O口等，很难满足实际系统的要求。这样，就要根据选用的单片机和系统功能要求进行扩展，也就是增加单片机的外部电路，让它们和单片机一起协同工作来满足实际要求。这也是单片机应用系统开发中很重要的一方面。

　　由 MCS-51 系列单片机的结构可知，虽然芯片有 4 个 8 位 I/O 端口，但如果使用8031，芯片可供外部输入/输出设备使用的只有 P1 一个 8 位口。这对于众多的外部设备，如键盘、显示器、开关、A/D、D/A 以及执行机构等是远远不够用的，就需要扩展 I/O 口线。外部设备与单片机在运行速度上存在着很大差异，要把快速的单片机与慢速的外部设备(如打印机)有机地联系起来，就需要在单片机与外部设备之间搭一缓冲桥梁，使二者能很好地匹配。当单片机控制一些大功率器件和设备时，也需要进行功率扩展接口设计。这种用来使单片机与外部设备交换信息的桥梁就叫做接口。

　　所以，一个完整的单片机应用系统应该包括单片机、外围扩展、接口及执行机构等。

8.1　片外总线结构和最小应用系统

　　MCS-51 系列单片机一块芯片本身就是一个基本的计算机，可以完成计算机的一些基本功能。但在实际系统应用中，它的功能可能不够，这就需要在外部扩展。由于 MCS-51系列单片机具有完备的外部总线功能，而外部设备与外部数据存储器统一编址，所以通过总线方式扩展是一种很方便的方法。

8.1.1　80C51 片外总线结构

　　80C51 单片机具有 CPU 内部总线和外部总线结构。所谓总线方式扩展，就是通过单片机的外部总线连接外部电路和单片机一起工作，增加单片机的功能。80C51 单片机外部由地址总线、数据总线和控制总线进行扩展，但由于管脚限制，数据线和地址线低 8 位复用，而且与 I/O 口线兼用，如图 8-1 所示。

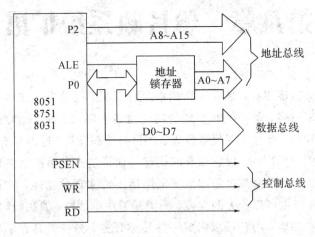

图 8-1 MCS-51 片外三总线

1. 地址总线(AB)

80C51 地址总线由 16 位构成。由 P0 口经地址锁存器(如 74373)提供低 8 位地址(A7～A0)，P2 口提供高 8 位地址(A15～A8)，用于传送单片机送出的地址信号，决定操作的存储单元或 I/O 口，是单向总线，只能由单片机送出。可直接访问的存储单元或外部设备为 2^{16} 个，即通常所说的寻址范围为 64KB。对外部寻址时，P0 口是低 8 位地址和 8 位数据的复用线，P0 口首先将低 8 位的地址发送出去，当 ALE 由高变低时，用锁存器(74373)将先送出的低 8 位地址锁存再传送数据，在下一次 ALE 变高时，和 P2 口高 8 位地址共同作用寻址。

2. 数据总线(DB)

数据总线宽度为 8 位，由 P0 口提供，用于单片机与存储器或 I/O 端口之间传送数据。它与单片机处理数据的字长是一致的，所以通常也称 MCS-51 为 8 位机，即指每次处理 8 位。数据总线是双向的，可以进行两个方向的数据传送。

3. 控制总线(CB)

控制总线是单片机发出的用于控制片外电路工作的一组信号线，主要有以下几条：

· $\overline{EA}$：内外程序存储器的选择信号。$\overline{EA}=1$ 时访问片内程序存储器，$\overline{EA}=0$ 时访问片外程序存储器。

· $\overline{PSEN}$：扩展程序存储器的读选通信号。接外部扩展 EPROM 芯片的 $\overline{OE}$ 脚。

· ALE：低 8 位地址锁存控制信号。接 74373 的锁存信号输入端 G。

· $\overline{RD}$ 和 $\overline{WR}$：扩展数据存储器和 I/O 端口的读、写选通信号。低电平有效。

通过地址总线、数据总线和控制总线，80C51 可以扩展外部程序存储器、数据存储器和外部设备。

8.1.2　总线驱动能力及扩展

单片机在外部扩展时，根据芯片生产厂家、工艺等的不同及所带负载的类型和数量，要考虑设计的电路是否能稳定可靠地工作，在应用系统设计时要遵循一些基本原则。

1. TTL 电路和 CMOS 电路的带负载问题

在单片机应用系统中，经常会遇到 TTL 与 CMOS 两种电路并存的情况下，这就会遇到需将两种器件互相对接的问题，包括单片机也是如此。早期的 8031 是用双极型晶体管工艺制造的，而现在生产的 89C51(87C51)采用 CMOS 工艺。所以，无论是用 TTL 电路驱动 CMOS 电路还是用 CMOS 电路驱动 TTL 电路，驱动门必须能为负载门提供合乎标准的高、低电平和足够的驱动电流，这样电路才能协调一致地工作，也就是必须同时满足下列各式：

驱动输出　　　　负载输入

$$U_{OH}(\min) \geqslant U_{IH}(\min) \tag{8-1}$$

$$U_{OL}(\max) \leqslant U_{IL}(\max) \tag{8-2}$$

$$I_{OH}(\max) \geqslant \sum I_{IH}(\max) \tag{8-3}$$

$$I_{OL}(\max) \geqslant \sum I_{IL}(\max) \tag{8-4}$$

上面各式就是电路连接时必须满足的条件。这样，就可以根据电路的具体参数来确定电路的连接原则了。实际上，式(8-1)、(8-2)是接口电平的匹配问题，而式(8-3)、(8-4)是能带多少负载的问题。为便于对照比较，表8-1中列出了常用的 TTL 和 CMOS 两种电路输出电压、输出电流、输入电压和输入电流的参数。因为电流条件是任何电路都要满足的，即使同一种电路也有带多少负载的问题，所以这里主要考虑电平匹配问题。系统中，单一 TTL 或 CMOS 电路不存在电平兼容问题。而当 TTL 与 CMOS 两种电路并存时，主要解决两类问题：一是 TTL 电路驱动 CMOS 电路的问题；另一是 CMOS 电路驱动 TTL 电路的问题。应该说，现在 4000(包括 4000B)系列 CMOS 电路应用已经不多，而且它的特性和电源有关，这里主要针对高速 CMOS 电路进行讨论。

表 8-1　TTL、CMOS 电路的输入、输出特性参数

电路种类　　　参数名称	TTL 74 系列	TTL 74LS 系列	CMOS* 4000 系列	高速 CMOS 74HC 系列	高速 CMOS 74HCT 系列
$U_{OH}(\min)/\mathrm{V}$	2.4	2.7	4.6	4.4	4.4
$U_{OL}(\max)/\mathrm{V}$	0.4	0.5	0.05	0.1	0.1
$I_{OH}(\max)/\mathrm{mA}$	-0.4	-0.4	-0.51	-4	-4
$I_{OL}(\max)/\mathrm{mA}$	16	8	0.51	4	4
$U_{IH}(\min)/\mathrm{V}$	2	2	3.5	3.5	2
$U_{IL}(\max)/\mathrm{V}$	0.8	0.8	1.5	1	0.8
$I_{IH}(\max)/\mu\mathrm{A}$	40	20	0.1	0.1	0.1
$I_{IL}(\max)/\mathrm{mA}$	-1.6	-0.4	-0.1×10^{-3}	-0.1×10^{-3}	-0.1×10^{-3}

* 系 CC4000 系列 CMOS 门电路在 Vdd=5V 时的参数。

1) TTL 电路驱动 CMOS 电路

(1) 用 TTL 电路驱动 74HC 系列 CMOS 电路。

根据表 8-1 给出的数据可知，无论是用 74 系列 TTL 电路作驱动门还是用 74LS 系列 TTL 电路作驱动门，只有式(8-1)不能满足。74HC 系列 CMOS 电路的 $U_{IH}(\min)=3.5$ V，而 74 系列 TTL 电路(包括 74LS 系列)的 $U_{OH}(\min)=2.4$ V(2.7 V)，因此，必须设法将 TTL 电路输出的高电平提升到 3.5 V 以上才能满足要求。解决方法一般是在 TTL 电路的输出端与电源之间接入上拉电阻 R_U，如图 8-2 所示。当 TTL 电路的输出为高电平时，其输出级的驱动管截止，负载管导通，故有

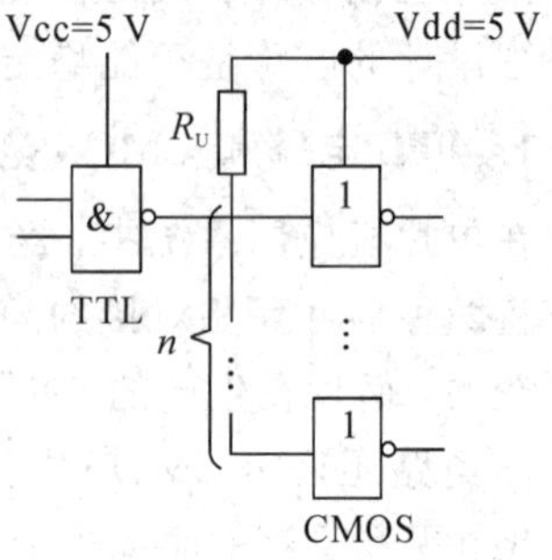

$$U_{OH}=Vdd-R_U\times(nI_{IH}-I_O) \qquad (8-5)$$

图 8-2　接上拉电阻提高 TTL 电路输出的高电平

式中的 I_O 为 TTL 电路输出高电平时的上拉电流。由于 I_O 和 nI_{IH} 近似相等，所以流过 R_U 的电流很小，这样只要 R_U 的阻值不是特别大，输出高电平将被提升至 $U_{OH}\approx Vdd$，这样就可以满足要求。

(2) 用 TTL 电路驱动 74HCT 系列 CMOS 电路。

为了能方便地实现直接驱动，厂家又生产了 74HCT 系列高速 CMOS 电路。通过改进工艺和设计，使 74HCT 系列的 $U_{IH}(\min)$ 值降至 2 V。这样，TTL 电路的输出可以直接接到 74HCT 系列电路的输入端而无需外加任何元器件，使电路设计应用更加简单、方便。

2) CMOS 电路驱动 TTL 电路

当用 74HC/74HCT 系列 CMOS 电路驱动 TTL 电路时，根据表 8-1 给出的数据可知，无论负载是 74 系列 TTL 电路还是 74LS 系列 TTL 电路，都可以直接用 74HC 或 74HCT 系列 CMOS 电路直接驱动。可驱动负载的数目不难从表 8-1 的数据中求出。

2. 单片机总线驱动扩展

在单片机总线扩展应用中，由于 CPU 通过总线与数片存储器芯片及若干个 I/O 接口芯片相连接，而且这些芯片可能是 TTL 器件，也可能是 CMOS 器件，所以当构成系统时，CPU 总线能否支持其负载是必须考虑的问题。当 CPU 总线上连接的器件均为 CMOS 器件且数量不多时，因为 CMOS 器件功耗低，所以一般不会超载。当总线上连接的器件使 CPU 超载时，就应该考虑总线的驱动问题。这时需在总线上增加缓冲器和驱动器，以增加 CPU 总线的带负载能力。

虽然都是 MCS-51 系列单片机，但各个厂家采用的生产工艺不同(TTL 或 CMOS)，产品不同，端口不同，驱动的外部负载电路不同，则带负载能力也不一样。在设计单片机外围扩展时都要考虑是否能驱动所有负载正常工作。特别是外围扩展电路较多时更要考虑这一问题。在实际系统设计中，首先要详细了解所用芯片的电气指标(高、低电平，输入、输出电流等)。如果是 TTL 和 CMOS 电路混合系统，则不但要考虑电流，还要考虑电平，然后，根据指标要求，看是否能驱动所要扩展的所有外围电路，如果不行，则需要进行驱动扩展。

1) 地址和控制总线驱动扩展

单片机的地址线和控制线都是单向的(或单向输出驱动外部设备)，则选用的驱动器也

应为单向驱动器。而且由于是在总线上应用，所以要具有三态功能。常用的驱动器有74244、74240（带反向输出），它们都是 8 位总线驱动器。它们的应用比较简单，输入端接单片机端口，输出端接负载。当然，还要考虑 74244 本身能带多少负载的问题。

2）数据总线驱动扩展

对单片机系统来说，数据是双向传输的，所以数据总线的驱动器也为双向驱动器。对 MCS-51 单片机来说，因为外设和外部数据存储器共同占用 64KB 空间，所以理论上可以外接 64K 个外部设备（当然实际不会），当外部设备较多时就要考虑这一问题。一般常用的有 74245（8 位双向总线驱动器，有数据传输方向控制端，在单片机控制下可以实现数据的双向传输）。

8.1.3 外部扩展芯片的地址译码选择

在总线方式扩展时，单片机对外部的访问操作首先要寻址，也就是要找到本次操作的源和目的地址，然后才能进行相应的读写等操作。这样，扩展的外部设备就要有一个唯一的地址，单片机才能对其进行访问操作。计算机系统就是一个总线扩展系统，凡需要进行读写操作的部件都存在编址问题。MCS-51 单片机使用统一编址方式，就是把系统中的外部数据存储器和 I/O 接口统一编址。在这种编址方式中，I/O 接口中的寄存器（端口）与存储器中的存储单元等同对待。这样只有一个统一的地址空间，不需设置 I/O 指令和专用信号。具体地讲，就是 I/O 端口地址与外部数据存储器单元地址共同使用 0000H~FFFFH 这 64 KB 地址空间。

由于外部程序存储器与外部 RAM 或 I/O 端口的读操作使用不同的指令和控制信号，所以允许它们的地址重复，因此程序存储器的 64 KB 单元地址的寻址范围也是 0000H~FFFFH。一般来说，扩展的芯片都有一个片选控制端来控制芯片的工作，为实现对其的访问，单片机首先要选定一些地址线连到片选控制端，这样，当这些地址线有效时也就实现了对该芯片的访问。一片存储器芯片包含若干个存储单元，对应于若干个单元地址。同样，一片 I/O 接口芯片也包含多个（端）口，例如数据口、状态口、命令口等，因此一片 I/O 接口芯片也对应着多个端口地址。存储器需要对存储单元进行编址，而 I/O 接口则需要对其中的端口进行编址。对外部扩展芯片的地址选择方法（即芯片片选线与地址总线的连接）主要有下面几种。

1. 线选法

一般当外部扩展较少时采用线选法，简单直观。线选法就是直接把一位高位地址线连到扩展芯片的片选端，当该位地址线有效时（一般低电平），也就实现了单片机对它的访问。例如，扩展两个芯片，芯片 1 的片选端接地址线 A15，芯片 2 的片选端接地址线 A14，都是低电平有效，我们可以得出，芯片 1 的地址范围为 4000H~7FFFH，芯片 2 的地址范围为 8000H~BFFFH。不管芯片内有多少个单元，它们所占的地址空间大小是相同的，都是 16KB 字节。如果芯片内部有若干个单元，则一般用低位地址来控制访问。例如：设芯片 1 内部有 4 个单元，这样我们可以用 A0、A1 来控制对它们的访问。实际上这 4 个单元的地址为 A15＝0，A14＝1，A13~A2 任意为 0 或 1，A1A0＝00，01，10，11。写成二进制为

01xx xxxx xxxx xx00~01xx xxxx xxxx xx11

只要上面地址有效，单片机就能实现对芯片 1 内部 4 个单元的访问。可以看到，虽然芯片地址不唯一，但内部单元的地址还是由 A1A0 确定的。

2. 全地址译码法

线选法简单直观，但是地址空间浪费严重，每个芯片要占用16KB字节空间。当扩展较多 RAM 及 I/O 设备时，一般采用全地址译码法。常用的地址译码器有：74138(3 - 8 译码器)、74139(双 2 - 4 译码器)等。如在线选法中，用 A15 和 A14 来控制两个芯片的片选端，如用 74139 进行译码，输入还是 A15 和 A14，但输出可以产生 4 个选片信号，即可以控制对 4 个芯片的访问，每个芯片占用地址为 16KB 字节；如选用 74138 作译码器，输入为 A15、A14 和 A13，则可以产生 8 个选片信号，每个芯片占用地址为 8KB 字节。

应该说，上面介绍的只是最基本的方法。实际应用中，扩展的 RAM、I/O 和外部设备的多少及型号、用法不同，所采用的译码方式也不同。可能要采用分级译码、译码中有控制线、地址线从中间选择等多种方式，特别是当系统扩展的芯片多、类型复杂时更是如此。所以读者要灵活掌握，但要尽量不使地址重叠。

8.1.4 最小应用系统

单片机的最小应用系统是指应用系统在最少外接电路的情况下能正常工作。我们知道，单片机本身就是一个独立的计算机，所以应用系统可以非常简单。

89C51(87C51)是片内具有程序存储器的单片机，构成最小应用系统时只要将单片机接上外部的晶体或时钟电路和复位电路即可工作，如图 8 - 3 所示。这样构成的最小系统简单可靠，其特点是没有外部扩

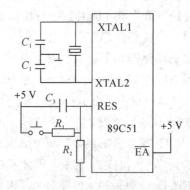

图 8 - 3　89C51 单片机的最小应用系统

展，有可供用户使用的大量的 I/O 线。电路中，$\overline{EA}$接高电平，带手动复位，具体可参考第二章。

8.2 外围扩展设计

单片机应用要根据设计要求，扩展各种外围设备和接口。随着电子技术和单片机技术的迅速发展，单片机出现系列化的发展趋势，片上资源日趋增多。根据用户应用要求，有各种功能的单片机供用户选择使用，所以 80C51 系列的外部存储器扩展设计已经很少采用。单片机系统设计主要是完成各种应用接口的设计并编程控制。

随着单片机应用系统功能的增多，在系统运行前和运行中进行数据输入和工作状态控制已非常普遍。而且，人们也希望了解系统运行的实时状态和结果。这样，键盘、显示器等就成为人与机交互的良好渠道。人机通道接口设计也就成为单片机应用设计的一个重要方面。

1. 显示接口

通过显示接口，显示器件可以向人们提供系统参数、运行状态和结果等需要了解的信

息。从电路组成来看，一是要根据显示信息的要求选择合适的显示器件，二是要完成单片机与显示器件的连接，即接口电路的设计。当然，要想向人们提供要求的信息还要有软件的支持。

从显示器件来看，可以只采用发光二极管来显示状态，设计简单，成本低，但显示状态少。也可以使用液晶显示器显示比较复杂的文字图形等，相对复杂，成本高(有段式、点阵字符式和点阵图形式等，一般有驱动芯片)。现在单片机应用系统使用最多的 LED 数码显示器，具有设计方便、使用灵活、成本低等特点，被广泛采用。

1) LED 数码显示器简介

通常所说的 LED 数码显示器由 7 个段发光二极管组成，构成字形"8"，因此也称之为七段 LED 显示器或数码管，其排列形状如图 8-4 所示，由 7 个发光二极管构成字形"8"的各个笔画(段)a~g，此外，显示器中还有一个圆点形发光二极管(在图中以 dp 表示)，用于显示小数点。当在某段发光二极管上施加一定的正向电压时，则该发光二极管(该段笔画)点亮。这样，通过七段发光二极管亮暗的不同组合，可以显示多种数字、字母以及其它符号。通常称控制发光二极管的 8 位数据为段选位，显示器共阴极或共阳极的公共连接点为位选位。在选择 LED 数码显示器时，还要根据设计要求选择显示颜色、大小(驱动电流不同)。

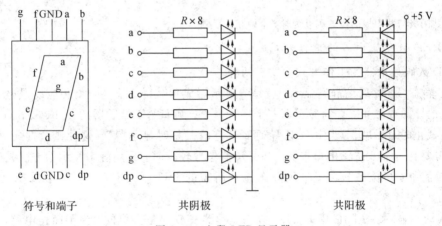

符号和端子　　　　　共阴极　　　　　共阳极

图 8-4　七段 LED 显示器

LED 数码显示器中的发光二极管有两种连接方法：

(1) 共阳极接法，即把发光二极管的阳极连在一起构成公共阳极。使用时公共阳极接 +5 V 或位控制端。这样阴极端输入低电平(位控制端选通)的发光二极管就导通点亮，而输入高电平的则不点亮。

(2) 共阴极接法，即把发光二极管的阴极连在一起构成公共阴极。使用时公共阴极接地或位控制端，这样阳极端输入高电平(位控制端选通)的发光二极管就导通点亮，而输入低电平的则不点亮。

使用 LED 数码显示器时要区分这两种不同的接法。为编程方便，显示数字或符号时，要为 LED 显示器提供代码，供单片机显示调用。因为这些代码是与显示字形相对应的，因此称之为字形代码。字形编码与单片机输出接线有关，如表 8-2 所示，单片机 I/O 口 a 接最低位，dp 接最高位。

表 8-2 七段 LED 显示器显示字形编码表

显示字符	共阴极段选码	共阳极段选码	显示字符	共阴极段选码	共阳极段选码
0	3FH	C0H	b	7CH	83H
1	06H	F9H	C	39H	C6H
2	5BH	A4H	d	5EH	A1H
3	4FH	B0H	E	79H	86H
4	66H	99H	F	71H	8EH
5	6DH	92H	P	73H	8CH
6	7DH	82H	U	3EH	C1H
7	07H	F8H	г	31H	CEH
8	7FH	80H	Y	6EH	91H
9	6FH	90H	8.	FFH	00H
A	77H	88H	"灭"	00H	FFH

注：共阴极与共阳极的段选码互为补数，即互为反码。

2）LED 数码显示器的工作方式

LED 数码显示器的工作方式主要有两种。

（1）静态显示。所谓静态显示，就是当显示器显示某一个字符时，相应的段（发光二极管）恒定地导通或截止，直到显示下一个字符为止。例如七段显示器的 a、b、c、d、e、f 段导通，g 段截止时显示"0"。当 b、c 段导通而其它段截止时显示"1"。这种显示方式每一位显示器都需要有一个 8 位输出口控制，当显示器位数较少时，采用静态显示的方法是适合的，控制比较简单。当位数较多时，用静态显示所需的 I/O 口太多，这时一般采用动态显示方法。

（2）动态显示。实际使用的 LED 数码显示器一般都是多位的，为了简化电路，降低成本，这时将所有显示器的段选线并联在一起，由一个 8 位 I/O 口控制，每一个显示器的公共端由相应的 I/O 线控制，实现各位的分时选通。对多位 LED 数码显示器，通常都采用动态扫描的方法进行动态显示，即逐个地循环点亮各位显示器。这样虽然在任一时刻只有一位显示器被点亮，但是由于人眼具有视觉残留效应，看起来与全部显示器持续点亮效果完全一样。为了实现显示器的动态扫描，除了要给显示器提供段（字形代码）的输出之外，还要对显示器位加以控制，这就是通常所说的段控和位控。因此多位 LED 显示器接口电路需要有两个输出口：一个用于输出 8 条段控线（有小数点显示）；另一个用于输出位控线，位控线的数目等于显示器的位数。

对于显示器的每一位来说，每隔一段时间依次点亮。显示器的亮度既与导通电流有关，也与点亮时间和间隔时间的比例有关。调整电流和时间参数，可实现亮度较高较稳定的显示。

3）显示扩展应用

例 8 - 1　驱动 4 位一体数码管动态显示数字 1234，电路如图 8-5 所示。

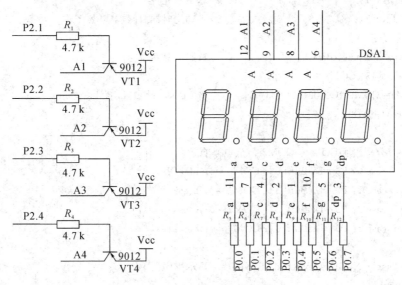

图 8 - 5　4 位一体数码管控制电路

程序如下：

```
#include   <reg51.h>
//函数声明
//======================================
void DisplayNumber(unsigned int Num);
void eachdisplay(com);
void delayms(int ms);本例显示时间采用中断定时器，如用延时函数采用此函数
//======================================
unsigned char code LED_table[]={0xc0,0xf9,0xa4,0xb0,0x99,0x92,0x82,0xf8,0x80,
0x90,0x88,0x83,0xc6,0xa1,0x86,0x8e};     //共阳数码管段码表 0～F
unsigned char DisBuff[4];             //定义显示缓冲数组，将要显示的段码送显示缓冲区
DisBuff[0]= 0xf9;                     //显示内容可以在程序中定义修改
DisBuff[1]= 0xa4;
DisBuff[2]= 0xb0;
DisBuff[3]= 0x99;
unsigned char COM;
unsigned char i;
sbit COM0=P2^1;                       //定义位选控制端口，对应口线由硬件确定
sbit COM1=P2^2;
sbit COM2=P2^3;
sbit COM3=P2^4;
void Sys_Init()                       //初始化函数
{
    TMOD=0x01;                        //定时器/计数器 T0 为定时器方式  16 位工作模式
    TH0=(65536-5000)/256;             //初始时间常数 5ms
```

```
        TL0＝(65536－5000)%256;
        ET0＝1;                              //定时器/计数器 T0 中断允许
        EA＝1;                               //总中断允许
        TR0＝1;                              //启动定时器/计数器开始工作
}
void eachdisplay(com)                        //数码管显示位控
if(COM>3) COM＝0;
COM0＝COM1＝COM2＝COM3＝1;                      //将 COM0～COM3 置 1，全暗
switch(COM)
{
        //分别选通 COM0～COM3   低电平有效
        case 0：P0＝DisBuff[0]；COM0＝0; break;
        case 1：P0＝DisBuff[1]；COM1＝0; break;
        case 2：P0＝DisBuff[2]；COM2＝0; break;
        case 3：P0＝DisBuff[3]；COM3＝0; break;
}
void DisplayNumber(unsigned int Num) //显示程序
{
        unsigned char i;
        for(i＝0;i<4;i++)
        {
                P0＝DisBuff[i];              //段码显示
                else break;
        }
}
void Display_Scan() interrupt 1              // 中断服务程序，数码管选通扫描
{
        TR0＝0;
        TH0＝(65536－5000)/256;               //高 8 位和低 8 位时间常数
        TL0＝(65536－5000)%256;
        i++;
        COM++;
        TR0＝1;                              //启动定时器 T0
}
void delayms(int ms)                         //本例用定时器控制，延时函数没有用到
{
        unsigned int i;
        for(;ms>0;ms－－)                     //循环 ms 次
        {
                for(i＝0;i<123;i++)          // 每次 1ms 延迟@ 12.0 MHz
        }
}
void main()
```

```
    {
        Sys_Init();                  //初始化 T0
        while(1)                     //循环
        {
            eachdisplay(com);
            //DisplayNumber(i);       //调用数码管显示函数
            if(COM==4)
            {
                COM=0;
            }
            if(i==4)
            {
                i=0;
            }
        }
    }
```

说明：

(1) 硬件改为 3 位一体或 2 位一体数码管，只需修改 eachdisplay () 函数 COM 的个数。

(2) 本例中,采用了共阳数码管,如果用共阴数码管,只需修改相应段码表。

(3) 本程序使用 P0 口作为段码数据发送端,P2.1～P2.4 作为数码管位扫描选通。

(4) 要显示不同内容时只需修改 DisBuff[4]内容即可。

例 8 - 2　用输出寄存器 74373 接口 8 个七段显示器(共阴极)设计接口电路和控制程序。

分析　显示器较多(8 个),采用动态显示方式。8 个七段显示器的接口电路需要 2 片 74373,一个段控,一个位控,接口电路如图 8 - 6 所示。段选地址为 7FFFH(A15=0,A14=1),因为 74373 输出接有反向器,所以输出低电平有效,相应的段码亮。其中 dp 没有使用,只使用了 D6～D0 七根数据线。位选地址为 BFFFH(A15=1,A14=0),74373 输出高电平有效,三极管打开,选中相应的数码显示器。虽然图中使用的是共阴极器件,但存储的是共阳极段选码(74373 输出接反向器),而且 dp 不用,为 0,DB 区数据如程序所示。

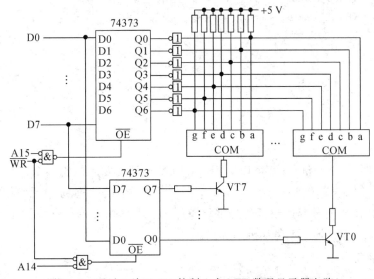

图 8 - 6　通过 2 片 74373 控制 8 个 LED 数码显示器电路

程序如下：

```
#include <reg51.h>
#include <absacc.h>
```

* *

入口参数

disbuffer[8]=源数据区

* *

```
    void delay(uint i);
    void display(void);
    void delay(uint i)
    {
        uint j;
        for (j=0;j<i;j++)
    }
    void display(void)                    //定义显示程序
    {
        uchar codevalue[10]=               //0~9 的字段码表
        {
            0xc0,0xf9,0xa4,0xb0,0x99,0x92,0x82,0xf8,0x80,0x90
        };
        uchar chocode[8]={0x80,0x40,0x20,0x10,0x08,0x04,0x02,0x01};    //位选码表
        uchar i, p, temp;
        for(i=0;i<8;i++)
        {
            p=disbuffer[i];             //取当前显示字符
            temp=codevalue[p];          //查显示段码
            XBYTE[0x7fff]=temp;         //送显示段码
            temp=chocode[i];            //取当前位选码
            XBYTE[0xbfff]=temp;         //送位选码
            delay(20);
        }
    }
    main()
    {
        ⋮
    }
```

通过对比例 8-1 和例 8-2 可以看到，采用外部总线方式控制多个外部设备，增加了部分硬件电路(例 8-2 增加了 2 个 74373)，但软件程序只是对地址单元操作，控制起来更简单。所以，在比较复杂或比较多的外部设备时，采用总线方式扩展设计是一个比较好的解决方案，这也是 MCS-51 单片机的优点。

2. 键盘接口

键盘是单片机应用系统中最简单常用的输入设备。操作员通过键盘输入数据或命

令,实现简单的人机通信,控制系统的工作状态及向系统输入数据。键盘是一组按键的集合,键通常是一种常开型按钮开关,平时键的两个触点处于断开(开路)状态,按下后闭合(短路)。键盘上闭合键的识别由专用硬件电路实现的称为编码键盘,靠软件实现的称为非编码键盘。

过去单片机系统采用的按键开关多为机械弹性开关,由于机械触点的弹性作用,开关在按下时并不能马上稳定地闭合,断开时也不会马上断开,因而开关在闭合和断开瞬间均伴随有一连串的抖动。抖动的时间长短由按键开关的机械特性及按键的人为因素决定,一般为 5~20 ms。如果对按键抖动处理不当,可能会引起一次按键被处理多次。为了确保 CPU 对一次按键仅做一次处理,必须做消除键抖动处理,在键闭合稳定后再读取键的状态。消除键抖动可用硬件或软件方法。当键数较少时可采用 RC 电路、RS 触发器、施密特触发器等硬件电路去除抖动。如果键数较多,为降低成本,简化电路,一般采用软件方法去除抖动,即当检测到键状态发生变化时执行一个 5~20 ms 的延时,待抖动消除后再检测键的状态是否真正发生变化。

随着电子技术和电路加工工艺水平的发展,现在很多单片机应用系统都使用薄膜开关。薄膜开关是由具有一定柔性的绝缘材料层和导电材料层组成的一种多层结构非自锁按键开关,它集按键开关、面板、功能标记、读数显示窗、指示灯透明窗、开关内连线、开关电路引出线以及常规面板上要标注的文字/符号/装饰内容为一体,从而构成电子操纵系统的总成,带来了电子产品外观及操作系统的根本变革。薄膜开关装置中有许多种不同形式和结构的按键,如金属弹片按键、聚酯按键和无感按键等。按键的基本性能,如行程、操作力和机械寿命主要由按键类型和材料决定,其中包括单片线路开关和双片线路开关。这种开关由厂家根据用户的要求直接定做,具有体积小,美观大方,工作可靠和寿命长等特点,当量大、键数多时成本也很低,所以现在应用也很普遍。

键盘可以分为独立式和行列式(矩阵式)两类。

1) 独立式键盘

独立式键盘的各键相互独立,每一个键接一条数据线,结构简单,当任何一个键按下时,与之相连的输入数据线状态就会发生变化(如由高变低)。因为单片机具有位处理指令,所以判别处理非常方便。但这种工作方式当键数较多时要占用较多的 I/O 口线(每一个键一条),所以应用范围有限。

2) 行列式键盘

当键数较多时,为减少键处理的 I/O 口线数量,这时通常将键排成行列矩阵式。按键接在行列的交叉点,行线和列线平时不通,当键按下时接通。则 N 条行线和 M 条列线可以组成 $N \times M$ 个按键的键盘,需要 $N+M$ 条 I/O 口线。

4×4 的键盘结构如图 8-7 所示,$N=M=4$,共 16 个键,需要 $N+M=8$ 条 I/O 口线(图中由 74373 和 74244 扩展)。CPU 对 74373 的操作是输出,对 74244 的操作是读入。图中列线通过电阻

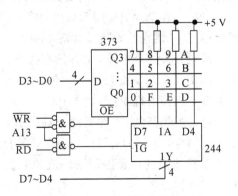

图 8-7 4×4 键盘及其接口电路

接+5V，74373行线上输出低电平有效。当键盘上没有键闭合时，所有的行线和列线断开，则在列线读的D7～D4都呈高电平。当键盘上某一个键闭合时，则该键所对应的行线与列线短路。例如，6号键按下闭合时，行线Q2(D2)和列线D5短路，此时D5的电平由Q2的电平所决定。在CPU的控制下，使行线Q0(D0)为低电平0，其余三根行线Q1、Q2、Q3都为高电平。然后CPU通过74244读列线的状态，如果D7～D4都为高电平，则Q0这一行上没有键闭合，如果读出的列线状态不全为高电平，则为低电平的列线和Q0相交的键处于闭合状态；如果Q0这一行上没有键闭合，接着使行线Q1为低电平，其余行线为高电平。用同样的方法检查Q1这一行线上有无键闭合，以此类推，最后使行线Q3为低电平，其余的行线为高电平，检查Q3这一行上是否有键闭合。像上面当6号键按下闭合后，则当Q2等于0时会读得D5为0，则CPU可以确定是6号键按下。这种逐行逐列地检查键盘状态的过程称为对键盘的一次扫描。如不采用中断方式，CPU可以先确定是否有键按下。这时，可以向键盘送(输出)扫描字，然后读键盘状态来决定。像图8-7中，首先向74373的D3～D0输出全0，读74244状态。如果不全为高，则必有键按下，再像上面所述逐行检查具体哪一个键按下。如果读的状态全高，则没有键按下，不需要逐行扫描，此次检查完毕。这样CPU处理更快。所以，实际上单片机对按键的处理工作分两步：首先通过送扫描字或通过中断确定是否有键按下，然后再逐行(或逐列)扫描确定是具体哪一个键按下。

当然，也可以行线通过电阻接高电平，列线分别置低检查行线的状态。如果不通过74373和74244扩展，有一个8位口也可完成。但当键多时，如64个键，就需要两个8位口。所以用简单的集成电路扩展还是很方便的。

CPU对键扫描处理一般有三种方式。第一，可以采取程序控制的查询方式，CPU空闲时扫描键盘。第二，可以采取定时控制方式，利用单片机内部定时器产生定时中断，这样每隔一定时间，CPU对键盘扫描一次，CPU可随时响应键盘输入请求，其电路与程序控制方式相同。第三，也可以采用中断方式，当键盘上有键闭合时，向CPU请求中断，CPU响应键盘输入中断请求，对键盘扫描，以识别哪一个键处于闭合状态，并对键输入信息作出相应处理。CPU对键盘上闭合键键号的确定，可以根据行线和列线的状态计算求得，也可以根据行线和列线状态查表求得。

例8-3 用输出寄存器和输入缓冲器接口4×4非编码键盘，设计接口电路及向单片机输入0～F共16个十六进制数码的控制程序。

分析 在单片机应用系统中，非编码键盘是一种常用的输入设备。用74373和74244接口的4×4键盘及其接口电路，如图8-7所示。

假设开关为理想开关，即没有抖动。图中地址线A13与单片机的WE和RD信号用两个或门接到74373和74244的控制端，全低有效；寄存器74373(端口地址为DFFFH)的输出为键盘矩阵的行线；缓冲器74244(端口地址也为DFFFH)的输入为键盘矩阵的列线。列线通过电阻接高电平。将行线全部输出低电平，从74244读入键盘按键的状态，若为1111则无键闭合，否则为有键闭合。有键闭合后，再逐行逐列检测，确定是哪个键闭合。确定的方法是将按键的位置按行输出值和列输入值进行编码。编码与按键的对应位置关系如表8-3所示。

表 8-3 4×4 键盘编码对应表

键名	码值	键名	码值	键名	码值	键名	码值
7	77H	8	B7H	9	D7H	A	E7H
4	7BH	5	BBH	6	DBH	B	EBH
1	7DH	2	BDH	3	DDH	C	EDH
0	7EH	F	BEH	E	DEH	D	EEH

按该定义的对应关系和十六进制数的顺序,将按键的编码排成数据表,放在程序存储器的数据区中。再根据这种编码规则将扫描键盘的列值和行值组合成代码,将该代码与程序存储器的数据区中的键值表比较,即可确定闭合键。

按上述思路确定闭合键所代表的十六进制数字,并将其存 keyvalue 的程序如下:

```
#include <reg51.h>
#include <absacc.h>
#define KEY 0xdfff;                          //定义键盘端口地址
int DATA, ColumnDAT, S_DATA, C_DATA, keyvalue;
int keytab[]=                                //键值表
{0x7e, 0x7d, 0xbd, 0xdd, 0x7b, 0xbb, 0xdb, 0x77,
  0xb7, 0xd7, 0xe7, 0xeb, 0xed, 0xee, 0xde, 0xbe};
ROW[]={0x77, 0xbb, 0xdd, 0xee};              //行检测表
voidCheck()                                  //判断是否有键按下
{
    XBYTE[KEY]=0;                            //检测全键盘
    do
    {
        ColumnDAT= XBYTE[KEY];
        DATA=ColumnDAT&0xf0;
    }
    while(DATA==0xf0);                       //不全为1,有键按下
}
void Checkkey()                              //判断按键所在行
{
    int nSel=0;
    do
    {
        XBYTE[KEY]=ROW[nSel];
        ColumnDAT= XBYTE[KEY];
        DATA=ColumnDAT&0xf0;
        nSel++;
    }
    while(DATA==0xf0);
}
```

```
void main()
{
    Check();                            //检测全键盘
    Checkkey();                         //检测行输出值
    S_DATA=ROW[nSel ]&0x0f;             //求闭合键行列值编码
    ColumnDAT= ColumnDAT&0xf0;
    S_DATA=S_DATA|ColumnDAT;
    do                                  //查询按键值
    {
        int N=0；
        C_DATA=keytab[N];
        N++；
    }
    while(C_DATA! =S_DATA);
    keyvalue=C_DATA；
}
```

8.3　应用接口扩展

用单片机组成的测控系统,一部分是前向通道,即系统采集现场的各种信号并进行处理;还有一部分是后向通道,即输出控制信号对被控对象进行控制。即使是测量系统,也要有前向通道并对采集的信息进行显示等输出。所以说,单片机系统的前向通道和后向通道设计是单片机应用的一个很重要的方面。

单片机控制系统的硬件电路通常由单片机、检测器件、A/D 或 D/A 转换器、功率驱动电路等组成。一个典型的单片机控制系统硬件结构如图 8-8 所示。

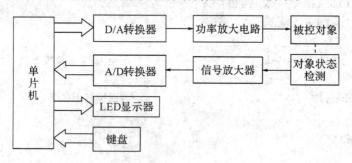

图 8-8　单片机控制系统硬件结构

图 8-8 是一个典型的闭环控制系统,其中键盘用于进行给定值输入、系统启停控制、特殊操作等;LED 显示器用于显示给定值、系统实时状态及其它所需显示的信息;对象状态检测由传感器完成,用于测试被控对象的现行工作状态;信号放大器通常是微信号放大器,由于传感器所输出的信号很小,往往是微伏级或毫伏级的,信号放大器把这种微小信号放大成 A/D 转换器所需的 0~5V 信号;A/D 转换器把 0~5V 模拟信号转换成数字信号,再送入单片机的 I/O 口;D/A 转换器把单片机 I/O 口的数字信号转换成模拟信号;功率放大电路把 D/A 转换器的输出信号进行功率放大,从而去驱动被控对象工作,实现用小

信号控制大功率设备工作的目的；单片机是核心，完成数据处理、算法计算等功能，并协调整个控制系统进行正常工作。如没有状态检测部分，则是开环控制系统。在开环控制系统中，是没有反馈回路的。如果是测量系统，则没有输出控制部分。

单片机只能处理数字形式的信息，但在实际工程中大量遇到的是连续变化的物理量，如温度、压力、流量、光通量、位移量以及连续变化的电压、电流等。对于这些非电信号的物理量，必须先由传感器进行检测，并且转换为电信号，然后经过放大器放大为 $0\sim5V$ 电平的模拟量。很多执行机构也是要模拟量控制的，如电机等。模拟通道接口的作用就是实现模拟量和数字量之间的转换，模/数（A/D）转换器就是把输入的模拟量变为数字量的专用器件，转换结果再供单片机处理，而数/模（D/A）转换器是将单片机处理后的数字量再转换为模拟量输出。

为了保证数据处理结果的准确性，A/D 转换器和 D/A 转换器必须有足够的转换精度。同时，为了适应快速过程的控制和检测的需要，A/D 转换器和 D/A 转换器还必须有足够快的转换速度。因此，转换精度和转换速度是衡量 A/D 转换器和 D/A 转换器性能优劣的主要指标。

8.3.1　前向通道扩展

无论是单片机测量系统还是控制系统，各种现场被测量的数据都要通过前向通道传到单片机中进行处理。如果被测信号是模拟量，前向通道主要应包括传感器、放大器和 A/D 转换器等功能部件。

1. 传感器

传感器是将被测的物理量(一般是非电量，如温度、压力和速度等)转换成为与之对应的电量或电参量(如电压、电流等)输出的一种装置。传感器是单片机应用系统中很重要的部件，是单片机获取信息的源头。没有传感器或传感器发生错误，单片机也就不能进行正确的处理和判断。

传感器的种类很多，根据被测量的不同可分为温度、湿度、压力、流量、位移、应变、速度和加速度等传感器。根据被测信号的大小每一种传感器又有不同的量程和精度。所以，在实际应用中要根据实际被测信号来选择合适的传感器。

2. 放大器

一般来说，传感器输出的电信号的幅值都很小，如压力传感器输出电压可能是 mV 或 μV 级，所以首先要对这些很小的模拟信号进行放大处理。过去，一般采用三极管和场效应管放大电路。随着电子技术的发展，现在一般采用集成运算放大器(简称运放)，电路简单又便于调试，放大倍数高，稳定性也比较好。集成运算放大器是一种输入阻抗高、输出阻抗低并且设计调试方便的优质放大器，开环放大倍数可达到 10^4，应用中可以看成理想运放。在构成闭环负反馈放大电路时，其电压放大倍数由外加电阻值的比值决定，与运放本身参数无关，设计调试十分简单方便。像 uA741、324、386 等运放芯片都比较常用。具体应用时可根据放大参数要求等选择合适的运放。

3. A/D 转换器

模/数转换器完成从模拟量到数字量的转换，这样单片机才能对信号进行处理。在 A/D

转换器中，因为输入的模拟信号在时间上是连续的而输出的数字信号是离散的，所以转换只能在一系列选定的瞬间对输入的模拟信号取样，然后把这些取样值转换成输出的数字量。因此，A/D 转换的过程是首先对输入的模拟电压信号取样，取样结束后进入保持时间，在这段时间内将取样的电压量转化为数字量，并按一定的编码形式给出转换结果；然后，开始下一次取样。所以，A/D 转换就是取样、保持、量化和编码输出的过程。选用 A/D 转换器要考虑以下指标：

(1) 转换精度(用分辨率来描述)。分辨率以输出二进制数或十进制数的位数表示，它说明 A/D 转换器对输入信号的分辨能力。从理论上讲，n 位二进制数字输出的 A/D 转换器应能区分输入模拟电压的 2^n 个不同等级大小，能区分输入电压的最小差异为 $1/2^n$ FSR(满量程输入的 $1/2^n$)。例如 A/D 转换器的输出为 10 位二进制数，最大输入信号为 5 V，那么这个转换器的输出应能区分出输入信号的最小差异为：$5\ V/2^{10} = 4.88m\ V$。(有时也用转换误差来描述转换精度。)

(2) 转换速度(转换时间)。转换时间指转换器完成一次模拟量与数字量转换所花费的时间。这个参数直接影响到系统的速度。A/D 转换器的转换速度主要取决于转换电路的类型，不同类型 A/D 转换器的转换速度相差甚为悬殊。

(3) 量化误差。量化误差是转换器转换分辨率直接造成的。如具有 8 位分辨率的 A/D 转换器，当输入 0～5 V 电压时，对应的数字输出为 00H～FFH，即输入电压每变化 0.0196 V 时，输出数字量就变化 1。由于输入模拟量是连续变化的，只有当它的值为 0.0196 V 的整数倍时，模拟量值才能准确地转换成对应的数字量，否则模拟量将被"四舍五入"后由相近的数字量输出。例如 0.025 V 被转换成 01H 输出，0.032 V 被转换成 02H 输出，最大误差为 1/2 个最低有效位，这就是量化误差。

1) 8 位逐次逼近式 A/D 转换芯片 ADC0809

(1) ADC0809 的内部结构。

ADC0808 系列包括 ADC0808 和 ADC0809 两种型号的芯片。该芯片是用 CMOS 工艺制成的双列直插式 28 引线的 8 位 A/D 转换器，片内有 8 路模拟开关及地址锁存与译码电路、8 位 A/D 转换和三态输出锁存缓冲器，如图 8-9 所示。

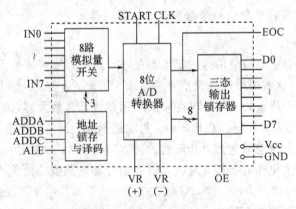

图 8-9　ADC0809 结构

图 8-9 中各引线信号意义如下：

· IN0～IN7：8 路模拟通道输入。由 ADDA、ADDB 和 ADDC 三条线选择。

· ADDA、ADDB、ADDC：模拟通道选择线。可接计算机的地址线，也可接数据线。ADDA 接低位线，ADDC 接高位线。具体选择方式见表 8 - 4。

· D7～D0：8 位数字量三态输出。由 OE 输出允许信号控制。

· OE：输出允许信号。该引线上为高电平时，打开三态缓冲器，将转换结果放到 D0～D7 上。

· ALE：地址锁存允许其上升沿将 ADDA、ADDB 和 ADDC 三条引线的信号锁存，经译码器选择对应的模拟通道。

· START：转换启动信号。在模拟通道选通之后，由 START 上的正脉冲启动 A/D 转换过程。

· EOC(Endof Conversion)：转换结束信号。在 START 信号之后，A/D 开始转换。EOC 输出低电平，表示转换在进行中。当转换结束时，数据已锁存在输出锁存器之后，EOC 变为高电平。EOC 可作为被查询的状态信号，亦可用来申请中断。

· VR(+)、VR(-)：基准电压输入。

CLK：时钟输入信号。时钟频率最高为 640 kHz。

ADC0809 芯片在最高时钟频率下转换速度约为 100 μs，CPU 对它的控制采用查询方式或中断方式。

表 8 - 4 　8 位模拟开关功能表

ADDC	ADDB	ADDA	输入通道	ADDC	ADDB	ADDA	输入通道
0	0	0	IN0	1	0	0	IN4
0	0	1	IN1	1	0	1	IN5
0	1	0	IN2	1	1	0	IN6
0	1	1	IN3	1	1	1	IN7

(2) ADC0809 与单片机的接口。

由于 ADC0809 芯片内部集成了数据锁存三态缓冲器，其数据输出线可以直接与单片机的数据总线相连，所以，设计 ADC0809 与单片机的接口，主要是对模拟通道的选择、转换启动的控制和读取转换结果的控制等设计。一种 ADC0809 与单片机的接口电路如图 8 - 10 所示。

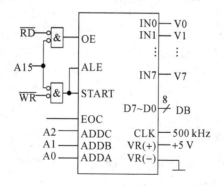

图 8 - 10　ADC0809 的接口电路

电路中，如果采用中断方式，可将 EOC 输出接反向器后（因为 EOC 变高转换结束）到

80C51 的外中断。

例 8-4 用 ADC0809 对 8 路模拟信号进行转换，转换结果存入片内 RAM 30H 开始的单元中。

分析 可以用中断法，也可以用查询法，还可以用无条件传送。此处采用无条件传送，即启动转换后等待 100 μs（ADC0809 的转换时间）再读取转换结果。接口电路如图 8-10 所示，将 8 路模拟信号接至 IN0～IN7 即可。8 个通道的端口地址为 7FF8H～7FFFH（要经过 74373 锁存器）。A15 作片选信号与 $\overline{WR}$ 有效信号相配合，利用 $\overline{WR}$ 下降沿使 START 及 ALE 信号变高电平有效，来锁存地址信号。在 $\overline{WR}$ 上升沿时刻，START 信号由高电平变低电平启动 A/D 转换。片选信号（A15）与 $\overline{RD}$ 有效信号相配合，与 ADC0809 的 OE 端相连，来控制读取转换数据。如单片机时钟频率为 6 MHz，则可利用 ALE 经过双稳态触发器（如 7474）进行分频，产生 CLK 所需的 500 kHz 时钟信号。

转换程序如下（数据存放地址：RAM 30H 开始的单元）：

```
#include <reg51.h>
#include <absacc.h>
#define ADC0809 XBYTE 0x7FF8        // 定义 ADC0809 地址
int value;
int * p=0x30;                       //指针指向存储单元地址
void StartADC(uchar nSel)           //启动函数
{
    XBYTE[ADC0809+nSel]=0;
}
uchar ReadADC(uchar nSel)           //采集数据函数
{
    return XBYTE[ADC0809+nSel];
}
void main(void)
{
    void StartADC(uchar nSel);      //启动转换
    delay(200);                     //延时
    for(nSel=0;nSel<=7;nSel++)      //采集 8 个通道数据
    {
        uchar ReadADC(uchar nSel);  //采集通道数据
        * p= XBYTE[ADC0809+nSel];
        p++;
    }
}
```

2) 双积分式 A/D 转换器

因为采用积分方法的 A/D 转换器积分时间比较长，所以 A/D 转换速度慢，但精度可以做得比较高，抗干扰性能也好。

常用的如 MC14433，是 CMOS 工艺的 $3\frac{1}{2}$ 位（精度相当于 11 位二进制数）双积分 A/D

转换器，广泛应用于低速的数据采集系统。其转换精度为±1/1999的分辨率，转换速度为3~10次/秒，时钟为50~150 kHz。具有自动连续转换功能，每次转换结束在 EOC 脚输出正脉冲，则经反向后可以作为 80C51 的外部中断请求信号，使用非常方便，在转换速度要求不高时可以选用。

3）Sigma‐Delta A/D 转换器

随着技术的进步，人们对于数据转换的精度要求越来越高，例如在高保真音频系统，或者在计算机通信领域，对模数转换器提出了很高的要求，即 A/D 转换器必须具有 16 位（bit）以上甚至 20 位（bit）的分辨率。而采用传统的 A/D 转换原理，如双积分式、逐次逼近式等是很难达到如此高精度要求的。Sigma‐Delta A/D 转换器以其分辨率高、线性度好和成本低等特点获得了越来越广泛的应用。

Sigma‐Delta A/D 转换器以很低的采样分辨率（1 位）和很高的采样速率将模拟信号数字化，通过使用过采样、噪声整形和数字滤波等方法增加有效分辨率，然后对 ADC 输出采样抽取处理以降低有效采样速率。它的电路结构是由非常简单的模拟电路（一个比较器、一个开关、一个或几个积分器及模拟求和电路）和十分复杂的数字信号处理电路构成的。随着超大规模集成电路制造水平的提高，这一切成为现实。现在很多公司具有这类产品。在单片机应用系统中如果对转换精度要求很高，则 Sigma‐Delta A/D 转换器是很好的选择。

应该说，人们的需求不断增加，而技术发展速度也非常快。由于 MEMS（微机械电子系统）的出现，使得将传感器、放大器和 A/D 转换器集成在一块芯片中成为可能，这大大方便了人们的设计应用，也增加了系统的可靠性。

8.3.2　后向通道扩展

单片机控制系统的目的就是要根据要求实现对被控对象的控制操作，使系统稳定可靠地工作。后向通道的功能就是在单片机对被检测的现场信号判断处理后将之按一定的控制规则（如 PID 控制、模糊控制和自适应控制等）传送到被控制对象的输出接口。一般常见的被控对象有电机、开关等装置。后向通道具有弱电控制强电，小信号控制大功率装置的特点，在应用设计中要考虑它的特性。

一般来说，后向通道包括 I/O 口扩展（如果单片机 I/O 口不够用或驱动能力达不到要求）、数/模转换器 DAC（把单片机输出的数字信号转换为模拟信号）和功率放大等部分。I/O 口扩展以前已讲述，功率放大部分比较复杂，在下一节讲述，这里主要介绍很重要的数/模转换部分。

当 D/A 转换器与单片机接口时，单片机是靠指令输出数字量供 DAC 转换使用，而指令送出的数据在数据总线上的时间是短暂的（P0 口分时共用），所以 DAC 与单片机间需要数据寄存器来保持单片机输出的数据供 DAC 转换用。目前生产的 DAC 芯片可分为两类：一类芯片内部设置有数据寄存器，不需外加电路就可直接与单片机接口；另一类芯片内部没有数据寄存器，输出信号（电流或电压）随数据输入线的状态变化而变化，因此不能直接与单片机接口，必须通过并行接口扩展再与单片机接口。

1. 8 位数模转换芯片 DAC0832

1）DAC0832 的结构

DAC0832 是具有 20 条引线的双列直插式 CMOS 器件，内部具有两级数据寄存器，完成 8 位电流 D/A 转换，其结构框图及信号引线如图 8-11 所示。

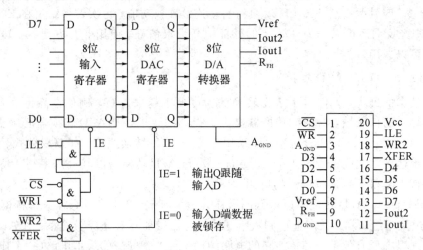

图 8-11　DAC0832 内部结构和引脚

DAC0832 的引线信号可分为 3 类：

（1）输入、输出信号。

· D7～D0：8 位数据输入线。

· Iout1 和 Iout2：DAC 转换电流输出 1 和输出 2。Iout1 和 Iout2 之和为一常量。当输入数据为 FFH 时，Iout1 电流最大。输出为电流，需外接运放将输出电流线性地转换成电压。当 Iout1 接运放的反相输入端，Iout2 接地时，输出电压是单极性的，改变 Vref 的极性可以获得正向或者负向的单极性输出，输出电压数值等于 Iout1×R_{FH}，极性与 Vref 相反；在单极性电路上再加一个运放可以构成双极性输出。

· R_{FH}：反馈信号输入端。DAC0832 的输出是电流型的，为了取得电压输出需在电压输出端接运算放大器，R_{FH} 接运算放大器的反馈电阻端。

（2）控制信号。

· ILE：数据输入锁存信号，高电平有效。

· $\overline{WR1}$：锁存输入数据的写信号。当 ILE、$\overline{CS}$ 和 $\overline{WR1}$ 同时有效时，将数据总线上的数据写入到输入数据寄存器并锁存。

· $\overline{WR2}$：锁存输入寄存器输出数据的写信号。当 $\overline{WR2}$ 和 $\overline{XFER}$ 同时有效时，输入寄存器的信息被锁存在 DAC 寄存器中。

· $\overline{XFER}$：传送控制信号，低电平有效。

· $\overline{CS}$：输入寄存器选择信号，低电平有效。

（3）电源。

· Vcc：工作电源，范围为 +5～+15 V。

· Vref：参考输入电压，范围为 -10～+10 V。

· A_{GND}：模拟信号地。

· D_{GND}：数字信号地。

2）DAC0832 的工作方式

由于 DAC0832 内部有输入寄存器和 DAC 寄存器，所以它不需要外加其它电路便可以与单片机的数据总线直接相连。根据 DAC0832 的 5 个控制信号的不同连接方式，它可以有 3 种工作方式。

（1）直通方式。将 $\overline{WR1}$、$\overline{WR2}$、$\overline{XFER}$ 和 $\overline{CS}$ 接地，ILE 接高电平，就能使两个寄存器的输出随输入的数字量变化，DAC 的输出也随之变化。直通方式常用于连续反馈控制的环路中。

（2）单缓冲方式。所谓单缓冲方式，就是将其中一个寄存器工作在直通状态，另一个处于受控的锁存器状态。在实际应用中，如果只有一路模拟量输出，或虽有几路模拟量但并不要求同步输出，就可采用单缓冲方式。单缓冲方式连接如图 8－12 所示。

为使 DAC 寄存器处于直通方式，应使 $\overline{WR2}$＝0 和 $\overline{XFER}$＝0，为此把这两个信号固定接地；为使输入寄存器处于受控锁存方式，应把 $\overline{WR1}$ 接 $\overline{WR}$，ILE 接高电平。此外还应把 $\overline{CS}$ 接高位地址线或译码器的输出，并由此确定 DAC0832 的端口地址，输入数据线直接与数据总线相连。

（3）双缓冲方式。所谓双缓冲方式，就是将两个寄存器都处于受控的锁存方式。为了实现两个寄存器的可控，应当给它们各分配一个端口地址，以便能按端口地址进行操作。D/A 转换采用两步写操作来完成。在 DAC 转换输出前一个数据的同时，可将下一个数据送到输入寄存器，以提高 D/A 转换速度。还可用于多路 D/A 转换系统，以实现多路模拟信号同步输出的目的。

例 8－5 用 DAC0832 产生锯齿波。

分析 在许多应用中，要求有一个线性增长的锯齿波电压来控制检测过程，如移动记录笔或移动电子束等。对此，可通过 DAC0832 的输出端接运算放大器来实现，其电路连接如图 8－12 所示，采用单缓冲方式，$\overline{CS}$ 接地址线 A14，所以端口地址为 BFFFH。输出接集成运算放大器 LM324，将电流输出变为电压输出。

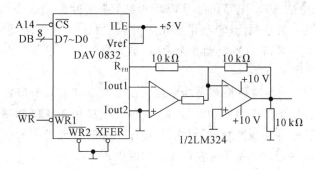

图 8－12 锯齿波产生电路

产生锯齿波的程序如下：

```c
#include <reg51.h>
#include<absacc.h>
#define uchar unsigned char
#define DAC0832 XBYTE[0xBFFF]        //定义绝对访问地址
void main()
{
    uchar i;
    while(1)
```

```
        {
            for (i=0;i<0xff;i++)                    //输出值阶梯增长
            {DAC0832=i;}
        }
    }
```

对锯齿波的产生作如下几点说明：

① 程序每循环一次，DAC0832 的输入数字量增加 1，因此实际上锯齿波的上升是由 256 个小阶梯构成的，但由于阶梯很小，所以宏观上看就是线性增长的锯齿波。

② 可通过循环程序段的机器周期数计算出锯齿波的周期。并可根据需要，通过延时的办法来改变锯齿波的周期。当延迟时间较短时，可用空操作指令 NOP 来实现；当延迟时间较长时，可以使用一个延时子程序，也可以使用定时器来定时。

③ 通过 DAC0832 输入数字量增量，可得到正向的锯齿波；如要得到负向的锯齿波，改为减量即可实现。

④ 程序中数字量的变化范围是从 0 到 255，因此得到的锯齿波是满幅度的。如果要得到非满幅度的锯齿波，可通过计算求得数字量的初值和终值，然后在程序中通过置初值判终值的办法即可实现。

8.3.3 功率接口扩展

在单片机应用系统中，被控对象一般是功率较大的机电元件或设备。所谓功率接口，就是单片机的输出不足于直接驱动负载设备，所以要加入功率放大元件实现对负载的驱动。如在图 8-6 中，作为 LED 数码显示器的公共端，如果七段全亮，每段发光电流设为 4mA(实际值与发光数码管大小和亮度有关)，则当显示"8"时公共端总电流为 28 mA，而根据表 8-1 可知，无论是 TTL 电路还是 CMOS 电路，都不能提供这么大的电流(TTL 最大为 16 mA)。所以，为了能够使 LED 正常发光显示，还要加功率驱动(电流放大)，如图 8-6 所示，用三极管 VT0~VT7 分别驱动 8 个 LED 数码显示器。这里三极管就实现了功率放大的作用，也就是功率接口。

在单片机应用中，被控对象很多是功率较大的电机等设备，所以，在控制和应用中要根据负载性质用各种功率器件组成功率接口。在单片机应用系统的功率接口中，应用较多的有半导体功率开关元件和线性功率元件。半导体功率开关元件一般是晶闸管，而线性功率元件通常是功率晶体管、功率场效应管和功率模块。

1. 晶闸管及其应用

晶闸管，常称为可控硅，也称为硅可控整流器，是目前应用最广泛的半导体功率开关元件。晶闸管随着半导体工艺的发展和进步，现在型号和品种十分齐全，整流电流从数安培到数千安培，目前已形成了单向晶闸管 SCR、双向晶闸管 TRIAC 和可关断晶闸管 GTO 这三种最基本的结构。

由于晶闸管具有整流电流大、可控等特点，现在应用的场合非常多。如在工业上的电机调速系统、电磁阀控制，在文艺舞台的灯光控制，加热设备的控制和稳压器等都有着十分普遍的应用。以晶闸管做成的各种固态继电器，由于具有无吸动机构、无噪声、体积小、可靠性高、不用维修等一系列优点，已越来越受用户的欢迎。

晶闸管虽然型号繁多，但总不外是单向、双向和可关断三种结构。由于这三种结构的形式及原理都有所不同，故而分开对它们进行介绍。

1）单向晶闸管 SCR

单向晶闸管又称可控硅整流器，是应用最广泛的功率控制器件，其内部结构和电路符号如图 8-13 所示。单向晶闸管也可以看作由一个 PNP 晶体管和一个 NPN 晶体管结合而成。

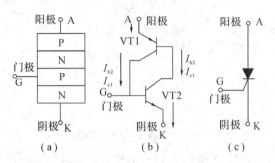

图 8-13 单向晶闸管内部结构

单向晶闸管的最大特点是有截止和导通这两种稳定状态。所以，单向晶闸管的工作原理可以用两个条件来加以说明：一个是导通条件；一个是关断条件。导通条件是指晶闸管从阻断到导通所需的条件。这个条件是晶闸管的阳极加上正向电压，同时在门极加上正向电压。关断条件是指晶闸管从导通到阻断的条件。晶闸管一旦导通，门极对晶闸管就不起控制作用。关断条件要求流过晶闸管中的电流小于保持晶闸管导通所需的电流，即维持电流。通常在晶闸管的阳极已加上了正电压并导通的情况下，要减少晶闸管中的电流有两种办法：一种是降低电压；另一种是增大晶闸管回路的串联电阻。对晶闸管的应用也就是根据系统的要求控制晶闸管的导通和截止。

在晶闸管的阳极加上正压，而在门极加上正控制电压，晶闸管内部的正反馈过程使它导通。晶闸管导通之后电流 I_{c1} 比正控制电压从门极中注入的电流要大得多，因此完全可以维持晶闸管导通，而不再需要门极的正控制电压。这样要关断晶闸管只能从减少管内的电流着手。当晶闸管管内电流减少到一定程度时，晶闸管内的两个晶体管 VT1、VT2 的放大系数就会变少，从而晶闸管内的电流减小，管内的正反馈作用很快令晶闸管的电流减小到零，也就是关断。如果在晶闸管的阳极加上交流电压时，在电压的正半波，晶闸管才有可能导通，而在电压负半波，晶闸管必定关断。而且，电源电压在过零时就会因正电压太小而令晶闸管关断。所以，晶闸管常用在交流电的环境，可以非常容易地使其关断，而在下一周期再触发导通，实现控制的目的。

所以，晶闸管的应用控制实际上主要是在门极的触发控制。触发时刻（触发角）不同，输出的平均电压大小也就不同。过去经常用单结晶体管提供触发脉冲。但采用单片机控制晶闸管触发更加方便，因为单片机可以进行交流信号的过零检测，可以十分容易地取得电源同步信号，单片机内部的定时器可以根据需要设置不同的触发时间（触发角）。

脉冲触发方式可以减少晶闸管门极的功耗以及触发信号放大电路的功耗，是晶闸管较常用的触发方式。图 8-14 是使用脉冲变压器的触发电路。触发脉冲由单片机 8051 的 P1.0 端控制，当 P1.0 为低电平时，光电耦合器 4N25 有电流输出，使晶体管 VT 导通，脉冲变压器 BM 的初级有电流流过,次级输出触发脉冲,经 VD1 后触发晶闸管。P1.0 为高电平时,晶体管 VT 截止,触发脉冲结束。

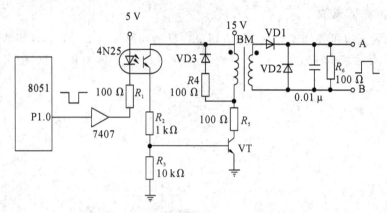

图 8-14 使用脉冲变压器的触发电路

触发脉冲由 A、B 端输出,可以触发单向晶闸管,也可以触发双向晶闸管。触发单向晶闸管时,A 端接晶闸管的门极,B 端接晶闸管的阴极。触发脉冲的宽度由单片机 8031 设定。为了保证触发的晶闸管可靠导通,要求触发的脉冲具有一定的宽度。一般晶闸管导通时间为 6 μs,故触发脉冲的宽度应有 6 μs 以上,一般取 20~50 μs。晶体管 VT 工作在开关状态,当晶体管导通时,脉冲变压器 BM 铁芯中的磁通量线性上升,这个变化的磁通也在次级绕组感应出电压。

为了防止晶闸管误触发,提高系统的可靠性,在脉冲变压器的次级 A、B 两端上并联一个电阻和一个电容,以降低触发回路的阻抗,减少干扰信号的影响。VD1、VD2 用于保护晶闸管,VD3 用于保护晶体管 VT,光电耦合器 4N25 起隔离保护作用。

2) 双向晶闸管 TRIAC

双向晶闸管也称双向三极半导体开关元件。它和单向晶闸管的区别是:第一,它在触发之后是双向导通的;第二,在门极中所加的触发信号不管是正的还是负的,都可以使双向晶闸管导通。双向晶闸管可看作由两个单向晶闸管反向并联组成。因为它是双向导通的,所以可作为固态继电器、交流开关等应用。

3) 门极可关断晶闸管 GTO

门极可关断晶闸管一般简称可关断晶闸管,也称关断半导体开关元件。GTO 是一种介于普通晶闸管 SCR 和大功率晶体管之间的功率电子器件,具有开关频率较高、不需要辅助转流电路和开关容量大等一系列优点,故而在大功率应用中是一种较受欢迎的器件。它的最大特点是可以通过门极信号控制其阳阴极之间的导通和关断。简言之,在门极加上正控制信号时 GTO 导通,在门极上加上负控制信号时 GTO 截止,这样,使应用控制更加方便。

2. 功率半导体器件及应用

1) 功率晶体管及其应用

功率晶体管就是在大功率范围应用的晶体管,有时也称为电力晶体管。功率晶体管扩大了传统晶体管的应用范围,在实际应用中,功率晶体管基本上是用作高速开关器件,主要应用于功率放大、功率电源和电机控制等领域,特别是在单片机系统应用中,做开关方式应用很普遍。如用功率晶体管控制电磁铁(继电器等)工作,因为耐压高、电流大、工作频率高,由单片机进行开关控制,使用非常方便。在使用中如单片机不能直接驱动功率晶体管,也可采用分级方式。

2)功率场效应晶体管及其应用

功率场效应晶体管和功率晶体管相比,具有开关速度高、过载能力强和输入阻抗高等特点,应用更加广泛。它可以采用 TTL、CMOS 和普通晶体管驱动工作。图 8-15(a)所示电路具有更快的开关速度;图 8-15(b)所示电路由于采用推拉式输出控制场效应晶体管,具有更好的开关特性。

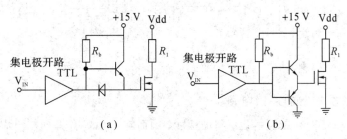

图 8-15 TTL 集成电路加晶体管驱动

3. 光电耦合器

在单片机应用系统中,由于具有一些大功率装置和一些开关元器件,所以电磁干扰比较严重。为保证系统安全可靠的工作,常常采用光电耦合器进行信号的传输,将系统与工作现场隔开。光电耦合器的用途很多,如作为高压开关、信号隔离转换、各种逻辑电路的电平匹配等。

图 8-16 是使用 4N25 光电耦合器的接口电路图。4N25 起到耦合脉冲信号和隔离单片机 8051 系统与输出部分的作用,使两部分的电流相互独立。输出部分的地线接机壳或接大地,而 8051 系统的电源地线浮空,不与交流电源的地线相接。这样可以避免输出部分电源变化对单片机电源的影响,减少系统所受的干扰,提高系统的可靠性。4N25 输入输出端的最大隔离电压大于 2500 V。

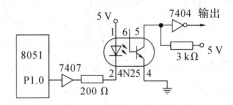

图 8-16 使用光电耦合器 4N25 的接口电路

4. 继电器型驱动接口

继电器广泛用于生产控制和电力系统中,其作用是利用它的常闭和常开触点进行电路切换。由于继电器是利用改变金属触点位置来使动触点和定触点闭合或分开,所以具有接触电阻小、导通电流大和耐压高等优点,特别适用于大电流高电压的使用场合。小型继电器也常用作精密测量电路的转换开关和通信中的交换链路。

图 8-17 是直流继电器的接口电路图。继电器的动作由单片机 8051 的 P1.0 端控制。P1.0 端输出低电平时，通过 7407 使光电耦合器 TIL117 导通，晶体管 9013 饱和导通，继电器 J 吸合；P1.0 端输出高电平时，通过 7407 使光电耦合器 TIL117 关闭，晶体管 9013 截止，继电器 J 释放。采用这种控制逻辑可以使继电器在上电复位或单片机受控复位时不吸合。二极管 VD 的作用是保护晶体管 VT。

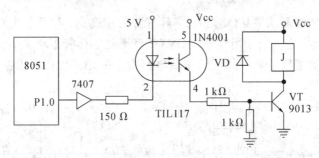

图 8-17　直流继电器接口电路

5. 直流电动机控制的接口电路

由于直流电动机具有良好的启、制动性能，因而在许多场合得到广泛应用。图 8-18 给出了使用 MCS6200 光电耦合器对大功率直流电动机进行正、反运行的控制电路。

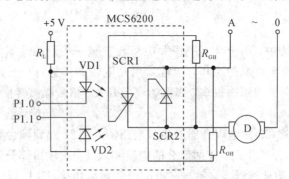

图 8-18　MCS6200 直流电机双向控制电路

MCS6200 内部有两个单向晶闸管，分别由两个发光二极管控制。P1.0 和 P1.1 是单片机 I/O 口的引出线，这两引脚的信号只能同时为高电平或互反，绝不允许两引脚为低电平而造成电源短路。如果要使电机正转，可使 P1.0 输出低电平，P1.1 输出高电平，这时 VD1 导通，晶闸管 SCR1 接通电源，电机电枢两端电压为左"＋"右"－"，电机正转。当 P1.0 输出高电平，P1.1 输出低电平时，VD2 导通，晶闸管 SCR2 接通电源，电枢两端电压为左"－"右"＋"，电机反转。

8.4　采用可编程器件的扩展简介

在单片机应用系统设计中，如果系统比较复杂，要求功能多，就需要对单片机进行扩展。从单片机系统设计的角度来看，主要是软、硬件的设计。而硬件设计主要就是扩展接口电路的设计。一般把 CPU 外围的电路叫粘接逻辑，这部分电路主要完成 CPU 与外部的接口。过去都是用普通 TTL 和高速 CMOS 电路来完成，把这些集成电路称为通用型数字集成电路。经常会看到一个单片机应用系统可能会由几块电路板组成，而且每块电路板又包括多个集成电路。电路越多，成本越高，功耗越大，设计、调试复杂，也越容易出故障。所以，简化电路是设计中的一个重要任务。由于可编程逻辑器件的出现，使得电路设计发生了重大的变化，特别是对于复杂的电路设计影响更加深远。过去由一块电路板完成的功能现在可以由一块芯片来完成。在单片机应用系统中采用可编程逻辑器件，可以使系统结构简单、调试方便、可靠性高和保密性好。

　　自 20 世纪 80 年代以来，可编程逻辑器件（Programmable Logic Device，PLD）的发展非常迅速。目前生产和使用的 PLD 产品主要有现场可编程逻辑阵列 FPLA、可编程阵列逻辑 PLA、通用阵列逻辑 GAL、复杂可编程逻辑器件 CPLD（Complex Programmable Logic Device）、可擦除的可编程逻辑器件 EPLD 和现场可编程门阵列 FPGA 等几种类型。其中，EPLD 和 FPGA 的集成度比较高，有时又把这两种器件称为高密度 PLD。

　　在发展各种类型 PLD 的同时，设计手段的自动化程度也日益提高。用于 PLD 编程的开发系统由硬件和软件两部分组成。硬件部分包括计算机和专门的编程器，软件部分有各种编程软件。这些编程软件都有较强的功能，操作也很简便，而且一般都可以在普通的 PC 机上运行。利用这些开发系统几小时内就能完成 PLD 的编程工作，而且可以进行仿真测试，这就大大提高了设计工作的效率。

　　新一代的在系统可编程（ISP）器件的编程就更加简单了，编程时不需要使用专门的编程器，只要将计算机运行产生的编程数据直接写入 PLD 就行了。

　　数字电路可以分为两大类：一类是组合逻辑电路，这种电路输出与输入之间有明确的对应关系，输出只与当前的输入信号有关，由各种逻辑门电路组成；另一类是时序逻辑电路，这种电路当前的输出不但与输入有关，而且与电路原来的状态有关，相对来说比较复杂，由各种逻辑门和触发器组成，具有存储功能。

　　可编程逻辑器件也可以分为两类：一类没有触发器，只有逻辑门；另一类就包括触发器了。在应用中，要根据需要选择合适的器件。

　　从电路结构的角度来看，所有的可编程逻辑器件都由可编程的与逻辑、或逻辑和触发器组成。我们知道，任何一个逻辑函数式都可以变换成与—或表达式，因而任何一个逻辑函数都能用一级与逻辑电路和一级或逻辑电路来实现。从逻辑代数的角度看，所有的逻辑电路也都是逻辑函数的表示，这也就是说，在设计中使用的逻辑电路都可以用可编程逻辑器件来实现。

　　图 8-19 是一个编程后的 PAL 器件的结构图。图中，"＊"为连接点，则根据编程图可以很容易地写出输出和输入关系的逻辑表达式：

$$\begin{cases} Y_1 = I_1 I_2 I_3 + I_2 I_3 I_4 + I_1 I_3 I_4 + I_1 I_2 I_4 \\ Y_2 = \overline{I_1}\,\overline{I_2} + \overline{I_2}\,\overline{I_3} + \overline{I_3}\,\overline{I_4} + \overline{I_4}\,\overline{I_1} \\ Y_3 = I_1\,\overline{I_2} + \overline{I_1}\,I_2 \\ Y_4 = I_1 I_2 + \overline{I_1}\,\overline{I_2} \end{cases} \tag{8-6}$$

　　在实际设计中，根据逻辑功能要求，由设计软件可以对可编程逻辑器件进行编程或将逻辑电路原理图直接转化为可编程逻辑器件的溶丝图进行编程。如果逻辑功能特别复杂，还可以使用高级语言（如 HDL，硬件描述语言）进行设计。

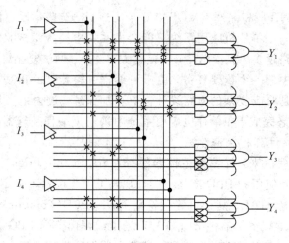

图 8-19　编程后的 PLA 电路

思考练习题

1. 一个 MCS-51 单片机常规下用地址译码法最多可扩展多少片 6264？它们的地址范围各为多少？试画出逻辑图。

2. 用 MCS-89C51 单片机扩展 8 个按键，4 位 LED 数码显示器。

3. 试设计 6 个共阳极数码管的动态显示电路和显示程序。

4. 消除键盘的机械抖动有哪些方法？如何消除抖动？

5. 设计 89C51 控制 4 个数码管和 12 个键盘的电路和控制程序。

6. 设计 89C51 控制 16 个键的键盘电路，采用中断方式。

7. 用 ADC0809，6 路模拟输入，每路采集 100 个数据并存储，设计电路并编程实现。

8. DAC0832 与单片机接口时有哪几种工作方式？各有何特点？如何使用？

9. 试分析图 8-13(b) 单向晶闸管的工作过程。

10. 试用 89C51 设计驱动直流电磁铁的接口电路并编程实现。要求驱动电流为 1.5A，电压为 200V，工作频率为 200 次/分钟。（提示：可选用大功率晶体管或场效应管）

第九章　应用设计仿真

在单片机应用系统设计中，设计人员必须把系统要执行的任务和应具备的功能合理地分配给硬件和软件来实现，既要考虑系统的价格，又要考虑系统满足实时性要求的工作速度，做到硬件、软件合理权衡，并尽量节省机器时间和内存空间。

硬件设计主要采用大规模集成电路，这不但使组件减少，而且对设计人员所需要的电子线路技术要求较低。由于控制对象不同和外围设备各异，输入输出接口设计和输入输出控制程序的设计，是整个测控系统设计中很重要的一环。各种微处理器都有大量可供选择的通用和专用接口组件，恰当地选择它们也是十分重要的。

在进行软件设计时，可以借用计算机厂家提供的系统和监控程序，或选用合适的嵌入式操作系统，主要任务是进行应用程序的设计。当然也可根据控制对象和系统的具体要求，选择恰当的控制算法自编专用监控程序、诊断程序和控制程序等。

由于采用单片机设计测控系统资源有限，故所编写的控制程序或应用程序难以在自身系统下调试，这时往往需要借助于微机开发系统。

仿真是使用可控的手段来模仿真实的情况，在工程和产品设计中，更强调的是在真正的系统设计过程中，采用计算机软硬件手段模拟或检验实际设计的应用系统，以便提前发现设计中的问题。通过仿真设计，将提高设计和产品开发效率，增加产品设计的可靠性。仿真在现代产品设计中是一种有效的方法。

在嵌入式系统的设计中，由于硬件集成度比较高，仿真应用的范围主要集中在对程序的仿真上。而关于硬件设计和仿真有专门的软件完成。在单片机的开发过程中，程序的设计是最为重要的，但也是难度最大的。一种最简单和原始的开发流程是：编写程序——烧写芯片——验证功能，这种方法对于简单的小系统是可以对付的，但在大系统中使用这种方法则是几乎不可能的。

9.1　单片机设计仿真概述

实际的单片机测控系统设计，虽然随检测和控制对象、设备种类、控制方式、规模大小等有所差异，但系统设计、基本内容和主要步骤是大体相同的。

1. 单片机系统设计

在设计单片机测控系统之前，设计人员首先应该根据系统性能的要求、成本、可靠性、可维护性以及应用单片机的经济效益等方面进行综合考核后，决定采用何种型号的单片机。因为单片机是系统的核心，对整个系统的性能和开发进度具有重要影响。当然开发人员对单片机的熟悉程度、单片机产品市场应用情况也是重要的选择因素。采用流行单片机，市场资源比较多；采用开发人员熟悉的单片机，将加速单片机系统的开发进度。

1）确定检测和控制任务

在进行设计之前，必须对控制对象的工作过程进行深入的调查、分析，熟悉其工艺流程，才能根据实际应用中的问题提出具体的要求，确定系统所要完成的任务，提出合适的算法。然后用时序图和控制流程图来描述控制过程和控制任务，编写设计任务说明书，作为整个测控系统设计的依据。

2）选择微处理器和外围设备

在设计任务确定之后，应对系统所需要的硬件作出初步的估计和选择，这是单片机测控系统设计的一个特点。因为构成单片机测控系统的主要功能部件都是大规模集成电路组件，设计人员需要根据控制任务和要求，进行估计和选择。微处理器是整个控制系统的核心，它的选择将对整个系统产生决定性的影响。一般应从以下几个方面考虑是否符合控制系统的要求：

（1）字长。和一般计算机一样，微处理器字长会直接影响数据的精度、指令的数目、寻址能力和执行操作时间。一般说来，字长越长，对数据处理越有利，但从减少辅助电路的复杂性和降低成本的角度考虑，字长短些为宜。所以应根据不同对象和不同要求，恰当选择。在过程控制领域中，选择 8 位或 16 位字长的微处理器，就能达到一般的控制要求。

（2）寻址范围和寻址方式。微处理器地址码长度反映了它可寻址的范围。寻址范围表示系统中可存放的程序和数据量，用户应根据系统要求，选择在寻址范围之内的合理的存储容量。微处理器的寻址方式一般有直接寻址、寄存器寻址、寄存器间接寻址、相对寻址等。选择恰当的寻址方式，会使程序长度大大减少，效率提高。

（3）指令种类和数量。一般来说，微处理器的指令条数越多，针对特定操作的指令也必然增多，可使运算速度加快，编程灵活方便，程序长度减少。字长较短的微处理器，通常指令条数也会少一些。

（4）内部存储器的种类和数量。微处理器内部结构也是关系到系统性能的重要方面，常见的 8 位微处理器，一般都包含有通用寄存器组、程序计数器、堆栈指针、累加器、程序状态字寄存器和内部数据寄存器等。

（5）微处理器的速度。微处理器的速度应该与被控制对象的要求相适应，过高会给系统的安装、调试带来不必要的麻烦。

（6）中断处理能力。在单片机测控系统中，中断处理往往是主要的一种输入输出方式。微处理器中断功能的强弱、往往涉及整个系统实时控制的能力以及硬件和应用程序的布局。

除上述六个方面外，微处理器的 LSI 外围电路的配套、器件的来源、软件的运行等也是设计人员必须考虑的因素。

3）确定控制算法

工业生产中单片机测控系统工作效果的优劣，主要取决于建立控制对象的数学模型，即描述各控制量与各输出量之间的数学关系。

在直接数字控制系统中，最常用的是数字 PID 控制算法及其改进形式，此外还有离散域内数字控制器的直接设计方法、模糊控制算法等。系统所用的算法，要根据控制对象的不同特性和要求恰当地选择。

4）系统总体方案设计

当选定好微处理器、明确了控制任务以及确定了控制算法以后，就可以确定系统的整体设计方案。这时，一般需要考虑以下几个方面：

（1）估计内存容量，进行内存分配。

（2）过程通道和中断处理方式的确定。

（3）系统总线的选择。

5）硬件和软件的具体设计

在具体设计阶段，必须认真考虑和反复权衡硬件和软件的分工及比例，这是因为软件和硬件具有一定的互换性，有些用硬件完成的功能用软件也能实现，多用硬件完成一些功能可以改善性能，加快工作速度，但增加了硬件成本，而且升级、修改不方便。若用软件代替硬件功能，可减少元器件数目，升级容易，但系统工作速度要相应降低。所以在设计一个新的单片机控制系统时，必须在硬件和软件之间相互权衡。一般采用如下设计步骤：

（1）根据设计要求建立硬件平台，如果该平台涉及的程序比较复杂，还要搭建一个人机交流的通道。人机交流通道简单的可能是一个发光二极管、蜂鸣器，复杂的可能是串口通信口、LCD 显示屏。一般单片机应用系统都有相应的人机交互功能，所以不用单独设计。

（2）写一个最简单的程序，例如只是发光二极管连续地闪烁。程序编译后烧写到单片机芯片中，验证硬件平台是否工作正常。

（3）硬件平台正常工作后编写系统最底层的驱动程序，每次程序更改后都重新烧写单片机芯片验证。如果在程序验证中遇到问题，则可在程序中加入一些调试手段，例如通过串口发送一些信息到 PC 端的超级终端上，用于了解程序的运行情况。

（4）系统低层驱动程序完成后再编写用户应用程序，由于这部分已经不涉及到硬件部分，所以程序中的问题用户一般能够发现。

使用以上方法所设计的程序一般不是很庞大或很复杂。在做简单的项目时，可以通过一个发光二极管表达出内部的信息；如果程序复杂，则需要更多的信息来表示内部的状态，这样可能就需要串口协助调试；如果程序更复杂、硬件更多、实时性更强，那工程师就要更多地增强调试手段，串口可能就不能满足了，需要类似于断点的功能，因为此时需要知道在某一个时刻单片机内部的状态究竟是怎样的。

虽然由于电子技术的发展，现代单片机大部分都支持在线多次擦写程序存储器功能，但如果用户程序的修改非常频繁，一次又一次地烧写芯片占用的时间就很多，这时用户可以使用专门下载程序并运行的装置以提高工作效率。随着用户的要求越来越高，调试装置已经越来越像一个通用的仿真器了。

2. 单片机仿真方法

在单片机实际应用系统设计中，主要采用两种仿真方法：软件仿真和硬件仿真。

1）软件仿真

软件仿真即使用计算机软件来模拟实际的单片机运行，它与硬件无关。软件仿真时用户不需要搭建硬件电路就可以对程序进行验证，特别适合于偏重算法的程序。软件仿真的缺点是无法完全仿真与硬件相关的部分，因此还需要通过硬件仿真来完成最终的设计。

2）硬件仿真

硬件仿真即使用附加的硬件来替代用户系统的单片机，并完成单片机全部或大部分的功能。使用了附加硬件后，用户可以对程序的运行进行控制，例如单步、全速、查看资源断点等。硬件仿真是一些复杂项目开发过程中所必需的。

现在很多公司生产各种系列的单片机产品，而且市场上各种单片机种类型号繁多，但几乎所有的单片机都有确定的开发系统和仿真系统支持，特别是高档单片机由于功能强、任务复杂，更是如此。

3．单片机仿真技术

1）仿真开发系统

仿真开发系统主要在仿真器的初级阶段使用。由于当时没有好的仿真技术或仿真芯片，仿真器设计成了一个双平台的系统，并根据用户的要求在监控系统和用户系统中切换。这种仿真系统性能完全依赖于设计者的水平，实际的最终性能各厂家之间相差很大。不过总的来说需要占用一定的用户资源，并且设计复杂，现在基本上已被淘汰，只是在一些开发学习系统中使用。

2）内嵌仿真功能的芯片

随着芯片技术的发展，很多单片机生产厂商在芯片内部增加了仿真功能，一般通过JTAG接口进行控制。为了降低成本和增加可靠性，内嵌的仿真部分一般功能比较简单。

（1）Bondout技术芯片。一般来说，人们常常说的专用仿真芯片其实就是Bondout芯片。这种仿真芯片一般也是一种单片机，但是内部具有特殊的配合仿真的时序。当进入仿真状态后，冻结内部的时序运行，可以查看/修改在静止时单片机内部的资源，基本上不占用用户资源。

使用Bondout芯片制作的仿真器一般具有时序运行准确（也有例外）、设计制作成本低等优点。Bondout芯片一般由单片机生产厂家提供，因此只能仿真该厂商指定的单片机，仿真的品种很少。

（2）HOOKS技术芯片。HOOKS技术是Philips公司拥有的一项仿真技术，主要解决不同品种单片机的仿真问题。使用该专利技术，可以仿真所有具有HOOKS特性的单片机，即使该单片机是不同厂家制造的。使用HOOKS技术制造的仿真器可以兼容仿真不同厂家的多种单片机，而且仿真的电气性能非常接近于真实的单片机。HOOKS技术对仿真器的制造厂家的技术要求特别高，不同的仿真器生产厂家同时得到HOOKS技术的授权，但是设计的仿真器的性能差别很大。

根据当前的发展趋势，如果只仿真标准的MCS-51系列单片机，可以选用Bondout技术的仿真器；如果用户希望仿真器功能更多更灵活，诸如仿真增强型80C51系列单片机，那就要选用 HOOKS 技术仿真器。二者比较而言，采用 HOOKS 技术的仿真器性价比要高于 Bondout 技术。

3）基于计算机平台的单片机软件仿真技术

随计算机技术的迅速发展，各种工业设计和科学研究等采用计算机模拟仿真已经成为普遍趋势，应用越来越普遍。在单片机系统应用开发中，软件的设计开发工作逐渐占据主要地位，而系统工作的可靠性也与软件性能密切相关。所以，不但对硬件系统设计仿真，对单片机软件及整个工作进行仿真也是保证单片机开发应用的重要一环。

（1）基于 Keil 平台的单片机仿真。Keil 平台附带调试工具，可以对设计的单片机软件进行模拟仿真运行，也可以和硬件平台（如 MCS-51，需要硬件平台支持）结合进行系统的综合仿真，提前发现设计软件的缺陷，加快开发进度。

（2）EDA 设计软件的仿真。现在一些优秀的 EDA 设计软件平台，如 Proteus 等，不但包括电路仿真，也可以进行软件和硬件相结合的联合仿真，充分利用电路设计仿真资源，在系统电路图中嵌入单片机软件，实现软硬件的联合仿真调试，更加符合单片机运行状态，可以有效提高单片机应用系统的设计开发效率。

4. 系统测试

在完成了目标样机的组装和软件设计以后，便进入系统调试阶段。这个阶段的任务是排除样机中的硬件故障和修正软件设计的错误，并解决硬件和软件不协调问题。

1）常见硬件故障分析

（1）逻辑错误。逻辑错误是加工过程中的工艺性错误所造成的，这类错误包括错线、开路、短路，其中短路是经常见也是最难以排除的故障。单片机系统往往要求体积小，印刷板的布线密度很高，由于工艺原因，经常造成引线之间的短路。开路常常是由于金属化孔不好或接插件接触不良造成的。

（2）元器件失效。元器件失效的原因主要有两个方面：一是由于元器件本身损坏或性能差，诸如电容、电阻的型号参数不合格等；二是组装错误造成的元器件失效，诸如电容、二极管、三极管极性错误，集成块安装方向颠倒等原因。

2）硬件的调试

单片机系统的硬件调试和软件调试是不能完全分开的。许多硬件错误是在软件调试中发现和纠正的，但通常是先排除明显的硬件故障以后，再和软件结合起来调试。

（1）静态调试。首先，在样机上电之前，选用万用表等工具，根据硬件逻辑设计图仔细检查样机线路的正确性，核对元器件型号、规定和安装是否符合要求，应特别注意电源系统的检查，以防止电源的短路和极性的错误。第二步是加电检查各插件上引脚的电位，仔细测量各点电平是否正常，尤其应注意 CPU 插座的各点电位，若有高压，联机仿真时将会损坏仿真机的器件。第三步是在断电情况下，除 CPU 以外，插上所有的元器件，仿真插头插入样机 CPU 插座，准备联机仿真调试。

（2）联机仿真调试。在静态调试中，对目标机硬件进行了初步测试，只排除了一些明显故障。目标机的硬件故障（如各个部件内部存在的故障和部件之间的连线错误）主要是靠联机仿真来排除的，分别打开样机和仿真机电源后，便开始联机仿真调试。

对于 I/O 口有输入口和输出口之分，也有可编程和不可编程接口的差别，应根据系统对 I/O 口的定义，把控制字写入可编程电路（如 8255、8155 等）的命令控制口，使之具有系统要求的逻辑功能，然后将数据写入输出口，观察输出口和所连设备的状态，观察读出内容和输入设备的状态是否一致。用这种方法测试 I/O 接口和所连设备是否存在故障，并对故障进行定位。

3）软件调试

常见错误的纠正：

(1) 程序跳转错误：这种错误的现象是程序运行不到指定的地方或发生死循环。一般可以用单步执行、断点运行方式进行测试。

(2) 程序错误：对于计算程序，经过反复测试后，才能验证它的正确性。

(3) 输入/输出错误：这类错误包括数据传送出错、外围设备失控、没有响应外部中断等。这类错误通常是固定性的，而且硬件错误和软件错误常常交织在一起。

(4) 上电复位错误：在联机调试时，排除了硬件和软件的一切错误故障，并将程序写入样机后，也能正常运行，目标系统便研制成功，在个别情况下，脱机以后目标机工作不正常，这主要是由于上电复位电路故障造成的。

程序调试可以一个模块一个模块地进行，最后连起来总调，利用单拍运行和设断点运行方式，通过检查用户系统 CPU 现场、RAM 内容和 I/O 口的状态，检测程序执行的结果是否正确，观察用户 I/O 口设备的状态变化是否正常，可以发现程序中的死循环错误、机器码错误以及转移地址错误，也可以发现样机中的硬件故障以及设计错误。在调试过程中应不断地调整目标系统的硬件和软件，验证其正确性，直至系统研制成功。

在一些复杂系统设计中，无论是系统软硬件设计还是主要的软件设计，通过计算机仿真分析，保证设计的正确性和可靠性，都是一种比较好的、有效的方法。

9.2　Keil 软件设计仿真

Keil C51 uVision2 集成开发环境是德国著名软件公司 Keil 开发的基于 80C51 内核的微处理器软件开发平台，内嵌多种符合当前工业标准的开发工具，可完成从工程建立到管理、编译、链接、目标代码的生成、软件仿真及硬件仿真等完整的开发流程。尤其是 C 编译工具在产生代码的准确性和效率方面达到了较高的水平，而且可以附加灵活的控制选项，在开发大型项目时使用非常理想。

在应用程序编写完成后，就可以基于 Keil 平台进行程序编译连接和初步仿真调试。在仿真、调试前，要完成编译、连接环境设置、编译操作、出错及其修改等工作，检查程序语法等没有问题，这些工作在第四章主要作了介绍。这里主要介绍利用 Debug 功能，进行单步运行、动态调试，检验程序的功能是否满足设计要求。

Keil 有两类仿真形式可选：Use Simulator 纯软件仿真和 Use：Keil Monitor - 51 Driver 仿真器的仿真。这里更关注通过仿真分析，软件程序是否能达到设计的功能要求。当然也可以连接仿真器，直接控制对目标板的程序运行（要求仿真器支持 Keil）。软件仿真时，在 Options for Target 选项卡选 Use Simulator，不需要进一步配置，如图 9 - 1 所示。

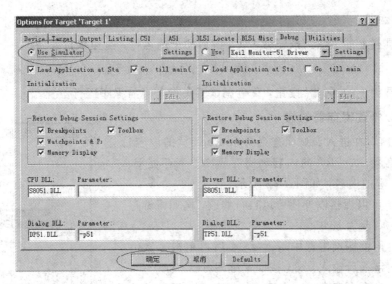

图 9-1 Keil 仿真调试设置

运行 Debug, Start Debug Session，就进入调试状态，此时有关编译的工具栏按钮消失，出现了一个用于运行和调试的工具栏，见图 9-2。Debug 菜单上的大部分命令都有相应的快捷按钮。

图 9-2 用于运行和调试的工具栏

图 9-2 从左到右依次是复位、运行、暂停、单步跟踪、单步、执行完当前子程序、运行到当前行、下一状态、打开跟踪、观察跟踪、反汇编窗口、观察窗口、代码作用范围分析、1♯串行窗口、内存窗口、性能分析、工具按钮命令。

打开程序，并将光标定位在当前程序窗口。

下面介绍一些 Debug 菜单下的操作和功能。

1. 单步跟踪运行

使用菜单命令 Debug ->Step，或图 9-2 中"单步跟踪"按钮，或快捷键 F11 可以单步跟踪执行程序。在这里按下 F11 键，即可执行该箭头所指程序行，每按一次 F11 键，可以看到源程序窗口的左边黄色调试箭头指向下一行。如果程序中有 Delay 延时子程序，则会进入延时程序中运行。

2. 单步运行

如果 Delay 程序有错误，可以通过单步跟踪执行来查找错误，但是如果 Delay 程序已正确，每次进行程序调试都要反复执行这些程序行，会使得调试效率很低。为此，可以在调试时使用快捷键 F10 来替代快捷键 F11（也可使用菜单 Step Over 或"单步"命令按钮），在 main 函数执行到 Delay 时将该行作为一条语句快速执行完毕。为了更好地进行对比，重新进入仿真环境，将反汇编窗口关闭，不断按 F10 键，可以看到在源程序窗口中的左边，黄色调试箭头不会进入到延时子程序。

3. 全速运行

点击工具栏上的"运行"按钮或按 F5 键启动全速运行，全速执行程序。

4. 暂停

点击工具栏上的"暂停"按钮，黄色调试箭头指向当前程序运行位置。

5. 观察/修改寄存器的值

Project 窗口在进入调试状态后显示 Regs 页的内容，包括工作寄存器 R0～R7 的内容和寄存器 A、寄存器 B、堆栈指针 SP 等的内容，如图 9-3 所示。

用户除了可以观察以外还可以自行修改，例如将寄存器 A 的值 0x00 改为 0x85。

方法一：用鼠标点击选中单元 a，然后再单击其数值位置，出现文字框后输入 0x85 按回车键即可。

方法二：在命令行窗口，输入 A＝0x85，按回车键将把 A 的数值设置为 0x85

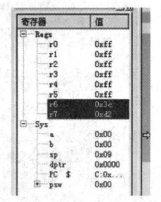

图 9-3　内部寄存器窗口

6. 观察/修改存储器的数据

点击菜单命令 View ->Memory Windows，便会打开存储器窗口（如窗口已打开，则会关闭），存储器窗口可以同时显示 4 个不同的存储器区域，点击窗口下部的编号可以相互切换显示，如图 9-4 所示。

在存储器♯1 的地址栏内输入"D:0e0h"，按回车键后，可以从内部直接寻址 RAM 的 e0H 地址处开始显示，e0H 地址的值就是寄存器 A 的值，应与主寄存器窗口下的值相同。

图 9-4　内部存储器窗口

点击窗口下部的存储器♯2，在地址栏内输入"D:0e0h"，按回车键后，可以从内部可间接寻址 RAM 的 e0H 地址处开始显示。

点击窗口下部的存储器♯3，在地址栏内输入"C:0x0021"，按回车键后，可以从代码区域 0000H 地址处开始显示，这时各地址值应与反汇编窗口中的值相同。

点击窗口下部的存储器♯4，在地址栏内输入"X:00h"，按回车键后，可以从 RAM 区域 0000H 地址处开始显示。

可以通过存储器窗口修改数据。例如，要改动数据区域 0xE0 地址的数据内容：把鼠标移动到该数据的显示位置，按动鼠标右键，在弹出的菜单中选中"更新储存器 D:0xE0"，再在弹出对话框的文本输入栏内输入相应数值，按回车键或点击 OK 按钮即可完成修改，如图 9-5 所示。

也可以通过命令行查看数据。例如，想查看数据区域从 0x01 到 0x03 地址的内容，在命令输入窗口输入"d d:0x01,03h"，回车即可，如图 9-6 所示。d 表示数据区域，0x01 表示起始地址，03h 表示结束地址（注意两种十六进制的表示方法在这里都可以接受），输出结果将在信息输出窗口中显示。

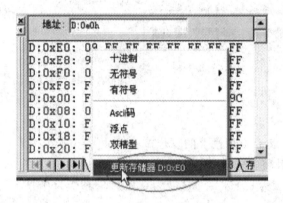

图 9-5

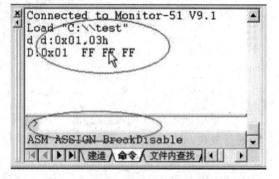

图 9-6　命令控制显示数据

亦可以通过命令行修改数据。例如，想把 p1 口的值从 0x02 数据修改成 0x04，在命令输入窗口输入"p1=0x04"，回车即可。通过存储器窗口（在地址栏输入"d:00h"然后回车）可以看到修改后的数据。从图 9-7 可以看到：储存器♯1 的 D:0x90 后的第一个数据变成了 04，这正是刚才修改的结果。

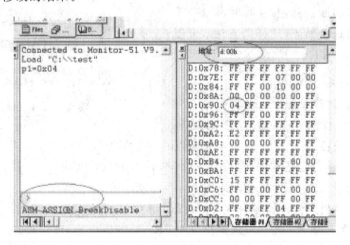

图 9-7　存储器数据修改

7. 观察/修改变量的值

在暂停程序运行时，可以观察到有关的变量值。

在 监视/调用堆栈（Watch）窗口"局部"页自动显示当前正在使用的局部变量，不需要用户自己添加。监视（Watch）页显示用户指定的程序变量，如图 9-8 所示。（先按 F2 键，然后输入变量的名称，例如"delay"，最后回车。）

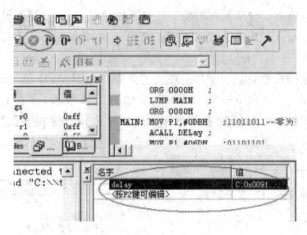

图 9-8　程序变量显示

8. 复位

如果用户想重新开始运行用户程序,可以点击工具栏上的复位按钮,对仿真的用户程序进行复位。仿真复位后,程序计数器 PC 指针将复位成 0000H。另外,一些内部特殊功能寄存器在复位期间也将重新赋值,例如,A 将变为 00H,DPTR 变为 0000H,SP 变为 07H,I/O 口变为 0FFH。

9. 设置断点

将光标移至待设置断点的源程序行,如"MOV P1,♯0B6H"行。点击工具栏上的"断点"图标,可以看到源程序窗口中该行的左边出现了一个红色的断点标记。(如果再点一下这个图标则清除这个断点)同样的方法,可以设置多个断点,如图 9-9 所示。

10. 带断点的全速运行

按 F5 键,全速执行程序,当程序执行到第一个断点时,会暂停下来,这时可以观察程

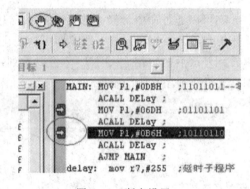

图 9-9　断点设置

序中各变量的值及各端口的状态。第一个断点在"MOV P1,♯06DH"之后,此时在存储器窗口的存储器♯1 的地址栏内输入"D:000h",按回车键后,可以看到,从内部可直接寻址地址数据为 6D。

此时用户目标板上会显示当前断点的状态,继续按 F5 键启动全速运行,程序执行到第二个断点时,会暂停下来,在变量观察窗口中,RAM 的值应为 B6;继续按 F5 键启动全速运行,程序又会执行到第一个断点处暂停。断点是仿真调试的重要手段,要仔细反复地练习,直到熟练。

11. 清除程序中的断点

取消断点时,若要全部取消,只需点击工具栏相应的图标,就可清除程序中所有断点。

12. 执行到光标处

在体验"执行到光标处"之前，先点击工具栏上复位的图标，对仿真的用户程序进行复位，把鼠标放在想要停止的行点一下，再按"执行到光标处"程序全速执行到光标所在行。这与在前面看到的带断点的全速运行相类似。

13. 退出仿真

先点击调试工具栏的"暂停"按钮，再点击调试工具栏的"复位"按钮，最后点击开启/关闭调试模式按钮，就可退出仿真状态，重新回到编辑模式。

此时可以对程序修改，然后重新编译。按开启/关闭调试模式按钮，就又进入仿真模式了。

当然，Keil 不但可以对汇编语言程序进行调试仿真，也可以对 C51 原程序进行调试仿真，基本操作方法相同。

9.3　Proteus 与 Keil C51 uVision2 连接仿真

Proteus 嵌入式系统开发平台是英国 Labcenter 公司开发、先进完整的嵌入式系统设计与仿真平台。Proteus 可以实现数字电路、模拟电路及微处理器系统的电路仿真、软件仿真、系统协同仿真和 PCB 设计等全部功能。

Proteus 软件包已有几十年的使用历史，是目前能够对各种处理器进行实时仿真、调试与测试的一个有力的 EDA 工具，真正实现了在没有目标原形时就对系统进行调试、测试与验证。

Proteus 软件由 ISIS 和 ARES 两个软件构成，其中 ISIS 是一款便捷的集智能原理图输入、系统设计与仿真的电子系统平台软件，ARES 是一款高级的布线编辑软件。

在 Proteus 中，从原理图设计、单片机编程、系统仿真到 PCB 设计可以一气呵成，真正实现了从概念到产品的完整设计。

Proteus 软件的特点是：

（1）实现了单片机仿真和 SPICE 电路仿真相结合，具有模拟电路仿真、数字电路仿真、单片机及其外围电路组成的系统的仿真、RS - 232 动态仿真、I^2C 调试器、SPI 调试器、键盘和 LCD 系统仿真的功能；有各种虚拟仪器，如示波器、逻辑分析仪、信号发生器等。

（2）支持主流单片机系统的仿真。目前支持的单片机类型有：68000 系列、8051 系列、AVR 系列、PIC12 系列、PIC16 系列、PIC18 系列、Z80 系列、HC11 系列、ARM7 系列以及各种外围芯片。

（3）提供软件调试功能。在硬件仿真系统中具有全速、单步、设置断点等调试功能，同时可以观察各个变量、寄存器等的当前状态。同时支持第三方的软件编译和调试环境，如 Keil C51 uVision2 等软件。

（4）具有强大的原理图绘制功能（ISIS）。

（5）具有 PCB 设计以及自动布线功能（ARES）。

9.3.1　Proteus ISIS 基本操作

1. Proteus ISIS 编辑窗口

启动 Proteus，见图 9 - 10。Proteus ISIS 的编辑环境如图 9 - 11 所示。

图 9 - 10　Proteus ISIS 的启动

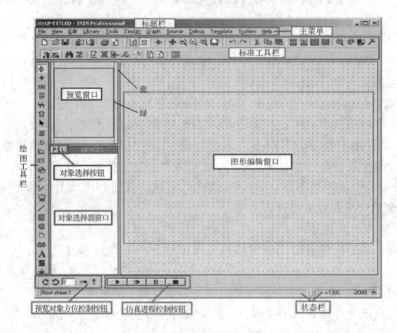

图 9 - 11　Proteus ISIS 编辑窗口

1) 图形编辑窗口

图形编辑窗口用于放置元器件，进行连线，绘制原理图。

2) 预览窗口

预览窗口中，有两个框，蓝框表示当前页的边界，绿框表示当前编辑窗口显示的区域。当从对象选择器中选中一个新的对象时，预览窗口可以预览选中的对象。在预览窗口上单击，Proteus ISIS 将会以单击位置为中心刷新编辑窗口。

3) 对象选择器窗口

通过对象选择按钮，从元件库中选择对象，并置入对象选择器窗口，供今后绘图时使用。显示对象的类型包括：设备、终端、管脚、图形符号、标注和图形。

4）状态栏

状态栏显示当前电路图编辑状态，这些状态显示方便用户的操作。

5）工具栏

Proteus ISIS 主窗口左端的绘图工具栏与标准工具栏的作用相似，包含添加全部元器件的快捷图标按钮，与菜单中的元器件添加命令完全对应。通过选取主窗口的菜单项 View/Toolbars 可以隐藏/显示相应的工具栏。

2. 仿真工具

1）探针（Probe）

电压探针（Voltage Probes）——既可在模拟仿真中使用，也可在数字仿真中使用。在模拟电路中记录真实的电压值，而在数字电路中，记录逻辑电平及其强度。

电流探针（Current Probes）——仅在模拟电路仿真中使用，可显示电流方向和电流瞬时值。探针既可用于基于图表的仿真，也可用于交互式仿真中。

2）激励源

DC：直流电压源。

Sine：正弦波发生器。

Pulse：脉冲发生器。

Exp：指数脉冲发生器。

SFFM：单频率调频波信号发生器。

Pwlin：任意分段线性脉冲信号发生器。

File：File 信号发生器。数据来源于 ASCII 文件。

Audio：音频信号发生器。数据来源于 WAV 文件。

DState：稳态逻辑电平发生器。

DEdge：单边沿信号发生器。

DPulse：单周期数字脉冲发生器。

DClock：数字时钟信号发生器。

DPattern：模式信号发生器。

3）虚拟仪器

虚拟仪器有虚拟示波器（Oscilloscope）、逻辑分析仪（Logic Analyser）、时间间隔计数测量器（Counter Timer）、虚拟终端（Virtual Terminal）、信号发生器（Signal Generator）、模式发生器（Pattern Generator）、交直流电压表和电流表（AC/DC Voltmeters/Ammeters）、SPI 调试器（SPI Debugger）、I^2C 调试器（I^2C Debugger）等。

4）曲线图表

曲线图表有模拟图表（Analogue）、数字图表（Digital）、混合分析图表（Mixed）、频率分析图表（Frequency）、转移特性分析图表（Transfer）、噪声分析图表（Noise）、失真分析图表（Distortion）、傅立叶分析图表（Fourier）、音频分析图表（Audio）、交互分析图表（Interactive）、一致性分析图表（Conformance）、直流扫描分析图表（DC Sweep）、交流扫描分析图表（AC Sweep）等。

通过以上各种仿真工具，Proteus 可以对电路进行各种仿真分析，验证设计的正确性。

9.3.2 基于 Proteus 的 80C51 单片机仿真

单片机系统仿真是 Proteus VSM 的主要特色。用户可在 Proteus 中直接编辑、编译、调试代码,并直观地看到仿真结果;也可以通过和 Keil C51 uVision 软件联调,在 Keil 平台修改程序。CPU 模型有 ARM7(LPC21xx)、PIC、Atmel AVR、Motorola HCXX 以及 8051/8052 系列。同时模型库中包含了 LED/LCD 显示、键盘、按钮、开关、常用电机等通用外围设备。VSM 甚至能仿真多个 CPU,能便利处理含两个或两个以上微控制器的系统设计。

1. 仿真方式

1) Proteus 利用 *.hex 文件仿真

用 Proteus 设计原理图,在 Keil C51 编译环境下编程序并生成可执行文件(*.hex 格式)。在 Proteus 里面双击单片机,出现一个对话框,如图 9-12 所示。在 Program File 行点击 *.hex 文件夹标志,选取要加入的 HEX 文件,把路径指定给原理图中的单片机芯片,就可观察程序的运行了。点击界面左下方的按钮开始仿真,系统开始运行。在实时仿真运行的过程中,程序控制输出管脚的旁边会出现一个小正方形的指示,其中红色代表高电平,蓝色代表低电平,从这里可以直观地看到每个管脚的电平变化,对程序的运行做出最基本的判断,可以进行最简单的分析。

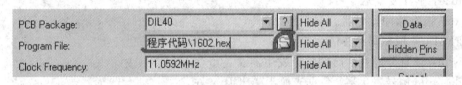

图 9-12 *.hex 文件装入

2) 利用 Keil C51 uVision 联合仿真调试

Proteus 与程序调试软件 Keil 可实现联调,如图 9-13 所示。在微处理器运行中,如果发现程序有问题,可直接在 Proteus 的菜单中打开 Keil 对程序进行修改。Keil 编辑的原程序可以是汇编程序,也可以是 C51 源程序。

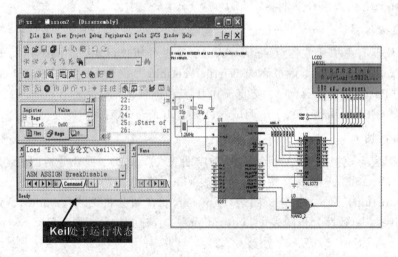

图 9-13 Proteus 与 Keil 联调

2. 仿真步骤

采用 Proteus 和 Keil uVision 软件联合仿真的步骤如下：

（1）把安装在 Proteus\ MODELS 目录下的 VDM51. dll 文件复制到 Keil 安装目录的 \C51\BIN目录中。如果没有"VDM51. dll"文件，可以在网上下载一个。

（2）修改 Keil 安装目录下的 Tools. ini 文件，在 C51 字段加入 TDRV5＝BIN\VDM51. DLL（"Proteus VSM Monitor‐51 Driver"），保存。

注意：不一定要用 TDRV5，根据原来字段选用一个不重复的数值就可以了。引号内的名字随意。（步骤（1）和（2）只需在初次使用时设置。）

（3）设置 Keil C 的选项。单击 Project 菜单下的 Options for Target 选项或者点击工具栏的 Option for Target 按钮 ，弹出窗口，点击"Debug"按钮。在出现的对话框的右栏上部的下拉菜单里选中"Proteus VSM Monitor‐51 Driver"。并且还要点击一下"Use"前面表明选中的小圆点，如图 9‐14 所示。

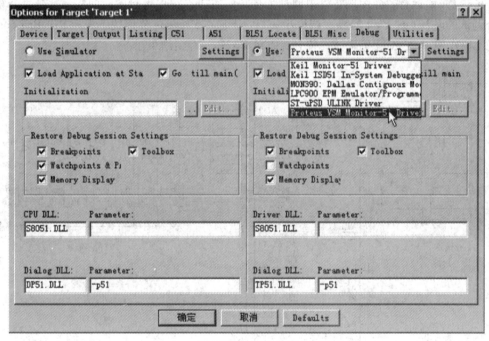

图 9‐14 Keil 设置

再点击"Settings"按钮，设置通信接口，在"Host"后面添上"127. 0. 0. 1"，如果使用的不是同一台电脑，则需要在这里添上另一台电脑的 IP 地址（另一台电脑也应安装 Proteus）。在"Port"后面添加"8000"。然后点击"OK"按钮。在 Keil 中编写 MCU 的原程序，将工程编译，进入调试状态，并运行。设置完之后，请重新编译、链接、生成可执行文件。

（4）Proteus 的设置。进入 Proteus ISIS，画出相应电路，鼠标左键点击菜单"Debug"，选中"use remote debug monitor"。此后，便可实现 Keil C 与 Proteus 的连接调试。

注意：可以在一台机器上运行 Keil，另一台上运行 Proteus 进行远程仿真。

（5）在 Keil 中进行"Debug"，同时在 Proteus 中查看直观的结果（如 LCD 显示…），这样就可以像使用仿真器一样调试程序。

3. 应用实例

例 9-1 从左到右的流水灯。

说明：接在 P0 口的 8 个 LED 灯从左到右依次循环点亮，产生走马灯效果。

运行 Keil 程序，在"8051 LED Driver"文件夹下建立一个新的名为 8051 LED Driver 的工程。单片机的型号选择 AT89C52，把 LED DEMO 文件加到"Source Group 1"组里。点击工具栏的"Option for Target"按钮，在出现的对话框里点击"Debug"，在右栏上部的下拉菜单里选中" Proteus VSM Monitor‑51 Driver"，还要点击一下 Use 前面的小圆点。再点击"Setting"设置通信接口，在 Host 后面添上"127.0.0.1"。在 Port 后面添上"8000"。点击"OK"按钮即可。原程序文件如下，最后把工程重新编译一下。

在 Proteus 里设计原理电路，如图 9-15 所示。在 Keil 建立项目并编译程序，编译通过后，按 Ctrl＋F5 或者点击 Keil 的调试按钮，进入模拟调试环境，此时 Proteus 的模拟调试工具条的运行按钮由黑色变为绿色。按 F5 键或者点击工具栏的相应按钮，全速运行，这时 Proteus 也开始运行，会发现在模拟调试工具条的右边有程序运行的时间提示。在两个软件联合调试的时候，把 Keil 的界面调得小一点，让它在 Proteus 界面的上面，露出 Proteus 界面的 LED，这样在 Keil 里调试，马上就能在 Proteus 看到结果了。

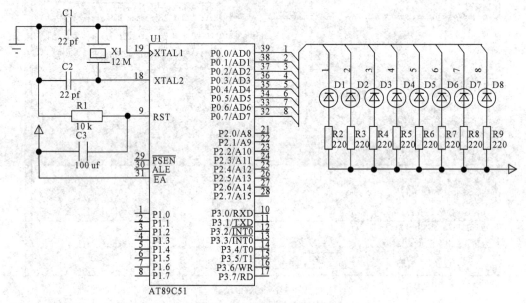

图 9-15 Proteus 原理图

具体程序如下：

```
#include<reg51.h>
#include<intrins.h>
#define uchar unsigned char
#define uint unsigned int

void DelayMS(uint x)          //延时
{
    uchar i;
```

```
    while(x——)
    {
        for(i=0;i<120;i++);
    }
}


void main()                    //主程序
{
    P0=0xfe;
    while(1)
    {
        P0=_crol_(P0,1);     //P0 的值向左循环移动
        DelayMS(150);
    }
}
```

例 9 - 2 串口异步通信。

说明：串口输出最大值。

Keil 和 Proteus 设置如例 9 - 1。在 Proteus 里设计原理电路，如图 9 - 16 所示。在 Keil 建立项目并编译程序，编译通过后，按 Ctrl+F5 或者点击 Keil 的调试按钮，进入模拟调试环境，此时 Proteus 的模拟调试工具条的运行按钮由黑色变为绿色。按 F5 键或者点击工具栏的相应按钮，全速运行，这个时候 Proteus 也开始运行，可以在显示框看到最大值输出结果。

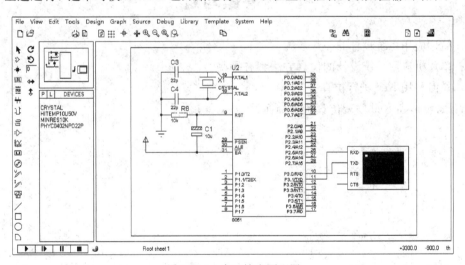

图 9 - 16 串口输出原理图

具体程序如下：

```
# include <reg51.h>                    // 预处理命令
# include <stdio.h>
# define uint unsigned int
uint max (uint x, uint y);             // 功能函数 max 说明
```

```
main()
{                                           // 主函数
    uint a，A，c；                           // 主函数的内部变量类型说明
    SCON＝0x52；TMOD＝0x20；                  // 串行口、定时器初始化
    PCON＝0x80；TH1＝0x0F3；                  //fosc＝12MHz，波特率为 4800
    TL1＝0x0F3；TCON＝0x69；
    printf（ "\n Please enter two numbers：\n\n"）；    // 输出提示符
    scanf（"%d  %d"，&a，&A）；              // 输入变量 a 和 A 的值
    c＝ max（a，A）；                         // 调用 max 函数
    printf（ " \n max ＝%u \n "，c）；          // 输出较大数据的值
    while(1)；
}                                           // 主程序结束

uint max（uint x ，    uint y）              // 定义 max 函数，x、y 为形式参数
{
    if（ x ＞ y）  return（x）；             // 将计算得到的最大值返回到调用处
    else   return(y) ；
}                                           // max 函数结束
```

当然，在复杂系统设计中，根据选用的单片机，使用硬件仿真器，可以控制目标程序在实际系统的运行，效果会更好。

思考练习题

1. 简述应用系统设计的一般步骤。
2. 单片机应用系统设计的仿真方法都有哪些？
3. 如何利用 Keil 进行仿真？
4. Proteus 和 Keil 联调仿真步骤如何？

第十章 其它单片机简介

单片机作为计算机技术的一个分支，其发展日新月异。现在，单片机的开发应用已在工业测控、机电一体化、智能仪表、家用电器、航空航天及办公自动化等各个领域中占据了重要地位，针对不同领域的应用需求，出现了各具特色的系列产品。

据不完全统计，全世界嵌入式处理器的品种数量已经超过 1000 种，流行体系结构有 30 多个，其中 8051 体系占大多数。生产 8051 单片机的半导体厂家有 20 多个，共 350 多种衍生产品，仅 Philips 公司就有近 100 种。目前嵌入式处理器的寻址空间可以从 64KB 到 256KB，处理速度从 0.1MIPS 到 2000MIPS。高速应用场合可选用 16 位和 32 位单片机，低速应用场合仍是 4 位机的领域，其中间适用的是 8 位单片机。

10.1 单片机发展的新特点

单片机发展已经逐步走向成熟时期，一方面性能更高、功能更多的 16 位、32 位单片机在发展，另一方面由于 8 位单片机用得最多，因此 8 位单片机也在不断地采用新的技术，以追求更高的性能价格比。单片机的总体发展呈现如下特点：

1）价格更低

随着微电子技术的不断进步，各公司陆续推出了价格更低的 8 位单片机，带内部存储器的单片机芯片已降到今天的 10 元以内。

2）使用更加方便

内部含有 E^2PROM 或 ROM，在一般应用中，不需要外部扩展总线或外部存储器，使得电路结构简单，体积减小，稳定性提高，应用面更宽。

3）功耗更低

使用 CMOS 的低功耗电路，有省电工作状态，如等待状态、睡眠状态、关闭状态等。在这些状态，所耗电流降到 μA 级，可以满足便携式、手持式、电池供电的仪器仪表的应用需求。

4）OTP 型

OTP 是 One Time Programmable 的缩写，即一次性编程的意思，也就是这种存储器只能编程（固化）一次，不能用紫外线擦除再次编程。它适应用户的中、小批量生产，易改型、转向快，减少了成本，免去了做掩膜的风险。现在许多型号产品都带有内部 OTPEPROM 型。

5）低电压型

即 L 型，其工作电压只要 2.7 V 甚至更低。

6）Flash 型

近年来，闪速存储器（Flash Memory）的半导体技术广泛应用于单片机的制造中。闪速存储器具有非易失性,在断电时也能保留存储内容,这使它优于需要持续供电来存储信息的易失性存储器,如静态和动态 RAM。闪速存储器可实现大规模电擦除,这使它优于只能通过紫外线慢速擦除的 EPROM。基于闪速存储器的特点,它既可作为程序存储器,又可作为数据存储器。

7)开发速度加快,可靠性增加

基于应用系统的复杂度增加,嵌入式操作系统、C 语言的开发应用越来越普遍,大大加快了系统的开发速度,增加了可靠性。

10.2　51 系列单片机

51 系列单片机指的是 MCS - 51 系列和其它公司的 8051 衍生产品。20 世纪 80 年代中期,Intel 公司将 8051 内核使用权以专利互换或出售形式转给世界许多著名 IC 制造厂商,如 Philips、西门子、AMD、OKI、NEC、Atmel 等,这样 8051 就变成有众多制造厂商支撑的、发展出上百个品种的大家族。到目前为止,其它任何一个单片机系列均未发展到如此的规模。

MCS - 51 的衍生产品是在基本型基础上增强了各种功能的产品,如高级语言型、Flash 型、EPROM 型、A/D 型、DMA 型、多并行口型、专用接口型、双控制器串行通信型等。这些增强型的 MCS - 51 系列产品给 8 位单片机注入了新的活力,为它的开发应用开拓了更广泛的前景。

10.2.1　80C52 单片机

80C52 是 80C51 的增强型产品,与 80C51 功能向上兼容,其结构图如图 10 - 1 所示。与 80C51 相比较所增加的功能如下:

- 片内数据 RAM 增加到 256 个字节;
- 具有 3 个 16 位定时器/计数器;
- 中断源增加到 6 个;
- 内部程序存储器增加到 8K。

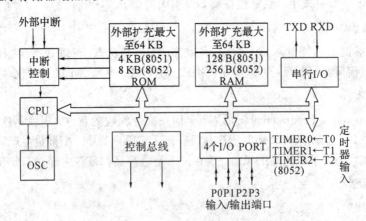

图 10 - 1　80C52 结构方框图

80C52 中有一个功能较强的定时器/计数器 T2。它是一个 16 位的、具有自动重装载和捕获能力的定时器/计数器，可以对内部机器周期或由 T2(P1.0) 输入的外部计数脉冲计数。在定时器/计数器 T2 的内部，除了两个 8 位计数器 TL2、TH2 和控制寄存器 T2CON 及 T2MOD 之外，还设置有捕获寄存器 RCAP2L(低字节)和 RCAP2H(高字节)。

10.2.2 8xC552 单片机

飞利浦的 80C51 系列单片机与 Intel 的 MCS-51 系列代码完全兼容，具有相同的指令系统、地址空间和寻址方式，采用模块化的系统结构，该系列中许多新的高性能单片机都是以 80C51 为内核增加一定的功能部件构成的。常见的功能部件有：A/D 转换器、捕捉输入、定时输出、脉冲宽度调制输出(PWM)、I^2C 串行总线接口、液晶显示控制器、监视定时器(Watchdog Timer)、E^2PROM 等。

8xC552 是 80C51 系列中功能最强、用途最广，最富有代表性的单片机之一，它已被成功地应用在了仪器仪表、工业控制以及汽车发动机和传送控制等广阔的领域中。很多产品只是删去了它的部分功能。因此，这里对 8xC552 做一说明。

1. 8xC552 的特点

8xC552 具有以下特点：
- 80C51 中央处理单元内核，使用 MCS-51 指令系统；
- 8KB 程序存储器，并可外扩至 64KB；
- 新增了一个 16 位定时/计数器，与 4 个捕捉寄存器及 3 个比较寄存器配合使用；
- 两个标准的定时/计数器；
- 256 个字节 RAM，可外扩至 64KB；
- 可产生 8 路同步定时输出；
- 一个 8 路模拟输入的 10 位 A/D 转换器；
- 两路 8 位分辨率的脉冲宽度调制输出；
- 5 个 8 位 I/O 端口和一个与模拟输入共用的输入端口；
- I^2C 总线串行口，具有针对字节的主从功能；
- 全双工 UART，与 80C51 的 UART 兼容；
- 片内监视定时器；
- 有 OTP(一次性编程)封装形式；
- 扩展的温度范围；
- 三个速率档次：16 MHz、24 MHz 和 30 MHz。

2. 内部结构

图 10-2 所示为 8xC552 的片内结构，其中左边实框内的 4 个部件是 80C51 的内核，只是没有把 RAM 和 ROM 包括进去。从图 10-2 中我们可以看到，8xC552 内含 8KB 程序存储器，256 个字节数据存储器，5 个 8 位 I/O 口和一个 8 位输入口，两个和 80C51 中完全相同的 16 位定时/计数器，新增的一个配有捕捉及比较锁存器的 16 位定时器，一个具有 15 个中断源、两优先级别的可嵌套中断结构，一个 8 输入的 A/D 转换器，一个两通道的 D/A 脉冲宽度调制接口，两路串行接口(UART 和 I^2C 总线)，一个监视定时器以及片内振荡器和时序电路等部件。

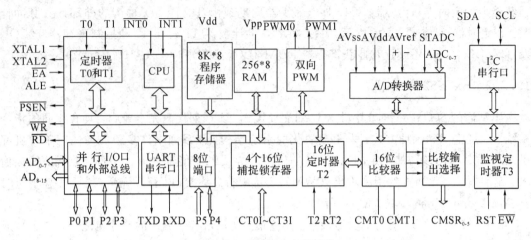

图 10-2　8xC552 内部结构

1）定时器 T2

定时器 T2 可以记录外部事件发生的时间，或用来设定时间，届时硬件自动对外输出预定的信号。前者称高速输入，亦称捕捉操作；后者为高速输出，也叫比较输出。

（1）内部结构及工作原理。T2 是一个 16 位定时器，由图 10-3 可以看到，它主要由定标器与高字节 TMH2 和低字节 TML2（高低字节有时合称 TM2）两个寄存器构成。其三位开关可以把定标器接至两时钟源之一：$f_{osc}/12$ 或外来时钟信号，也可以切断时钟源，即关闭定时器 T2。定标器实际上是一个 3 位分频器，其分频因子可编程为 1、2、4 和 8。

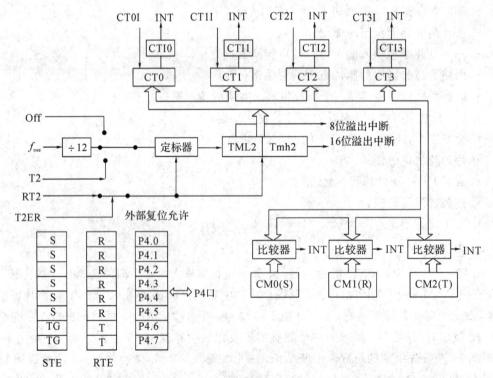

图 10-3　定时器 T2 结构框图

（2）输入捕捉逻辑。输入捕捉功能是测量脉冲宽度、周期、占空比及相位差等参数的得力工具。图 10-3 中 CT0I~CT3I 为 4 条独立的信号输入线，这 4 条信号线是与 P1 口的低 4 位共用的。每条输入线均与一个专门的 16 位捕捉寄存器 CT0~CT3 相连接。输入线上信号的正跳变、负跳变或两者都可认为是一次事件。这样，某输入线 CTnI 上一旦有规定的事件发生，则相应寄存器 CTn 立即捕捉住定时器 T2 的内容，也就是记录下事件发生的时间。同时也可以通过中断标志 CTI0~CTI3 去请求中断。若捕捉功能不需要，这些输入线亦可作附加的外部中断输入用。

（3）输出比较逻辑。图 10-3 右下方为输出比较逻辑部分，它的 CM0~CM2 是 3 个 16 位比较寄存器。它们可被用来在某些预定的时刻使 P4 口各输出引脚置位、复位或翻转。这些由软件设置而届时由硬件自动执行的输出叫做高速输出。P4 口 8 条引脚的第二功能便是作高速输出。P4 口低 6 位为置位/复位高速输出，此时 P4.0~P4.5 依次被标作 CMSR0~CMSR5；高 2 位作翻转高速输出，P4.6 和 P4.7 相应记作 CMT0 和 CMT1。

（4）定时器 T2 的应用。在弄清了定时器 T2 结构和原理的基础上，可以总结出它有下列用途：

- 可对外来脉冲计数，计满 $n \times 2^8$ 或 $n \times 2^{16}$ 个脉冲时请求一次中断(n 为分频因子)；
- 可用来定时，每过 $n \times 2^8$ 或 $n \times 2^{16}$ 个机器周期请求一次中断；
- 可对 4 条输入线进行监视，一旦发生事件，立即记录下事件发生的时间；
- 若忽略事件发生的时间，则可将此四输入线作附加外部中断输入看待；
- 可使 P4.0~P4.5 在预定时间输出高或低电平；
- 可使 P4.6 和 P4.7 在预定时间输出电平反相；
- 若不管 P4 口的输出，则可用 CM0~CM2 实现软件定时功能。

2）定时器 T3

除了定时器 T0、T1、T2 外，8xC552 还有一个监视定时器 T3，有时又称为看门狗（Watchdog），它的作用是强迫单片机(微控制器)进入复位状态，使之从硬件或软件故障中解脱出来。即当单片机的程序进入了错误状态后，在一个指定的时间内，用户程序没有重装定时器 T3，将产生一个系统复位。

在 8xC552 中，定时器 T3 由一个 11 位分频器和 8 位定时器组成，由外部引脚$\overline{EW}$和电源控制寄存器中的 PCON.4(WLE)和 PCON.1(PD)控制，如图 10-4 所示。

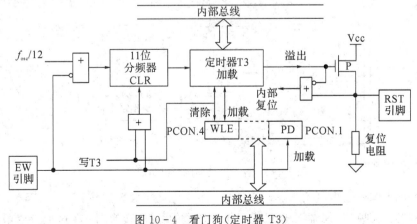

图 10-4 看门狗(定时器 T3)

$\overline{EW}$：看门狗定时器允许，低电平有效。$\overline{EW}=0$ 时，允许看门狗定时器，禁止掉电方式；$\overline{EW}=1$ 时，禁止看门狗定时器，允许掉电方式

WLE(PCON.4)：看门狗定时器允许重装标志。若 WLE 置位，定时器 T3 可以被软件装入，装入后 WLE 自动清除。

在 T3 溢出时，复位 8xC552，并产生复位脉冲输出至复位引脚 RST。为防止系统复位，必须在定时器 T3 溢出前，通过软件对其进行重装。如果发生软件或硬件故障，将使软件对定时器 T3 重装失败，从而 T3 溢出导致复位信号的产生。用这样的方法可以在软件失控时，恢复程序的正常运行。

例如，Watchdog 使用的一段程序如下：

```
T3              EQU         0FF                  ;定时器 T3 的地址
PCON            EQU         87H                  ;PCON 的地址
WATCH_INTV      EQU         156                  ;看门狗的时间间隔
```

监视定时器的服务子程序：

```
WATCHDOG：ORL PCON，#010H                         ;允许定时器 T3 重装
          MOV        T3.0 ，#WATCH_INTV          ;装载定时器 T3
          RET
```

在用户程序中需要对监视定时器再装入的地方插入语句：

```
          LCALL             WATCHDOG
```

3）脉冲宽度调制输出

8xC552 含有两个脉冲宽度调制输出通道(见图 10-5)。它们能产生宽度和周期均可编程的输出脉冲。8 位定标器 PWMP 确定输出脉冲的重复频率，为其后级的计数器提供时钟信号。由图 10-5 中可以看出，定标器和计数器为两 PWM 通道所共用。此 8 位计数器以模 255 进行计数，即 254 加 1 后又变成 0，故计数值在 0～254 间周而复始地循环。此计数值与 PWM0 和 PWM1 两寄存器的内容不断进行比较。如果此二寄存器之一的内容大于计数值，那么相应的 $\overline{PWM0}$ 和 $\overline{PWM1}$ 输出即被置为低电平；若它们的内容等于或小于计数值，则输出将为高电平。因此，脉冲占空比取决于寄存器 PWM0 和 PWM1 的内容。此占空比介于 0%～100%间，且可编程。

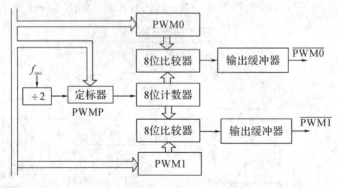

图 10-5　脉冲宽度调制输出功能框图

经缓冲的 PWM 输出可用来驱动直流电动机，电动机之转速将正比于 $PWMn(n=0,1)$ 寄存器的内容。这些 PWM 输出也可配置作双通道的 D/A 转换器。在这种应用场合，PWM

输出须与常规运算放大电路相结合。

$$\overline{\text{PWM}n}\text{低电平时段/高电平时段} = (\text{PWM}n)/[255 - (\text{PWM}n)]$$

例如，欲使 $\overline{\text{PWM}n}$ 输出脉冲的占空比为 50%，即高低电平持续时间相等，则 PWMn 应赋值 80H。

欲改变 $\overline{\text{PWM}n}$ 输出脉冲周期，应修改 PWMP 寄存器的内容；而欲改变输出脉冲占空比，则应给 PWMn 寄存器重赋相应新值。

4) A/D 转换器

如图 10-6 所示，8xC552 的模/数转换器由 8 通道输入多路开关和 10 位二进制逐步逼近式 A/D 转换器组成。模拟参考电压 AVref 和模拟供电电压 AVdd 以及模拟地 AVss 分别通过各自引脚接入。转换时间为 50 个机器周期，模拟输入电压范围为 0～5 V。

逐步逼近式 ADC(A/D 转换器)内含一个 D/A 转换器(DAC)，如图 10-7 所示。它把逐步逼近寄存器 SAR 的内容转换成内部电压 V_{DAC} 去与模拟输入电压 V_{IN} 相比较。逐步逼近控制逻辑根据比较器的输出通知逐步逼近寄存器，下次要增值还是减值。这样比较 10 次之后，转换完成，这时 SAR 的内容即为转换结果。

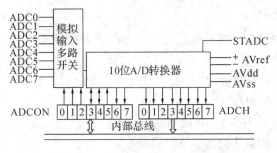

图 10-6 模拟输入电路功能框图

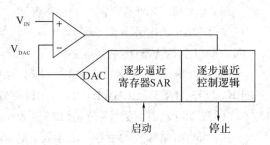

图 10-7 逐步逼近式 ADC

5) SIO1(I^2C 总线)串行口

8xC552 具有两个独立的串行口 SIO0 和 SIO1。SIO0 是和 80C51 SIO 一样的全双工串行口。SIO1 利用 P1 口线的第二功能(P1.6/SCL、P1.7/SDA)实现标准的 I^2C 总线功能。

8xC552 通过内部的 4 个寄存器：SIO1 控制寄存器(S1CON)、SIO1 状态寄存器(S1STA)、SIO1 数据寄存器(S1DAT)和 SIO1 从地址寄存器 SIO1(S1ADD)实现 I^2C 总线逻辑。8xC552 的 SIO1 逻辑可以工作在下列 4 种方式：

(1) 主发送方式：8xC552 作为 I^2C 总线上的主器件向从器件发送数据；

(2) 主接收方式：8xC552 作为 I^2C 总线上的主器件接收从器件的数据；

(3) 从接收方式：8xC552 作为 I^2C 总线上的被寻址的从器件接收主器件发送的数据；

(4) 从发送方式：8xC552 作为 I^2C 总线上的被寻址的从器件向主器件发送数据。

SIO1 内部逻辑自动控制字节的传送，跟踪串行传送，状态寄存器(S1STA)反映了 SIO1 和 I^2C 总线的状态。在 SIO1 所有的 4 种工作方式中，共有 26 种可能的总线状态，状态译码器取内部所有的状态位并压缩成 5 位码。5 位状态位锁存器在状态寄存器的高 5 位，由串行口中断置位时锁存并保存到中断标志由软件清 0 为止。状态寄存器的低 3 位总是为 0，可以用状态码作为服务程序的地址向量，以加快服务程序的处理，则服务程序之间相隔开 8 个单元。每个服务程序处理一种特殊的总线状态，对于大多数服务程序，8 个单元已足够了。

10.3 MCS - 96/98 系列单片机

MCS - 96 系列单片机是一种高性能的 16 位单片微型计算机，与 8 位机相比，MCS - 96 系列单片机的一个突出特点是计算功能强、速度快。该系列机具有字乘以字，字加、字减，双字除以字、双字，字左、右移位，长整数规格化等指令。每条指令都相当于 8 位机的一个子程序功能，可谓是"言简意赅，事半功倍"。这在浮点加、减、乘、除运算，CRC 校验和线性内插计算等子程序与 MCS - 51 单片机的对比中优势是很明显的，它包括如下一些部件：一个 16 位的中央处理器 CPU、8KB 的片内程序存储器（ROM）、256 B 的片内随机数据存储器（RAM）、两个 16 位定时器/计数器、8 路 10 位 A/D 转换、数字型 I/O 接口、全双工串行通信接口、监视跟踪定时器、高速输入/输出（I/O）、中断控制逻辑电路、脉宽调制器（PWM）以及时钟信号发生器与反偏压发生器等。

16 位 8096 单片机虽在性能上高于 51 系列，但是由于价格昂贵，与目前广泛使用的 8 位 I/O 接口芯片匹配较为复杂，故使其普及应用受到很大限制。1988 年底，Intel 公司又推出了具有 16 位机性能、8 位机价格的 8098 单片机。

8098 与 8096 的不同主要有以下几点：

(1) 8096 的内外数据总线均为 16 位，而 8098 内部数据总线为 16 位，外部数据总线为 8 位，所以也称为准 16 机；

(2) 8098 不具有 8096 的 P1 口和 T2CLK（P2.3）、T2RST（P2.4）、P2.6、P2.7、CLKOUT、INST、BUSWIDTH 及 BHE/WRH 引脚；

(3) 8096 具有 8 路 10 位 A/D，而 8098 只具有 4 路 10 位 A/D（转换速度较 8096 高）；

(4) 8096 结构较为复杂，成本高，8098 结构较为简单，价格低。

MCS - 98 与 MCS - 51 系列主要性能对比如表 10 - 1 所示。

表 10 - 1 MCS - 98 与 MCS - 51 系列主要性能对比

	MCS - 51	MCS - 98
CPU	8 位	准 16 位
存储结构	哈佛结构（分开编址）	普林斯顿结构（统一编址）
寻址空间	128 KB	64 KB
累加器结构	常规结构（一个累加器）	阵列结构（232 字节）
高速 I/O	无	有
监视定时器	无	有
中断入口	中断地址入口固定	采用中断向量
中断源数量	8 个	20 个
A/D	无	4 路 10 位 A/D
D/A	无	有（PWM，HSO）

8098 单片机的特点如下所述。

1) 16 位中央处理器

8098 中央处理器（CPU）在结构上的最大特点，是抛弃了类似 MCS - 51 系列单片机的只有 1 或 2 个累加器的常规结构，CPU 是在特殊功能寄存器（SFR）和片内寄存器阵列所构成的 256 个字节空间内进行操作的。这些寄存器都具有累加器的特殊功能，它们可使 CPU 对运算数进行快速交换，并且提供了高速数据处理和频繁的输入/输出功能，从而消除了常规累加器结构单片机中存在的瓶颈现象。

16 位 CPU 支持位(BIT)、字节(BYTE)和字(WORD)操作，在部分指令中还支持 32 位双字操作，如 32 位乘除运算。

2) 高效的指令系统

8098 单片机指令系统与 MCS - 51 单片机指令系统相比，不但运算速度快，而且编程效率高。同等运算任务的情况下，8098 单片机的速度比 MCS - 51 系列单片机(如 8031)要高出 5～6 倍，并且指令字节数还不到 8031 单片机的一半。

8098 单片机的指令系统可以对带符号和不带符号数进行操作，支持 16 位乘法运算、32 位除 16 位除法运算和直接字节加减运算，且有符号扩展、数据规格化指令(有利于浮点运算)等。许多指令既可用双操作数，也可用三操作数，使用非常灵活。

3) 脉宽调制输出(PWM)

脉宽调制输出可以直接提供一路定周期可变占空比的脉冲信号，并且这种脉冲信号经简单处理可作为 8 位分辨率的数/模(D/A)转换输出。

4) 高速输入/输出(HSI/HSO)口

8098 单片机另一优越的 I/O 性能是无需 CPU 干预，能自动(意味着高速)在 8 个状态周期(12MHz 下)中处理 8 个输入事件和 8 个输出事件，可人为设置某个高速输出口的触发时刻，从而引起 CPU 对外部事件的中断服务。利用高速输出口的输出可实现具有 16 位(或更高)分辨率的 D/A 转换功能。

高速输入/输出(HSI/HSO)口尤其适用于测量和产生分辨率高达 2 μs 的脉冲信号。

5) 4 路 10 位 A/D 转换器

8098 单片机片内具有 4 路 10 位 A/D 转换单元，通过适当的外部接口处理，可使其分辨率更高(如 11 位)。

6) 全双工串行口

8098 单片机的串行口具有可以同时发送和同时接收的全双工串行通信功能。另外，它还设有一个供串行口使用的波特率发生器，并且可以利用 HSI/HSO 构成异步全双工软件串行口。这个串行口同样也有 4 种操作模式，能方便地用于 I/O 扩展、多机通信及与 CRT 终端等设备进行通信。

7) 多用途接口

8098 单片机的 P0 口引脚既可作为数字输入口(P0.4～P0.7)，也可用作 A/D 转换器的模拟输入口。

P2 口除作标准的 I/O 口外，还具有一些特殊功能，如串行口通信功能。

P3 口和 P4 口为多路复用地址/数据总线和地址总线，它们的引脚内部有很强的上拉作用(复位时呈高阻态)。

8) 8 个中断源

8098 单片机的 8 个中断矢量可处理 20 种中断事件。

9）16 位监视定时器（Watchdog Timer）

8098 的 16 位监视定时器可以在软件、硬件发生故障时使系统复位，恢复 CPU 的工作能力。

10）两个 16 位定时器

两个 16 位定时器中，定时器 T1 在系统中作实时时钟用，系统运行过程中不停地循环计数；定时器 T2 受外部事件控制，根据外部事件计数。

11）4 个软件定时器

4 个软件定时器受高速输出口控制，一旦到达预定时间，设置相应的软件定时器标志，可以激活软件定时器中断。

12）寄存器阵列和特殊功能寄存器

8098 片内具有 256 字节的寄存器阵列（RAM）和特殊功能寄存器（SFR），其中 232 字节为寄存器阵列，它兼有一般微处理机中通用寄存器和高速 RAM 的功能，其余 24 个字节为特殊功能寄存器。通过它们管理着所有的片内 I/O 口。

13）统一的编址方式

8098 单片机的编址与 MCS-51 系列编址（外部存储空间 RAM 和 ROM 的地址可以重叠）不同，采用统一编址方式，外部可寻址存储器空间总共为 64 KB，构成系统方便，输入/输出指令更为简练，但存储空间较 MCS-51 有所减少。

10.4　PIC16C5x 单片机简介

PIC16C5x 系列单片机是美国 Microchip 公司生产的 8 位 CMOS 单片机，由于采用了 CMOS 工艺，所以它的功耗极低，可以很方便地采用电池直接供电。

PIC16C51x 的主要功能特点：

（1）工作频率为 DC～20 MHz；振荡器可采用 RC 振荡器或晶体振荡器。

（2）工作电压为 3.5～6 V；工作电流在静止模式下小于 10 μA，运行模式下大于 2 mA。

（3）采用单字节指令集，在 4 MHz 工作频率下每条指令执行时间仅为 1 μs。

（4）芯片内部带 0.5～12 KB 的 EPROM 或 PROM；并有 32～80 字节的 RAM。需要程序保密时，用户可在烧写程序时烧断熔丝，以防内部程序被读出。

（5）有 8 位算术逻辑单元，12～20 个双向 I/O 口，可编程的 8 位计数器及两级堆栈。

（6）有一个系统复位计数器 WDT，可作为监视单片机运行状况的"看门狗"。

PIC 指令系统采用精简指令集，仅有 32 条指令，其指令基本上为单字节指令，每条指令宽 12 位，其中包括一个操作码及一个以上的运算码，在 20 MHz 振荡频率下，指令执行时间为 200 ns。

PIC16C5x 系列大致有 16C52、53、54、55、56、57、58 等编号的家族芯片，其中 52、53、58 较少应用，现在大都将 PIC16C5x 系列认定在 54～57 这四种型号上，每一型号都有各自的差异性，有强调 I/O 接口的、有强调存储器空间的，但是它们内部的 CPU 是相同的，I/O 与存储器的结构也是一样，只是 I/O 与存储器的多少有差异而已，如表 10-2 所示。

表 10 - 2　PIC16C5x 系列单片机类型参数表

型号	管脚	I/O	RAM	EPROM	振荡频率/Hz	最短指令周期
16C54	18	12	32 * 8	512 * 12	25k~20M	200ns
16C55	28	20	32 * 8	512 * 12	25k~20M	200ns
16C56	18	12	48 * 8	1024 * 12	25k~20M	200ns
16C57	28	20	80 * 8	2048 * 12	25k~20M	200ns

PIC16C5x 系列单片机是一种价廉的商用单片机，成本低，易学易用，因而产品投产很快。

10.5　AVR 系列单片机简介

Atmel 公司是全球著名的半导体公司之一。20 世纪 90 年代初，Atmel 率先把 MCS-51 内核与其擅长的 Flash 技术相结合，推出了轰动业界的 AT89 系列单片机。至今，Atmel 在 MCS-51 市场上仍占据主要份额。1997 年，Atmel 挪威设计中心出于市场需求考虑，充分发挥其 Flash 技术优势，推出全新配置的精简指令集(RISC)单片机，简称 AVR。几年来，AVR 单片机已形成系列产品，其 attiny、AT90 与 ATmega 分别对应低、中、高档产品。

AVR AT90S 系列单片机的特点：

(1) 程序区采用 Flash 存储器，可多次电擦写；可串行下载数据；执行速度高，指令高效率；低电压，低功耗，驱动能力强；程序加密性好；简便易学，开发工具廉价；型号全，适用范围广。

(2) 高速度(50 ns)、低功耗(μA)，具有 Sleep(休眠)功能，采用 CMOS 技术，每一指令执行速度可达 50 ns(20 MHz)，而耗电则在 1~2.5 mA 间(典型功耗，WDT 关闭时为 100 nA)。AVR 采用哈佛结构概念，具有预取指令功能，即对程序和数据存储区有不同的存储器和总线。当执行某一指令时，下一指令被预先从程序存储器中取出。这使得指令可以在每一个时钟周期内被执行。

(4) 工业级产品，具有大电流(灌电流)10~20 mA 或 40 mA(单一输出)，可直接驱动 SSR 或继电器；有看门狗定时器(WDT)，实现安全保护，防止程序走飞，提高了产品的抗干扰能力。

(5) 超功能精简指令：具有 32 个通用工作寄存器(相当于 8051 中的 32 个累加器，克服了单一累加器数据处理的瓶颈现象)及 128B~4KB 的 SRAM，可灵活使用指令运算。

(6) 编程方式：程序写入器件可以并行写入(用万用编程器)，也可串行在线下载(ISP)擦写。也就是说，不必将 IC 拆下拿到万用编程器上烧录，可直接在电路板上进行程序修改、烧录等操作，方便产品升级，尤其是对 SMD 封装的器件更为便利，有利于产品微型化。

10.6　基于 ARM 架构的微处理器

单片机的发展标志着计算机正式形成了通用计算机系统和嵌入式计算机系统两大分

支。近年来嵌入式微处理器的主要发展方向是小体积、高性能、低功耗，专业分工也越来越明显，出现了专业的 IP(Intellectual Property Core，知识产权核)供应商，如 ARM、MIPS 等，他们通过提供优质、高性能的嵌入式微处理器内核，由各个半导体厂商生产面向各个应用领域的芯片。

ARM(Advanced RISC Machine)公司是全球领先的 16/32 位 RISC 微处理器知识产权设计供应商。该公司专注于设计，通过转让微处理器、外围和系统芯片设计技术给合作伙伴，使他们能用这些技术生产各具特色的芯片。目前，ARM 处理器已成为移动通信、手持设备、多媒体应用和消费类电子产品嵌入式解决方案的 RISC 标准，世界上绝大多数 IC 制造商都推出了自己的 ARM 结构芯片。

10.6.1　ARM 芯片的特点

1. 处理速度快

ARM 是 RISC 结构的处理器。而且 ARM 内部集成了多级流水线，如 ARM7T 中使用 3 级流水线；ARM9 中使用 5 级流水线技术，大大地增加了处理速度。

2. 超低功耗

各种档次 ARM 的功耗都是同档次其它嵌入式处理器中较低的。处理器的散热问题不用考虑；低电压，微电流供电，这些都无疑成为便携式设备最理想的选择。

3. 应用前景广泛

因为 ARM 公司不是生产处理器的，它专门为 IC 制造商提供各种处理器的解决方案。所以，在各种处理器中，ARM 的使用最广，同时应用前景广阔，开发资源丰富，有利于缩短产品的研发周期。

4. 价格低廉

在各种嵌入式处理中，ARM 的价格适中，而且使用量大，比较容易够买。ARM 处理器系列提供的解决方案包括：

(1) 在无线、消费类电子和图像应用方面的开放平台；

(2) 存储、自动化、工业和网络应用的嵌入式实时系统；

(3) 智能卡和 SIM 卡的安全应用。

目前主要的 ARM 产品有 Intel 公司的 StrongARM 的系列：SA - 110、SA - 1100、SA - 1101、SA - 1110、SA - 1111；Cirrus Logic 公司的 ARM 系列：EP7209、EP7211、EP7212、EP7312、EP9312、PS7500FE；SamSung 公司的 ARM 系列：S3C44B0、S3C2400、S3C4510；Atmel 公司的 ARM 系列：AT91 系列；意法半导体公司的 ARM 系列：STM32 系列等。

10.6.2　基于 ARM 芯片的系统开发与调试

1. 嵌入式操作系统

嵌入式系统覆盖面很广，从简单到复杂度很高的系统都有，这主要是由具体的应用要求决定的。简单的嵌入式系统根本没有操作系统，而只是一个控制循环。但是，当系统变得越来越复杂时，就需要一个嵌入式操作系统来支持，否则，应用软件就会变得过于复杂，使开发难度过大,安全性和可靠性都难以保证。

实时多任务操作系统(RTOS)可以简单地认为是功能强大的主控程序,它嵌入到目标代码中,系统复位后首先执行,它负责在硬件基础之上,为应用软件建立一个功能更为强大的运行环境,用户的其它应用程序都建立在 RTOS 之上。不仅如此,RTOS 还是一个标准的内核,将 CPU 时间、中断、I/O、定时器资源都包装起来,留给用户一个标准的 API,并根据各个任务的优先级,合理地在不同任务之间分配 CPU 时间,从这个意义而言,操作系统的作用是资源管理器。

如果完全从内核开始自建操作系统,对一般的用户和开发人员而言是不可想象的。在免费的源代码公开的内核上写自己的 RTOS,如 Linux 和 μC/OS 是目前比较流行的做法。ARM 微处理器支持 Linux 和 μC/OS - II 的移植。

2. 几种常用的调试方法

1)指令集模拟器

指令集模拟器是一种利用 PC 机端的仿真开发软件模拟调试的方法。

2)驻留监控软件

驻留监控程序运行在目标板上,PC 机端调试软件可通过并口、串口、网口与之交互,以完成程序执行、存储器及寄存器读写、断点设置等任务。

3)JTAG 仿真器

JTAG 仿真器通过 ARM 芯片的 JTAG 边界扫描口与 ARM 核进行通信,不占用目标板的资源,是目前使用最广泛的调试手段。

4)在线仿真器

在线仿真器使用仿真头代替目标板上的 CPU,可以完全仿真 ARM 芯片的行为,但结构较复杂,价格昂贵,通常用于 ARM 硬件开发中。

3. ARM JTAG 调试

嵌入式系统的开发通常采用"宿主机/目标机"方式,如图 10 - 8 所示。首先,利用宿主机上丰富的资源及良好的开发环境开发和仿真调试目标机上的软件。然后,通过串行口或网络将交叉编译生成的目标代码传输并装载到目标机上,并用交叉调试器在监控程序或实时内核/操作系统的支持下进行实时分析和调度。最后,目标机在特定的环境下运行。

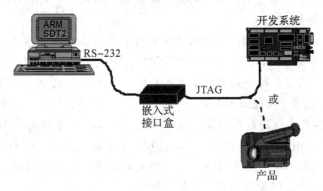

图 10 - 8 宿主机/目标机的开发方式

一个典型的 ARM 基于 JTAG 调试结构如图 10-9 所示。

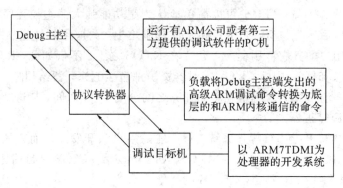

图 10-9 ARM 的 JTAG 调试结构

Debug 主控(Host)通常是运行有 ARM 公司或者第三方提供的调试软件的 PC 机,通过这些调试软件,可以发送高级的 ARM 调试命令,如设置断点、读写存储器、单步跟踪、全速运行等。

协议转换器(Protocol Converter)负责将 Debug 主控端发出的高级 ARM 调试命令转换为可以与底层的 ARM 内核通信的 JTAG 命令。Debug 主控端和协议转换器之间的介质可以有很多种,如以太网、USB、RS-232、并口等。

JTAG 是 Joint Test Action Group 的缩写,是 IEEE1149.1 标准。JTAG 的典型接口包括:

(1) TMS:测试模式选择(Test Mode Select),通过 TMS 信号控制 JTAG 状态机的状态。

(2) TCK:JTAG 的时钟信号。

(3) TDI:数据输入信号。

(4) TDO:数据输出信号。

(5) nTRST:JTAG 复位信号,复位 JTAG 的状态机和内部的宏单元(Macrocell)。

JTAG 的建立使得集成电路固定在 PCB 上,只通过边界扫描便可以被测试。在 ARM7TDMI 处理器中,可以通过 JTAG 直接控制 ARM 的内部总线、I/O 口等信息,从而达到调试的目的。

10.6.3 SamSung S3C44B0x

在所有 ARM 处理器系列中,ARM7 处理器系列应用最广,采用 ARM7 处理器作为内核生产芯片的公司最多。

SamSung S3C44B0x 微处理器是三星公司专为手持设备和一般应用提供的高性价比和高性能的微控制器解决方案,它使用 ARM7TDMI 核,工作在 66 MHz。为了降低系统总成本和减少外围器件,这款芯片中还集成了下列部件:8KB Cache、外部存储器控制器、LCD 控制器、4 个 DMA 通道、两通道 UART、一个多主 I^2C 总线控制器、一个 I^2S 总线控制器、5 通道 PWM 定时器及一个内部定时器、71 个通用 I/O 口、8 个外部中断源、实时时钟、8 通道 10 位 ADC 等,如图 10-10 所示。可以看到,芯片除集成了 ARM7 内核外,还根据应用需求包含了很多常用的外部扩展单元,这些单元可以适应大部分通信、控制等应用需求,虽然使得芯片结构复杂,但为应用设计提供了便利。

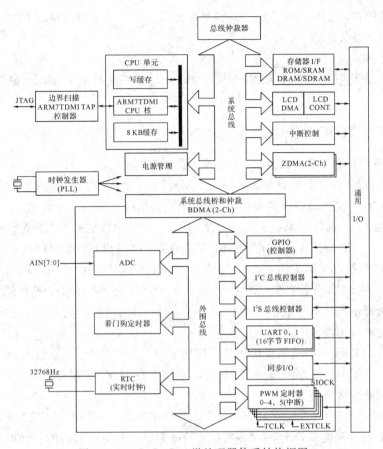

图 10-10 S3C44B0x 微处理器体系结构框图

一个基于 S3C44B0x 通用的基本嵌入式开发系统框图如图 10-11 所示，主要包括以下几个方面：

（1）基于 ARM 的 32 位微处理器。

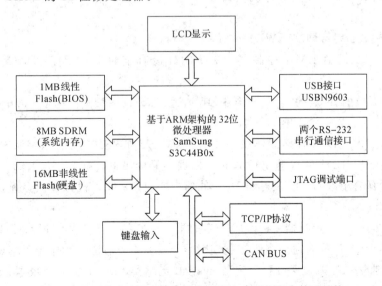

图 10-11 基于 ARM 微处理器的嵌入式硬件平台体系结构

（2）通信接口，包括 USB、RS－232、CAN 总线、TCP/IP 协议接口和 JTAG 调试端口等。

（3）显示、键盘接口。

（4）存储器系统。

该系统充分利用了 S3C44B0x 的内置资源，通过该系统可以方便地完成各种控制及扩展功能设计。

10.6.4　STM32F103 "增强型"系列

STM32 系列是专为要求高性能、低成本、低功耗的嵌入式应用设计的 ARM Cortex－M3 内核。其中，STM32F101 为基本型系列，STM32F103 为"增强型"系列。基本型时钟频率为 36 MHz，以 16 位产品的价格得到比 16 位产品大幅提升的性能，是 32 位产品用户的最佳选择。增强型系列时钟频率达到 72 MHz，是同类产品中性能最高的产品。两个系列都内置 32 KB 到 128 KB 的闪存，不同的是 SRAM 的最大容量和外设接口的组合。时钟频率 72 MHz 时，从闪存执行代码功耗 36mA，相当于 0.5mA/MHz。采用 LQFP64、LQFP100 和 LFBGA100 三种封装，不同的封装保持引脚排列一致性，结合 STM32 平台的设计理念，开发人员通过选择不同产品可重新优化功能、存储器、性能和引脚数量，以最小的硬件变化来满足个性化的应用需求。

其中，STM32F103 以其高性价比获得广泛应用，其具有以下主要特点：

· 内核：ARM32 位 Cortex－M3 CPU，最高工作频率 72 MHz，1.25DMIPS/MHz；单周期乘法和硬件除法。

· 存储器：片上集成 32～512 KB 的 Flash 存储器；6～64 KB 的 SRAM 存储器。

· 时钟、复位和电源管理：2.0～3.6 V 的电源供电和 I/O 接口的驱动电压；上电复位（POR）、掉电复位（PDR）和可编程的电压探测器（PVD）；4～16 MHz 的晶振；内嵌出厂前调校的 8 MHz RC 振荡电路；内部 40 kHz 的 RC 振荡电路；用于 CPU 时钟的 PLL；带校准用于 RTC 的 32 kHz 的晶振。

· 低功耗：休眠、停止、待机模式 3 种低功耗模式；为 RTC 和备份寄存器供电的 VBAT。

· 调试模式：串行调试（SWD）和 JTAG 接口。

· DMA：12 通道 DMA 控制器；支持的外设有定时器、ADC、DAC、SPI、I^{2}C 和 UART。

· 3 个 12 位的 us 级的 A/D 转换器（16 通道）：A/D 测量范围为 0～3.6 V；双采样和保持能力；片上集成一个温度传感器。

· 2 通道 12 位 D/A 转换器：STM32F103xC、STM32F103xD、STM32F103xE 独有。

· 最多高达 112 个的快速 I/O 端口：根据型号的不同，有 26、37、51、80 和 112 的 I/O 端口，所有的端口都可以映射到 16 个外部中断向量；除了模拟输入，所有的都可以接受 5V 以内的输入。

· 最多多达 11 个定时器：4 个 16 位定时器，每个定时器有 4 个 IC/OC/PWM 或者脉冲计数器；两个 16 位的 6 通道高级控制定时器，最多 6 个通道可用于 PWM 输出；两个看门狗定时器（独立看门狗和窗口看门狗）；systick 定时器，即 24 位倒计数器；两个 16 位基本定时器用于驱动 DAC。

· 最多多达 13 个通信接口：两个 I²C 接口（SMBus/PMBus）；5 个 USART 接口（ISO7816 接口、LIN、IrDA 兼容，调试控制）；3 个 SPI 接口（18 Mbit/s），两个和 I²S 复用；CAN 接口（2.0B）；USB 2.0 全速接口；SDIO 接口。

· ECOPACK 封装：STM32F103xx 系列微控制器采用 ECOPACK 封装形式。

STM32F103xx 的系统作用：

（1）集成嵌入式 Flash 和 SRAM 存储器的 ARM Cortex-M3 内核。和 8/16 位设备相比，ARM Cortex-M3 32 位 RISC 处理器提供了更高的代码效率。STM32F103xx 微控制器带有一个嵌入式的 ARM 核，所以可以兼容所有的 ARM 工具和软件。

（2）嵌入式 Flash 存储器和 RAM 存储器：内置多达 512KB 的嵌入式 Flash，可用于存储程序和数据。多达 64KB 的嵌入式 SRAM 可以以 CPU 的时钟速度进行读写（不需等待状态）。

（3）可变静态存储器（FSMC）：FSMC 嵌入在 STM32F103xC、STM32F103xD、STM32F103xE 中，带有 4 个片选，支持 Flash、RAM、PSRAM、NOR 和 NAND 五种模式。3 个 FSMC 中断线经过 OR 后连接到 NVIC。没有读/写 FIFO，除 PCCARD 之外，代码都是从外部存储器执行的，不支持 Boot，目标频率等于 SYSCLK/2，所以当系统时钟是72 MHz 时，外部访问按照 36 MHz 进行。

（4）嵌套矢量中断控制器（NVIC）：可以处理 43 个可屏蔽中断通道（不包括 Cortex-M3 的 16 根中断线），提供 16 个中断优先级。紧密耦合的 NVIC 实现了更低的中断处理延迟，直接向内核传递中断入口向量表地址；紧密耦合的 NVIC 内核接口允许中断提前处理，对后到的更高优先级的中断进行处理，支持尾链，自动保存处理器状态；中断入口在中断退出时自动恢复，不需要指令干预。

（5）外部中断/事件控制器（EXTI）：外部中断/事件控制器由用于 19 条产生中断/事件请求的边沿探测器线组成。每条线可以被单独配置用于选择触发事件（上升沿，下降沿，或者两者都可以），也可以被单独屏蔽。有一个挂起寄存器来维护中断请求的状态。当外部线上出现长度超过内部 APB2 时钟周期的脉冲时，EXTI 能够探测到。多达 112 个 GPIO 连接到 16 个外部中断线。

（6）时钟和启动：在启动的时候还是要进行系统时钟选择，但复位的时候内部 8 MHz 的晶振被选用作 CPU 时钟。可以选择一个外部的 4～16 MHz 的时钟，并且会被监视来判定是否成功。在这期间，控制器被禁止并且软件中断管理也随后被禁止。同时，如果有需要（例如碰到一个间接使用的晶振失败），PLL 时钟的中断管理完全可用。多个预比较器可以用于配置 AHB 频率，包括高速 APB（PB2）和低速 APB（APB1），高速 APB 最高的频率为72 MHz，低速 APB 最高的频率为 36 MHz。

（7）Boot 模式：在启动的时候，Boot 引脚被用来在 3 种 Boot 选项种选择一种：从用户 Flash 导入，从系统存储器导入，从 SRAM 导入。Boot 导入程序位于系统存储器，用于通过 USART1 重新对 Flash 存储器编程。

（8）电源供电方案：Vdd，电压范围为 2.0～3.6 V，外部电源通过 Vdd 引脚提供，用于 I/O 和内部调压器。VssA 和 VddA，电压范围为 2.0～3.6 V，外部模拟电压输入，用于ADC，复位模块，RC 和 PLL，在 Vdd 范围之内（ADC 被限制在 2.4V），VssA 和 VddA 必须相应连接到 Vss 和 Vdd。VBAT，电压范围为 1.8～3.6 V，当 Vdd 无效时为 RTC、外部

32 KHz 晶振和备份寄存器供电(通过电源切换实现)。

(9) 电源管理:设备有一个完整的上电复位(POR)和掉电复位(PDR)电路。这条电路一直有效,用于确保从 2 V 启动或者掉到 2 V 的时候进行一些必要的操作。当 Vdd 低于一个特定的下限 VPOR/PDR 时,不需要外部复位电路,设备也可以保持在复位模式。设备特有一个嵌入的可编程电压探测器(PVD),PVD 用于检测 Vdd,并且和 VPVD 限值比较,当 Vdd 低于 VPVD 或者 Vdd 大于 VPVD 时会产生一个中断。中断服务程序可以产生一个警告信息或者将 MCU 置为一个安全状态。PVD 由软件使能。

(10) 电压调节:调压器有 3 种运行模式:主(MR),低功耗(LPR)和掉电。MR 用在传统意义上的调节模式(运行模式),LPR 用在停止模式,掉电用在待机模式:调压器输出为高阻,核心电路掉电,包括零消耗(寄存器和 SRAM 的内容不会丢失)。

(11) 低功耗模式:STM32F103xx 支持 3 种低功耗模式,从而在低功耗,短启动时间和可用唤醒源之间达到一个最好的平衡点。休眠模式:只有 CPU 停止工作,所有外设继续运行,在中断/事件发生时唤醒 CPU;停止模式:允许以最小的功耗来保持 SRAM 和寄存器的内容。1.8 V 区域的时钟都停止,PLL,HSI 和 HSE RC 振荡器被禁能,调压器也被置为正常或者低功耗模式。设备可以通过外部中断线从停止模式唤醒。外部中断源可以使用 16个外部中断线之一,PVD 输出或者 TRC 警告。待机模式:追求最少的功耗,内部调压器被关闭,这样 1.8 V 区域断电。PLL,HSI 和 HSE RC 振荡器也被关闭。在进入待机模式之后,除了备份寄存器和待机电路,SRAM 和寄存器的内容也会丢失。当外部复位(NRST 引脚),IWDG 复位,WKUP 引脚出现上升沿或者 TRC 警告发生时,设备退出待机模式。进入停止模式或者待机模式时,TRC,IWDG 和相关的时钟源不会停止。

10.7 数字信号处理器(DSP)简介

数字信号处理器是一种超高速单片计算机,它可用于对语音、视频、音乐等信号进行实时监测、处理和优化。它通常在一块单芯片或一块集成电路的一部分中实现。与之相比,微处理器是一个传统意义上能力较差的通用计算机。

DSP 处理器是专门用于信号处理方面的处理器,其在系统结构和指令算法方面进行了特殊设计,具有很高的编译效率和指令执行速度。在数字滤波、FFT、频谱分析等仪器上获得了大规模的应用。

DSP 的理论算法在 20 世纪 70 年代就已经出现,但是由于那时专门的 DSP 处理器还未出现,所以这种理论算法只能通过 MPU 等分立元件实现。MPU 较低的处理速度无法满足 DSP 的算法要求,其应用领域仅仅局限于一些尖端的高科技领域。随着大规模集成电路技术的发展,1982 年世界上诞生了首枚 DSP 芯片,其运算速度比 MPU 快了几十倍,在语音合成和编码解码器中得到了广泛应用。至 20 世纪 80 年代中期,随着 CMOS 技术的进步与发展,第二代基于 CMOS 工艺的 DSP 芯片应运而生,其存储容量代码和运算速度都得到了成倍提高,成为语音处理、图像硬件处理技术的基础。80 年代后期,DSP 的运算速度进一步提高,应用领域也从上述范围扩大到了通信和计算机方面。90 年代后,DSP 发展到了第五代产品,集成度更高,使用范围也更加广阔。

为了适应快速数字信号处理运算的要求,DSP 芯片普遍采用了特殊的硬件和软件结构以提高其数字信号处理的运算速度，并且多数 DSP 运算操作可在一个指令周期内完成。DSP 芯片的结构特征主要是指：

1）哈佛（Harvard）结构及改进的哈佛结构

较早的 DSP 芯片采用了程序存储器与数据存储器分离的基本哈佛结构。这样，一条指令的读取可以和其前一条指令、操作数的读取同时进行。但这种基本的哈佛结构无法实现对多个数据存储器的访问操作，无法实现单指令周期的多操作数指令。

为了进一步提高 CPU 的运行速度和芯片的灵活性，在较新的 DSP 芯片中，常采用改进的哈佛结构，改进的方案有三种：

第一种方案是允许数据存放在程序存储器中，并可以被算术指令直接使用，但这样会使得指令和数据不能同时读取，多操作数指令的执行需要两个存储器访问周期时间。

第二种方案是将指令存储在高速缓存（Cache）中，当执行此指令时，不需要再从程序/数据存储器中读取指令，节省了一个指令周期的时间。

第三种方案是存储器块的改进结构，允许在一个存储周期内同时读取指令和两个操作数，具有更高的访问能力。

2）专用的硬件乘法器

在通用的微处理器中，乘法是由软件实现的。它实际上是由时钟控制的一连串的"移位—加法"操作，乘法需要多个指令周期来完成。而在数字信号处理过程中，乘法和加法是最重要的运算。因此，提高乘法的运算速度也就是提高 DSP 芯片的运算性能。在 DSP 芯片中，有专用的硬件乘法器，使得一次甚至两次乘法运算可以在一个单指令周期内完成，从而提高了 DSP 运算速度。

3）指令系统的流水线操作

在流水线操作中，一个任务被分解为若干个子任务。这样，它们可以在执行时相互重叠。DSP 处理指令系统的流水线操作是与其哈佛结构相配合的，增加了处理器的处理能力，把指令周期减小到最小值，同时也就增加了信号处理器的吞吐量。以 TI 公司的 TMS320 系列产品为例，第一代 TMS320 处理器（例如 TMS320C10）采用了二级流水线操作；第二代 TMS320（例如 TMS320C25）采用了三级流水线操作；第三代 DSP 芯片（例如 TMS320C30）采用了四级流水线操作。

在流水线操作中，DSP 处理器可以同时并行处理 2～4 条指令，每条指令处于其执行过程中的不同状态。

4）片内外两级存储结构

随着微电子技术的提高以及对 DSP 芯片处理能力的要求不断增加，单靠片内存储器（早期 DSP 芯片采用片内存储器）已难以满足要求。多数 DSP 芯片开始有片外存储器的访问能力，如 TMS320C3X 的寻址范围达到 16M×32 位，Motorola 公司的 DSP96001 更具备了高达 12GB 的寻址能力。

在片内外两级存储结构中，片内存储器虽然不可能具有很大的容量，但速度快，可以多个存储器块并行访问。片外存储器的容量大，但速度慢。结合它们各自的优势，在实际应用中，一般将正在运行的指令和常用的数据存放于片内内存储器中，暂时不用的程序和数据存放于片内外存储器之中。

片内存储器的速度接近于寄存器的速度,因此在 DSP 的指令系统中,采用存储器访问指令取代了寄存器访问指令,而且可以采用双操作数或三操作数来完成多个存储器的同时访问,使指令系统更加优化。

5)特殊的 DSP 指令

DSP 芯片的另一个特征是采用特殊的 DSP 指令。不同系列的 DSP 芯片都具备一些特殊的 DSP 指令,以充分发挥 DSP 算法及各系列特殊设计的功能。

TI、AD、AT&T、Motorola 和 Lucent 等公司是 DSP 芯片的主要生产商。其中 TI 公司的 TMS320 系列的 DSP 占据了全球 DSP 市场的 50% 左右。该系列产品在我国同样被用户广泛使用,市场份额更高。

当前,微处理器和数字信号处理器两者的任务界限已经变得模糊了。现在很多所谓的数字信号处理器有微处理器的功能,而许多所谓的微处理器在工作时又有数字信号处理器的功能。要按应用来分辨 DSP 与微处理器可能不是最好的方法。实际上,它们两者主要的不同在于它们的芯片结构。DSP 器件对高速、高精确度的乘法进行了特殊的优化。

思考练习题

1. 51 系列单片机主要有哪些产品?各有什么特点?
2. PWM 功能是什么意思?有哪些应用领域?
3. 试说明逐步逼近式 A/D 转换器的原理。
4. PIC 单片机有什么特点?
5. AVR 单片机有什么特点?
6. ARM 系列单片机是几位数据总线?
7. 一般开发基于 ARM 的产品,采用什么样的操作系统?
8. DSP 与单片机最主要的区别是什么?用在哪些领域?
9. 为什么说当前 ARM 系列芯片的普及趋势像是当年 8 位机中的 51 系列?

附录 A　MCS - 51 指令表

表 A - 1　算术运算指令

十六进制代码	助 记 符	功　能	对标志位影响				字节数	周期数
			P	OV	AC	Cy		
28～2F	ADD A，Rn	(A)＋(Rn)→A	√	√	√	√	1	1
25	ADD A，direct	(A)＋(dircct)→A	√	√	√	√	2	1
26，27	ADD A，@ Ri	(A)＋((Ri))→A	√	√	√	√	1	1
24	ADD A，♯data	(A)＋♯data→A	√	√	√	√	2	1
38～3F	ADDC A，Rn	(A)＋(Rn)＋(Cy)→A	√	√	√	√	1	1
35	ADDC A，direct	(A)＋(dircct)＋(Cy)→A	√	√	√	√	2	1
36，37	ADDC A，@Ri	(A)＋((Ri))＋(Cy)→A	√	√	√	√	1	1
34	ADDC A，♯data	(A)＋♯data＋(Cy)→A	√	√	√	√	2	1
98～9F	SUBB A，Rn	(A)－(Rn)－(Cy)→A	√	√	√	√	1	1
95	SUBB A，direct	(A)－(dircct)－(Cy)→A	√	√	√	√	2	1
96，97	SUBB A，@Ri	(A)－(Ri)－(Cy)→A	√	√	√	√	1	1
94	SUBB A，♯data	(A)－♯data－(Cy)→A	√	√	√	√	2	1
04	INC A	(A)＋1→A	√	×	×	×	1	1
08～0F	INC Rn	(Rn)＋1→Rn	×	×	×	×	1	1
05	INC direct	(dircct)＋1→direct	×	×	×	×	2	1
06，07	INC @Ri	((Ri))＋1→Ri	×	×	×	×	1	1
A3	INC DPTR	(DPTR)＋1→DPTR	×	×	×	×	1	2
14	DEC A	(A)－1→A	√	×	×	×	1	1
18～1F	DEC Rn	(Rn)－1→Rn	×	×	×	×	1	1
15	DEC direct	(direct)－1→direct	×	×	×	×	2	1
16，17	DEC @Ri	((Ri))－1→Ri	×	×	×	×	1	1
A4	MUL AB	(A)·(B)→AB	√	√	×	√	1	4
84	DIV AB	(A)/(B)→AB	√	√	×	√	1	4
D4	DA　A	对 A 进行十进制调整	√	×	√	√	1	1

表 A - 2　逻辑运算指令

十六进制代码	助 记 符	功　能	对标志位影响				字节数	周期数
			P	OV	AC	Cy		
58~5F	ANL A, Rn	(A)∧(Rn)→A	√	×	×	×	1	1
55	ANL A, direct	(A)∧(direct)→A	√	×	×	×	2	1
56, 57	ANL A, @Ri	(A)∧(Ri)→A	√	×	×	×	1	1
54	ANL A, ♯data	(A)∧♯data→A	√	×	×	×	2	1
52	ANL direct, A	(direct)∧(A)→direct	×	×	×	×	2	1
53	ANL direct, ♯data	(direct)∧♯data→direct	×	×	×	×	3	2
48~4F	ORL A, Rn	(A)∨(Rn)→A	√	×	×	×	1	1
45	ORL A, direct	(A)∨(direct)→A	√	×	×	×	2	1
46, 47	ORL A, @Ri	(A)∨(Ri)→A	√	×	×	×	1	1
44	ORL A, ♯data	(A)∨♯data→A	√	×	×	×	2	1
42	ORL direct, A	(direct)∨(A)→direct	×	×	×	×	2	1
43	ORL direct, ♯data	(direct)∨♯data→direct	×	×	×	×	3	2
68~6F	XRL A, Rn	(A)⊕(Rn)→A	√	×	×	×	1	1
65	XRL A, direct	(A)⊕(direct)→A	√	×	×	×	2	1
66, 67	XRL A, @Ri	(A)⊕(Ri)→A	√	×	×	×	1	1
64	XRL A, ♯data	(A)⊕♯data→A	√	×	×	×	2	1
62	XRL direct, A	(direct)⊕(A)→direct	×	×	×	×	2	1
63	XRL direct, ♯data	(direct)⊕♯data→direct	×	×	×	×	3	2
E4	CLR A	0→A	√	×	×	×	1	1
F4	CPL A	($\overline{A}$)→A	×	×	×	×	1	1
23	RL A	A 循环左移一位	×	×	×	×	1	1
33	RLC A	A 带进位循环左移一位	√	×	×	√	1	1
03	RR A	A 循环右移一位	×	×	×	×	1	1
13	RRC A	A 带进位循环右移一位	√	×	×	√	1	1
C4	SWAP A	A 半字节交换	×	×	×	×	1	1

表 A-3 数据传送指令

十六进制代码	助 记 符	功 能	对标志位影响				字节数	周期数
			P	OV	AC	Cy		
E8~EF	MOV A, Rn	(Rn)→A	√	×	×	×	1	1
E5	MOV A, direct	(direct)→A	√	×	×	×	2	1
E6, E7	MOV A, @Ri	((Ri))→A	√	×	×	×	1	1
74	MOV A, ♯data	♯data→A	√	×	×	×	2	1
F8~FF	MOV Rn, A	(A)→Rn	×	×	×	×	1	1
A8~AF	MOV Rn, direct	(direct)→Rn	×	×	×	×	2	2
78~7F	MOV Rn, ♯data	♯data→Rn	×	×	×	×	2	1
F5	MOV direct, A	(A)→direct	×	×	×	×	2	1
88~8F	MOV direct, Rn	(Rn)→direct	×	×	×	×	2	2
85	MOV direct1, direct2	(direct2)→direct1	×	×	×	×	3	2
86, 87	MOV direct, @Ri	((Ri))→direct	×	×	×	×	2	2
75	MOV direct, ♯data	♯data→direct	×	×	×	×	3	2
F6, F7	MOV @Ri, A	(A)→(Ri)	×	×	×	×	1	1
A6, A7	MOV @Ri, direct	(direct)→(Ri)	×	×	×	×	2	2
76, 77	MOV @Ri, ♯data	♯data→(Ri)	×	×	×	×	2	1
90	MOV DPTR, ♯data16	♯data16→DPTR	×	×	×	×	3	2
93	MOVC A, @A+DPTR	((A)+(DPTR))→A	√	×	×	×	1	2
83	MOVC A, @A+PC	((A)+(PC))→A	√	×	×	×	1	2
E2, E3	MOVX A, @Ri	((P2)+(R))→A	√	×	×	×	1	2
E0	MOVX A, @DPTR	((DPTR))→A	√	×	×	×	1	2
F2, F3	MOVX @Ri, A	(A)→(Ri)	×	×	×	×	1	2
F0	MOVX @DPTR, A	(A)→(DPTR)	×	×	×	×	1	2
C0	PUSH direct	(SP)+1→SP, (direct)→SP	×	×	×	×	2	2
D0	POP direct	(SP)→direct, (SP)−1→SP	×	×	×	×	2	2
C8~CF	XCH A, Rn	A↔Rn	√	×	×	×	1	1
C5	XCH A, direct	A↔(direct)	√	×	×	×	2	1
C6, C7	XCH A, @Ri	A↔(Ri)	√	×	×	×	1	1
D6, D7	XCHD A, @Ri	A$_{0-3}$↔(Ri)$_{0-3}$	√	×	×	×	1	1

表 A‑4 位操作指令

十六进制代码	助记符	功 能	对标志位影响				字节数	周期数
			P	OV	AC	Cy		
C3	CLR C	$0 \rightarrow Cy$	×	×	×	√	1	1
C2	CLR bit	$0 \rightarrow bit$	×	×	×	×	2	1
D3	SETB C	$1 \rightarrow Cy$	×	×	×	√	1	1
D2	SETB bit	$1 \rightarrow bit$	×	×	×	×	2	1
B3	CPL C	$\overline{Cy} \rightarrow Cy$	×	×	×	√	1	1
B2	CPL bit	$\overline{bit} \rightarrow bit$	×	×	×	×	2	1
82	ANL C, bit	$(Cy) \wedge \rightarrow Cy$	×	×	×	√	2	2
B0	ANL C, $\overline{bit}$	$(Cy) \wedge \overline{bit} \rightarrow Cy$	×	×	×	√	2	2
72	ORL C, bit	$(Cy) \vee (bit) \rightarrow Cy$	×	×	×	√	2	2
A0	ORL C, $\overline{bit}$	$(Cy) \vee \overline{bit} \rightarrow Cy$	×	×	×	√	2	2
A2	MOV C, bit	$(bit) \rightarrow Cy$	×	×	×	√	2	1
92	MOV bit, C	$Cy \rightarrow bit$	×	×	×	×	2	2

表 A‑5 控制转移指令

十六进制代码	助记符	功 能	对标志位影响				字节数	周期数
			P	OV	AC	Cy		
*1	ACALL addr11	$(PC)+2 \rightarrow PC$, $(SP)+1 \rightarrow SP$, $(PC)L \rightarrow (SP)$, $(SP)+1 \rightarrow SP$, $(PC)H \rightarrow (SP)$, $addr11 \rightarrow PC_{10\text{-}0}$	×	×	×	×	2	2
12	LCALL addr16	$(PC)+3 \rightarrow PC$, $(SP)+1 \rightarrow SP$, $(PC)L \rightarrow (SP)$, $(SP)+1 \rightarrow SP$, $(PC)H \rightarrow (SP)$, $addr16 \rightarrow PC$	×	×	×	×	3	2
22	RET	$(SP) \rightarrow PCH$, $(SP)-1 \rightarrow SP$, $(SP) \rightarrow PCL$, $(SP)-1 \rightarrow SP$	×	×	×	×	1	2
32	RETI	$(SP) \rightarrow PCH$, $(SP)-1 \rightarrow SP$, $(SP) \rightarrow PCL$, $(SP)-1 \rightarrow SP$	×	×	×	×	1	2
*1	AJMP addr11	$addr11 \rightarrow PC_{10\text{-}0}$	×	×	×	×	2	2
02	LJMP addr16	$addr16 \rightarrow PC$	×	×	×	×	3	2
80	SJMP rel	$(PC)+2+(rel) \rightarrow PC$	×	×	×	×	2	2

十六进制代码	助记符	功 能	对标志位影响				字节数	周期数
			P	OV	AC	Cy		
73	JMP @A+DPTR	(A)+(DPTR)→PC	×	×	×	×	1	2
60	JZ rel	(PC)+2→PC，若(A)=0，则(PC)+rel→PC	×	×	×	×	2	2
70	JNC rel	(PC)+2→PC，若(A)不等0，则(PC)+rel→PC	×	×	×	×	2	2
40	JC rel	(PC)+2→PC，若Cy=1，则(PC)+rel→PC	×	×	×	×	2	2
50	JNC rel	(PC)+2→PC，若Cy=0，则(PC)+rel→PC	×	×	×	×	2	1
20	JB bit，rel	(PC)+3→PC，若bit=1，则(PC)+rel→PC	×	×	×	×	3	2
30	JBC bit，rel	(PC)+3→PC，若bit=0，则(PC)+rel→PC	×	×	×	×	3	2
10	JNB bit，rel	(PC)+3→PC，若bit=1，则0→bit，(PC)+rel→PC	×	×	×	×	3	2
15	CJNB A，direct，rel	(PC)+3→PC，若(A)不等于(direct)，则(PC)+rel→PC；若(A)<(direct)，则1→Cy	×	×	×	×	3	2
B4	CJNE A，#data，rel	(PC)+3→PC，若(A)不等于data，则(PC)+rel→PC；若(A)<data，则1→Cy	×	×	×	√	3	2
B8～BF	CJNE Rn，#data，rel	(PC)+3→PC，若(Rn)不等于data，则(PC)+rel→PC；若(Rn)<data，则1→Cy	×	×	×	√	3	2
B6,B7	CJNE @Ri，#data，rel	(PC)+3→PC，若((Ri))不等于data，则(PC)+rel→PC；若((Ri))<data，则1→Cy	×	×	×	√	3	2
B8～BF	DJNZ Rn，rel	(PC)+2→PC，(Rn)-1→(Rn)，若(Rn)不等于0，则(PC)+rel→PC	×	×	×	√	3	2
D5	DJNZ direct，rel	(PC)+3→PC，(direct)-1→direct；若(direct)不等于0，则(PC)+rel→PC	×	×	×	×	3	2
00	NOP	空操作	×	×	×	×	1	1

附录 B　MCS-51 指令矩阵（汇编／反汇编）表

	0	1	2	3	4	5	6,7	8~F
0	NOP	AJMP0	LJMP addr 16	RR A	INC A	INC dir	INC @Ri	INC Rn
1	JBC bit, rel	ACALL0	LCALL addr 16	RRC A	DEC A	DEC dir	DEC @Ri	DEC Rn
2	JB bit, rel	AJMP1	RETI	RL A	ADD A, #data	ADD A, dir	ADD A, @Ri	ADD A, Rn
3	JNB bit, rel	ACALL1	RET1	RLC A	ADDC A, #data	ADDC A, dir	ADDC A, @Ri	ADDC A, Rn
4	JC rel	AJMP2	ORL dir, A	ORL dir, #data	ORL A, #data	ORL A, dir	ORL A, @Ri	ORL A, Rn
5	JNC rel	ACALL2	ANL dir, A	ANL dir, #data	ANL A, #data	ANL A, dir	ANL A, @Ri	ANL A, Rn
6	JZ rel	AJMP3	XRL dir, A	XRL dir, #data	XRL A, #data	XRL A, dir	XRL A, @Ri	XRL A, Rn
7	JNZ rel	ACALL3	ORL C, bit	JMP @A, DPTR	MOV A, #data	MOV dir, #data	MOV @Ri, #data	MOV Rn, #data
8	SJMP rel	AJMP4	ANL C, bit	MOVC A, @A+PC	DIV AB	MOV dir, dir	MOV dir, @Ri	MOV dir, Rn
9	MOV DPTR, #data	ACALL4	MOV bit, C	MOVC A, @A+DPTR	SUBB A, #data	SUBB A, dir	SUBB A, @Ri	SUBB A, Rn
A	ORL C, bit	AJMP5	MOV C, bit	INC DPTR	MUL AB		MOV @Ri, dir	MOV Rn, dir
B	ANL C, bit	ACALL5	CPL bit	CPL C	CJNE A, #data, rel	CJNE A, dir, rel	CJNE@Ri, #data, rel	CJNE Rn, #data, rel
C	PUSH dir	AJMP6	CLR bit	CLR C	SWAP A	XCH A, dir	XCH A, @Ri	XCH A, Rn
D	POP dir	ACALL6	SETB bit	SETB C	DA A	DJNZ dir, rel	XCHD A, @Ri	DJNZ Rn, rel
E	MOVX A, @DPTR	AJMP7	MOVX A, @R0	MOVX A, @R1	CLR A	MOV A, dir	MOV A, @Ri	MOV A, Rn
F	MOVX @DPTR, A	ACALL7	MOVX @R0, A	MOVX @R1, A	CPL A	MOV dir, A	MOV @Ri, A	MOV Rn, A

说明：表中纵向为高，横向为低的十六进制数构成的一个字节为指令的操作码，其相交处就是相对应的汇编语言，在横向低半字节的 6、7 对应于工作寄存器的@R0 和@R1，8~F 对应于工作寄存器的 R0~R7。

附录 C ASCII(美国标准信息交换码)字符表

列		0①	1①	2①	3	4	5	6	7①
行	位 654→ ↓ 3210	000	001	010	011	100	101	110	111
0	0000	NUL	DLE	SP	0	@	P	`	p
1	0001	SOH	DC1	!	1	A	Q	a	q
2	0010	STX	DC2	"	2	B	R	b	r
3	0011	ETX	DC3	#	3	C	S	c	s
4	0100	EOT	DC4	$	4	D	T	d	t
5	0101	ENQ	NAK	%	5	E	U	e	u
6	0110	ACK	SYN	&	6	F	V	f	v
7	0111	BEL	ETB	'	7	G	W	g	w
8	1000	BS	CAN	(	8	H	X	h	x
9	1001	HT	EM	)	9	I	Y	i	y
A	1010	LF	SUB	*	:	J	Z	j	z
B	1011	VT	ESC	+	;	K	[	k	{
C	1100	FF	FS	,	<	L	\	l	|
D	1101	CR	GS	—	=	M	]	m	}
E	1110	SO	RS	.	>	N	Ω②	n	~
F	1111	SI	US	/	?	O	_③	o	DEL

①：是第 0、1、2 和 7 列特殊控制功能的解释。

②：取决于使用这种代码的机器，它的符号可以是在下面画线、向下的箭头，或心形。

③：取决于使用这种代码的机器，它的符号可以是弯曲符号、向上的箭头，或(-)标记。

附录 D 实验系统介绍

考虑到单片机是一门应用性很强的课程，此处提供一套基础的 8051 单片机应用开发板实验系统（包含原理图及其功能介绍）。参照该实验系统可以完成一个基础的单片机系统，为学习过程中的实验提供一个平台；也可以将其作为一个基础的单片机开发环境，为学生拓展应用提供平台，使学生迅速掌握单片机的开发应用方法。

D.1 实验系统原理图

该实验系统的原理图如图 D-1 所示。

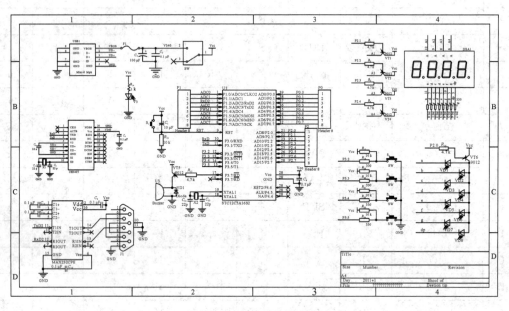

图 D-1 实验系统原理图

D.2 实验系统介绍

1. 综述

为方便程序下载及测试，系统采用 STC12C5A16S2 单片机为核心，配合 USB 转串口芯片 CH340T、RS-232 芯片 MAX232、4 位共阳数码管、LED、按键和蜂鸣器组成最小系统。单片机内部集成双串口、8 路 10 位 ADC 和两路 8 位 PWM。系统由 MINI USB 供电并提供程序下载接口，使得电路大大简化，通用性增强。

2. 模块分析

1）电源模块

全系统工作在 +5 V 且功耗较低，所以采用 USB 电源供电即可满足要求。

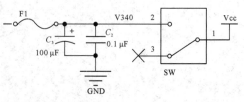

图 D-2 电源模块

如图 D-2 所示，电源前级接入 500 mA 自恢复保险丝，提供短路保护，芯片前级对地分别连接 100 μF 和 0.1 μF 电容，进行电源滤波；电源部分引入三脚单联钮子开关，将 USB 转串口芯片 CH340T 的电源与芯片电源进行隔离，以方便下载程序。

2）USB 转串口

STC12C5A16S2 单片机可以通过串口烧写程序，系统采用 CH340T 将 USB 转换为串口信号，以供单片机下载程序，电路如图 D-3 所示。

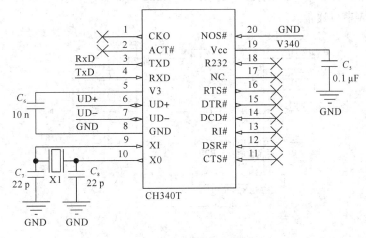

图 D-3 USB 转串口模块

图中，UD+ 与 UD- 为计算机 USB 信号，RxD 与 TxD 为 CH340T 转换后接到单片机的串口信号。当然，单片机也可以通过这个接口与 USB 设备通信。

3）单片机模块

单片机模块如图 D-4 所示，由 STC 单片机、复位电路、晶振电路和蜂鸣器电路组成，

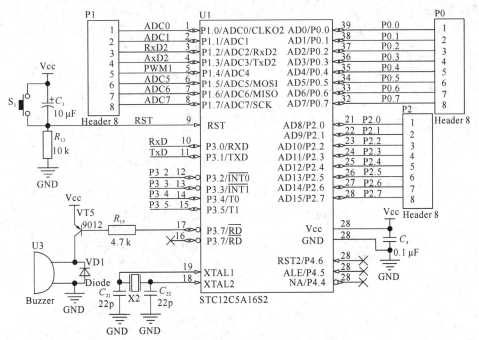

图 D-4 单片机模块

多余的 I/O 口外接以供扩展。其中 STC12C5A16S2 是宏晶科技生产的单时钟/机器周期 (1T)单片机,具有增强型 8051 CPU 内核,指令代码完全兼容传统 8051,但速度快 8～12 倍。内部具有 16KB E^2PROM Flash 程序存储器、1280 字节数据存储器、可 ISP(在系统编程)/IAP(在应用编程)及扩展的 PWM、A/D 等功能。

4) RS-232 模块

RS-232 模块如图 D-5 所示,它使用 MAX232 将单片机的第二串口引出,通过 DB9 接口实现与外界串口通信。

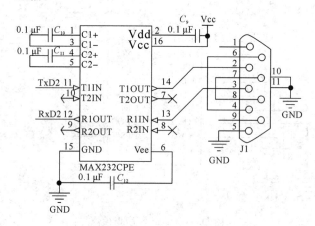

图 D-5 RS-232 模块

5) 4 位共阳数码管和 LED 模块

4 位共阳数码管和 LED 模块分别如图 D-6、D-7 所示。单片机 P2.0 端口用于 8 个 LED 选通,P2.1～P2.4 端口用于数码管位选,均为低电平有效;P0.0～P0.7 用于数码管段选和 8 个 LED 选择。

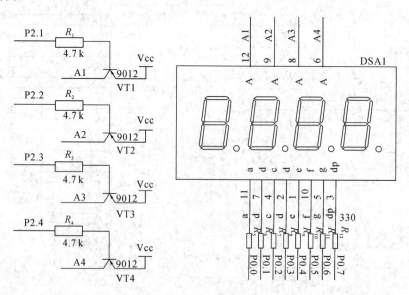

图 D-6 4 位共阳数码管

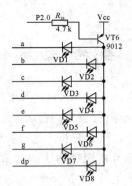

图 D-7 8 位 LED 模块

6) 按键模块

按键模块如图 D-8 所示。单片机 P3.2～P3.5 端口用于扫描按键状态，组成 1×4 键盘。当检测到低电平时，有键按下。

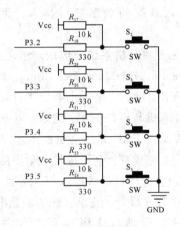

图 D-8 按键模块

3. 操作步骤

（1）计算机安装 CH340T 芯片驱动程序。

（2）将 MINI USB 电缆连接到开发板，进入计算机设备管理器→端口选项，会出现 CH340T，并显示 COM n，记住此端口号。

（3）编写程序文件，编译生成 .hex 文件。

（4）计算机以 ISP 方式下载程序。先打开 ISP 软件，选定串口号、波特率，打开要下载运行的 .hex 程序文件。

（5）按下电源开关，点击下载程序按钮，下载文件。

（6）关电，重新上电，检验程序运行结果。

（7）上位机运行"串口助手"，然后选择与上面步骤配置相同的 COM 口，同时选择波特率，编写串口通信程序，在上位机发送数据，发送的数据将返回到上位机显示。

参 考 文 献

[1] 王田苗. 嵌入式系统设计与实例开发. 北京：清华大学出版社，2003.

[2] 周立功，等. ARM 微控制器基础与实战. 北京：北京航空航天大学出版社，2003.

[3] 沈红卫. 单片机应用系统设计实例与分析. 北京：北京航空航天大学出版社，2003.

[4] 张友德. 飞利浦 80C51 系列单片机原理与应用技术手册. 北京：北京航空航天大学出版社，1992.

[5] 李朝青. 单片机原理及接口技术. 北京：北京航空航天大学出版社，1999.

[6] 何立民. 单片机应用技术选编. 北京：北京航空航天大学出版社，1998.

[7] 康华光. 电子技术基础（数字部分）. 北京：高等教育出版社，2000.

[8] 杨恢先，等. 单片机原理及应用. 北京：国防科技大学出版社，2003.

[9] 余永权，等. 单片机应用系统的功率接口技术. 北京：北京航空航天大学出版社，1992.

[10] 蔡美琴，等. MCS - 51 系列单片机系统及应用. 北京：高等教育出版社，1992.

[11] Philips IC2080C51 - Based 8 - Bit Microcontrollers，1997.

[12] 李晓荃. 单片机原理与应用. 北京：电子工业出版社，2000.

[13] 李群芳，等. 单片微型计算机与接口技术. 北京：电子工业出版社，2001.

[14] 陈立周，等. 单片机原理及其应用. 北京：机械工业出版社，2001.

[15] 郑毛祥. 单片机原理及应用. 成都：电子科技大学出版社，2001.

[16] 田立，等. 51 单片机 C 语言程序设计快速入门. 北京：人民邮电出版社，2007.

[17] 陈涛. 单片机应用及 C51 程序设计. 北京：机械工业出版社，2008.

[18] 谢维成，杨加国. 单片机原理与应用及 C51 程序设计. 北京：清华大学出版社，2006.

[19] 李建忠. 单片机原理及应用. 西安：西安电子科技大学出版社，2002.